Bernhard Fischer
Lothar Hahn
Christian Küppers
Michael Sailer

Der Atommüll-Report

»Entsorgung«,
Wiederaufarbeitung,
Lagerung:
das offene Ende
der Atomwirtschaft

Eine Publikation des Öko-Instituts

Rasch und Röhring Verlag

CIP-Titelaufnahme der Deutschen Bibliothek

Der Atommüll-Report: »Entsorgung«, Wiederaufarbeitung, Lagerung: das offene Ende der Atomwirtschaft; eine Publikation des Öko-Institus / Fischer u.a. —
Hamburg: Rasch und Röhring, 1989
ISBN 3-89136-211-0

NE: Fischer, Bernhard [Mitverf.]; Öko-Institut

Einbandgestaltung: Studio Reisenberger
Satzherstellung: Konkret-Satz
Druck- und Bindearbeiten: Ebner Ulm
Printed in Germany

Inhalt

1. Die Entsorgungsmisere in der Kerntechnik

Die Abfallproblematik ist seit jeher das Stiefkind fast jeder technischen Entwicklung. Während von einer Technik in irgendeiner Weise ein Nutzen erhofft wird, werden die entstehenden Abfälle als lästiges Beiprodukt angesehen, dessen man sich auf möglichst kostengünstige und einfache Weise entledigen möchte. Ebenso wie das Unfallrisiko oder die Schadstoffabgaben im Normalbetrieb wird die Abfallproblematik immer auf der Habenseite der Kosten-Nutzen-Bilanz verbucht.
Gelegentlich finden sich in den Abfällen eines Produktionsprozesses Reststoffe, deren Wiedergewinnung lohnend ist. Der Produzent wird dann bemüht sein, diese Stoffe vom übrigen Abfall zu trennen und weiterzuverwerten. Damit ist aber das Abfallproblem keineswegs aus der Welt. Oft verschärft es sich sogar noch als Folge des Wiedergewinnungsprozesses.
Der Betrieb von Kernspaltungsreaktoren diente bisher — von Forschungsreaktoren abgesehen — der Erzeugung von spaltbarem Material und der Umwandlung der in den Atomkernen gebundenen Energie in Wärmeenergie und letzlich in nutzbare elektrische Energie. Wir haben uns daran gewöhnt, den hauptsächlichen Sinn der Kernenergienutzung in der Produktion von elektrischem Strom zu sehen.
Blickt man auf die Anfänge der Kerntechnik zurück, so war das nicht immer so. Der erste Kernreaktor der Welt war keineswegs friedlicher Natur. Die Versuchsanordnung, mit der am 2. Dezember 1942 in Chicago unter der Leitung von Enrico Fermi die erste kontrollierte Kettenreaktion in Gang gesetzt wurde, war Bestandteil jenes gewaltigen militärischen Projekts, das schließlich zur amerikanischen Atombombe und zum Abwurf der beiden Bomben auf Hiroshima und Nagasaki führte. Handfester Zweck der ersten Kernreaktoren war die Produktion von Plutonium für den Atombombenbau. Noch heute werden in den Kern-

waffenstaaten Reaktoren betrieben, die den Nachschub von Plutonium für die Waffenproduktion sicherstellen sollen.
Erst in den fünfziger Jahren nahm das Interesse an der sogenannten friedlichen Nutzung der Kernenergie konkrete Formen an. Aus dieser Zeit stammen die ersten Pläne für kommerziell nutzbare Reaktoren zur Stromerzeugung. Erst in den sechziger Jahren wurden größere Kernenergieprogramme entworfen und in den siebziger Jahren verwirklicht.
Eines haben alle Reaktoren — militärische wie zivile — gemeinsam: Neben den gewünschten Produkten Strom und neue Spaltstoffe entsteht in ihnen eine Vielzahl von radioaktiven Abfällen, die für eine weitere Nutzung nicht in Frage kommen und die außerdem für Mensch und belebte Natur in höchstem Maße gefährlich sind. Um schwerwiegende Gesundheitsschäden zu vermeiden oder zumindest zu begrenzen, müssen Mensch und Umwelt vor diesen Abfällen geschützt werden. Dies geht in wirksamer Weise nur, indem die Abfälle dauerhaft und sicher von der Biosphäre ferngehalten werden, ihre »Entsorgung muß gesichert sein« — so das nichtssagende Schlagwort. Von dieser sogenannten Entsorgung handelt dieses Buch, von den technischen Anforderungen, die an sie zu stellen sind, von den gelösten und den ungelösten Problemen, von den Aussichten, die Probleme in den Griff zu bekommen, von den tagtäglichen Versäumnissen und von den politischen Auseinandersetzungen in diesem Bereich.
Das Wort »Entsorgung« hat etwas Verharmlosendes an sich. Dies ist sicher auch von denjenigen beabsichtigt, die den Begriff in den kerntechnischen Sprachgebrauch eingeführt haben. Was versteht das Atomgesetz unter Entsorgung, und was schreibt es vor? Nach der Darstellung des Entsorgungsberichts der Bundesregierung unter Berufung auf Paragraph 9a des Atomgesetzes hat »derjenige, bei dem radioaktive Reststoffe anfallen, dafür zu sorgen, daß diese

- schadlos verwertet werden
- oder, soweit dies nach dem Stand von Wissenschaft und Technik nicht möglich, wirtschaftlich nicht vertretbar oder mit dem Schutzzweck des Atomgesetzes nicht vereinbar ist,
- als radioaktive Abfälle geordnet beseitigt werden«.

Wie das im einzelnen auszusehen hat, regelt das Gesetz nicht. Diejenigen, die die Wiederaufarbeitung als wirtschaftlich vertretbar hinstellen und die Risiken der Plutoniumwirtschaft für akzeptabel halten, leiten daraus eine Verpflichtung zur Wiederaufarbeitung ab. Alle bisherigen Bundesregierungen haben diese Interpretation vertreten und damit die Wiederaufarbeitung gegenüber der weniger gefährlichen direkten Endlagerung begünstigt.

Weitere politische Übereinkünfte enthalten die »Grundsätze zur Entsorgungsvorsorge für Kernkraftwerke«, die auf einen Beschluß der Regierungschefs aus Bund und Ländern vom 28. September 1979 zurückgehen. Immerhin spiegelt der hier benutzte Begriff »Entsorgungsvorsorge« einiges von der Problematik in diesem Bereich wider. Es wird nämlich lediglich eine »Vorsorge« verlangt, nicht aber der Nachweis, daß die Entsorgung auch tatsächlich funktioniert.

Die Entsorgungsfrage ist zu einem festen Bestandteil der Auseinandersetzung um die Kernenergie geworden. »Die Entsorgung ist nicht gesichert«, lautet eines der weitestverbreiteten und einleuchtendsten Argumente gegen die Kernenergienutzung. Die andere Seite tut sich häufig schwer, hier ein Problem zu sehen, das — wenn es überhaupt bestehe — nicht in Kürze und mit Leichtigkeit zu lösen sei. Der Verdacht liegt nahe, daß Gegner und Befürworter der Kernenergie grundverschiedene Dinge meinen, wenn sie von »ungelöster« beziehungsweise »gesicherter« Entsorgung sprechen.

Ein Rückblick auf die letzten fünfzehn Jahre läßt deutlich werden, daß in dieser Zeit praktisch kein Jahr vergangen ist, in dem nicht zumindest ein Teilaspekt des Entsorgungsproblems in die Schlagzeilen geriet. Meist handelte es sich sogar um fundamentale Fragen der Atomenergienutzung, die in diesen Diskussionen aufgeworfen wurden. Es lohnt daher, diesen Konflikten noch einmal nachzugehen, und das soll in diesem Buch geschehen.

Die Fülle der Konfliktpunkte in der Entsorgungsdebatte ist beeindruckend. Dennoch vermitteln die Schlagzeilen nur ein bruchstückhaftes Bild von der tatsächlichen Entsorgungssituation. Der Beobachter sieht häufig nur das Nebeneinander von Einzelproblemen und erkennt nicht, wie die Einzelprobleme miteinander verknüpft sind. Zur Beurteilung der Gesamtsituation müssen aber die Wechselwirkungen zwischen den Einzelproblemen bekannt sein. Das Ignorieren dieser Wechselwirkungen ist weit verbreitet, gerade auch bei den mit der Entsorgung befaßten verantwortlichen Politikern, Behörden und Institutionen. Es ist jedoch das Vertrackte an der Entsorgungsproblematik, daß jeder Verfahrensschritt bei der Abfallbehandlung, aber auch das Unterlassen bestimmter Verfahrensschritte, Folgeprobleme nach sich zieht. Die meisten der Schritte sind nicht reversibel, ein einmal begangener Fehler läßt sich nur schwer oder gar nicht wieder korrigieren.

Sind zum Beispiel die abgebrannten Brennelemente erst einmal zerlegt und wiederaufgearbeitet, sind neue und zusätzliche Abfallströme entstanden, mit denen etwas geschehen muß. Je länger die hochaktiven flüssigen Abfälle in Tanks zwischengelagert werden, desto größer wird die Gefahr von Leckagen oder anderen Unfällen. Oder hat man radioaktive Abfälle erst einmal ins Meer geworfen, sind sie weder rückholbar noch kontrollierbar. Zeigen sich unerwünschte Auswirkungen, so ist ein korrigierendes Eingreifen nicht mehr möglich. Oder entschließt man sich, einen bestimmten gefährlichen Stoff aus der Abluft einer Anlage herauszufiltern, anstatt ihn feinverteilt in die Atmosphäre zu blasen, so müssen die konzentrierten Filterrückstände irgendwo endgelagert werden.

Praktisch jeder Schritt, mit dem — vermeintlich oder tatsächlich — ein bestimmtes Teilproblem gelöst wird, führt automatisch zu Folgeproblemen und zu Wechselwirkungen mit anderen Teilproblemen. Je weniger Beachtung man diesen Wechselwirkungen schenkt, desto leichter manövriert man sich in Situationen, in denen eine zufriedenstellende Lösung des Gesamtproblems immer schwieriger wird. Stetig und langsam — zunächst unmerklich — engt man seine eigenen Handlungsspielräume immer mehr ein, bis schließlich die Situation durch selbstgeschaffene Sachzwänge ausweglos wird.

Bislang ist lediglich klar, daß die eigentlichen Probleme erst vor uns liegen. Das gravierendste besteht in der Suche nach geeigneten Endlagern. Es muß befürchtet werden, daß mit fortschreitender Zeit die zu lösenden Probleme in diesem Bereich wachsen, und zwar nicht einfach gleichmäßig, sondern möglicherweise überproportional — durch den zunehmenden Druck verschiedener Sachzwänge.

Einer dieser Sachzwänge ist das Problem der wachsenden Abfallmengen. Selbstverständlich trägt der weitere Betrieb von Kernkraftwerken entscheidend zur Verschärfung dieses Problems bei, da immer mehr Müll produziert wird. Das Argument, es sei ja schon in der Vergangenheit Atommüll angefallen, der beseitigt werden müsse, und damit bringe der Ausstieg aus der Kernenergie die Entsorgungsfrage einer Lösung nicht näher, ist sachlich nicht richtig und zeugt von wenig Weitblick und Verantwortungsbewußtsein. Denn das Entsorgungsproblem ist auch ein Mengenproblem. Nach allem, was heute über die Entsorgungssituation bekannt ist, wachsen die Probleme mit jeder Tonne Abfall, die über die bereits angehäufte Abfallmenge hinaus produziert wird.

Eine Schlüsselrolle in der Entsorgungsproblematik nimmt der zu betrachtende Zeithorizont ein. Die Diskussion, ob die Abfälle 24 000 Jahre, Hunderttausende von Jahren oder »nur« 10 000 Jahre sicher endgelagert werden müssen, wirkt in diesem Zusammenhang allerdings schon grotesk. Die Kerntechnik ist keine 50 Jahre alt. Das Christentum besteht 2000 Jahre, aus der Zeit davor liegen für das Gebiet der Bundesrepublik, auf dem ja Endlagerstätten eingerichtet werden sollen, keine schriftlichen Überlieferungen über menschliche Besiedlung vor. Die letzte Eiszeit ging vor 10 000 Jahren zu Ende. In dem Zeitraum von vor 80 000 bis 40 000 Jahren lebte in Mitteleuropa eine frühe Entwicklungsstufe des Menschen — der Neandertaler.

Auf der anderen Seite betragen die Halbwertszeiten von Plutonium-239 24 000 Jahre, von Neptunium-237 2,1 Millionen Jahre und von Jod-129 15,7 Millionen Jahre.

Die Planer der Atomtechnik und insbesondere der Entsorgungstechnik müssen sich fragen lassen, für welche Zeiträume sie eigentlich planen und planen können: ob für die eigene und bestenfalls noch für die nächste und übernächste Generation oder aber für Hunderte und Tausende nachfolgender Generationen. Das sind nämlich die Zeiträume, die vergehen, bis die radioaktiven Abfallstoffe zum größeren Teil zerfallen sind. Allerdings haben die besonders langlebigen Radionuklide selbst nach diesen Zeiten nur unwesentlich abgenommen. Wenn behauptet wird, man plane über Zehntausende bis Hunderttausende von Jahren, dann ist zu fragen, mit welchen intellektuellen und prognostischen Fähigkeiten diese Planer ausgestattet sind. Auf Vorbilder aus sei-

ner Geschichte kann der Mensch hierbei offensichtlich nicht zurückgreifen.
Auch die Wirkungen radioaktiver Strahlung können in zeitlicher Hinsicht sehr weitreichend sein. Neben dem akuten Strahlentod infolge hoher Strahlendosen sind vor allem die Strahlungsschäden zu betrachten, die entweder in Form von Krebserkrankungen Jahre bis Jahrzehnte nach der Strahleneinwirkung oder in Form von genetischen Schäden in späteren Generationen in Erscheinung treten. Der Zeitpunkt der ersten Kernspaltung in einem Reaktor liegt keine zwei Generationen, der Beginn des bundesdeutschen Atomprogramms erst eine Generation zurück. Entsprechend unsicher sind auch die Erkenntnisse über die gesundheitlichen Auswirkungen verhältnismäßig geringer Strahlendosen auf die Menschheit. Damit sind in diesem Bereich weit in die Zukunft reichende Prognosen praktisch nicht möglich.
Für die an Endlager für radioaktive Abfälle aus Kernkraftwerken zu stellenden Anforderungen sind aufgrund der langen Halbwertszeiten bestimmter Inhaltsstoffe Zehntausende bis Hunderttausende von Jahren als Zeitmaßstab in Betracht zu ziehen. Fest steht damit, daß die Frage nach der Sicherheit der Endlager und nach möglichen Gefährdungen von Mensch und Natur noch in einer Zeit relevant sein wird, in der die Nutzung von Energie aus der Kernspaltung längst eine weit zurückliegende Episode ist.
Vor diesem Hintergrund müssen die derzeitigen Planungen und Entscheidungen im Bereich der Entsorgung von Kernkraftwerken gesehen und beurteilt werden. Erst unter Berücksichtigung dieses zeitlichen Planungshorizonts einerseits und der sich mittlerweile ergebenden technischen Sachzwänge andererseits läßt sich die Frage vernünftig angehen, ob ein Problem »gelöst« oder »ungelöst« ist, ob eine Entscheidung »drängt« oder »Zeit hat«. Erst dann läßt sich ein Bild davon gewinnen, ob zum Beispiel die Planungen für das erhoffte Endlager in Gorleben den hohen Anforderungen gerecht werden oder ob die Proklamierung der Eignung von Gorleben und das Setzen auf diese eine Lagerstätte ein Vabanquespiel ist, das von Sorglosigkeit und »Augen-zu-und-durch«-Politik zeugt.
Bei Betrachtung der Problemlage fällt ein Gegensatz besonders ins Auge: Auf der einen Seite müssen heute Entscheidungen ge-

troffen werden, die über einen unvorstellbar langen Zeitraum hinweg Bestand haben müssen; auf der anderen Seite wird der Zeitraum für die Entscheidungsfindungen immer knapper und der Handlungsspielraum immer enger. Darüber hinaus stehen die Zukunft der Atomwirtschaft und die rechtlichen Grundlagen für den Weiterbetrieb der Reaktoren auf dem Spiel, wenn nicht bald konkrete Fortschritte in der Entsorgung vorgewiesen werden. Diese Situation fördert nicht gerade sachgerechte und rationale Entscheidungen, sondern sie verleitet zu wenig sachdienlichen bis irrationalen Verhaltensweisen: zur Schau gestellte oder echte Sorglosigkeit, Verdrängung der tatsächlichen Probleme, Zerstückelung des Gesamtproblems in viele kleine Detailprobleme, Abwälzen der Schuld auf andere, Verharmlosungen, großspurige Ankündigungen und das Anbieten von Scheinlösungen. So wiederholt sich etwa in regelmäßigen Abständen die Meldung, man habe ausländische Abnehmer für Atommüll gefunden (zum Beispiel die Sowjetunion oder China) und mache dabei sogar noch ein Geschäft. Müllexporte lösen mit Sicherheit nicht das Entsorgungsproblem, sondern sind typische Scheinlösungen.

Vor dem Hintergrund der ungelösten Probleme der Entsorgung haben wir das vorliegende Buch geschrieben. Was aber sind Sinn und Zweck dieses Buches? Auf keinen Fall wollten wir ein Lehrbuch der Entsorgungstechnik im Atombereich schreiben. Es soll aber die Leserinnen und Leser in die Lage versetzen, eine eigenständige Bewertung vorzunehmen. Dazu muß das Buch zunächst die nötigen Informationen vermitteln. Weiterhin muß es Zusammenhänge zwischen Einzelproblemen aufzeigen und die sich daraus ergebenden Wechselwirkungen darstellen. Dies erfordert vor allem die Darstellung des Ist-Zustandes von Art, Menge und Zusammensetzung der in kerntechnischen Anlagen anfallenden Abfälle sowie der Anlagen, in denen diese in irgendeiner Weise aufbewahrt oder behandelt werden. Darüber hinaus werden auch ein Rückblick auf die Entwicklungen in der Vergangenheit und eine Abschätzung zukünftiger Entwicklungsmöglichkeiten erforderlich.

Weiterhin war es uns wichtig, mit der Vielzahl von Gerüchten, Legenden, Fehlinformationen und Ideologien aufzuräumen, die die sachgerechte Diskussion behindern. Ein Musterbeispiel für

Fehlinformationen, die sich hartnäckig halten, ist in dem Begriff des sogenannten »Brennstoffkreislaufs« verborgen. Dieser Begriff vermittelt ein völlig verzerrtes Bild von der Entsorgungssituation. In Wirklichkeit sind dort keinerlei Kreisläufe zu erkennen. Außerdem bezieht sich dieser Begriff nur auf den Brennstoff und unterschlägt die Abfallproblematik. Uns liegt daran, die Diskussion auf die Punkte und Themen zu führen, um die es in der Entsorgungsfrage wirklich geht. Im folgenden sollen der logische Aufbau und der rote Faden dieses Buches kurz skizziert werden.

In Kapitel 2 wird der Spur nachgegangen, die die abgebrannten Brennelemente aus bundesdeutschen Kernreaktoren hinterlassen haben. Da in diesen Brennelementen der größte Teil der Aktivität der erzeugten radioaktiven Stoffe enthalten ist, werden sie in der Entsorgungsdebatte am häufigsten genannt. Auch die »Entsorgungsvorsorge«, jener Begriff aus dem politischen Raum, bezieht sich in erster Linie auf diese abgebrannten Brennelemente. Wir zeigen deshalb, welchen Weg die abgebrannten Brennelemente aus den bundesdeutschen Reaktoren genommen haben und in absehbarer Zeit nehmen werden.

In Kapitel 3 geht es um die Herkunft und den Verbleib aller Abfälle aus der Kerntechnik. Dabei wird dargestellt, daß das Entsorgungsproblem nicht ausschließlich aus der Notwendigkeit resultiert, die abgebrannten Brennelemente und die darin enthaltenen radioaktiven Stoffe zu »beseitigen«. Das Kapitel untersucht daher, welche sonstigen Abfälle beim normalen Betrieb eines Kernkraftwerkes anfallen, welche zusätzlich zu beseitigenden Abfälle aus Störfällen, Umrüstungen und Abriß von Kernkraftwerken resultieren und wo welche radioaktiven Abfälle aus anderen Anlagen, die zum Betrieb von Kernkraftwerken notwendig sind oder für notwendig gehalten werden, sowie aus Forschung und Medizin entstehen.

Kapitel 4 geht der Frage nach, warum die Endlagerung der radioaktiven Abfälle das zentrale Problem der Entsorgung ist. Es werden die Eigenschaften der endzulagernden Stoffe beschrieben, insbesondere ihre Langzeitgefährlichkeit. Aus diesen Eigenschaften leiten sich die Anforderungen an die Endlagerstätten ab, insbesondere an die Langzeitsicherheit des Endlagers. Zur Sprache kommen die Verfahren, mit denen man in der Bundes-

republik — bislang erfolglos — nachzuweisen versucht, daß eine Endlagerung der hochradioaktiven Abfälle in Salzstöcken den zu stellenden Sicherheitsanforderungen gerecht wird.
Kapitel 5 zeichnet den Werdegang der konkreten Endlagerprojekte in der Bundesrepublik nach und endet mit einer ernüchternden Bestandsaufnahme. Nach der Sorglosigkeit in der Anfangsphase der Kerntechnik, dem viel zu späten Beginn der Suche nach Endlagerstandorten und scheinbaren Forschritten in den siebziger Jahren stellten sich 1978/79 schwere Rückschläge ein: Das Versuchsendlager Asse wurde geschlossen, und das Konzept des sogenannten Integrierten Entsorgungszentrums in Gorleben scheiterte. Seitdem ist man mit der Realisierung der Endlagerung nicht vorangekommen. Die Befürchtungen, daß der Salzstock Gorleben sich nicht als Endlager für die hochaktiven Abfälle eignet, verstärken sich. Technisch ungewiß und dazu politisch umstritten ist die Zukunft der stillgelegten Eisenerzgrube Schacht Konrad als Endlager für schwach- und mittelaktive Abfälle sowie die radioaktiven Abfälle aus der Stillegung von kerntechnischen Anlagen.
Kapitel 6 beschreibt die Funktionsweise und die Risiken der in Wackersdorf in Planung und in Bau befindlichen Wiederaufarbeitungsanlage. Es wird gezeigt, daß es sich keineswegs nur um eine einzelne Wiederaufarbeitungsanlage handelt, sondern daß eine Vielzahl weiterer Anlagen zum Komplex in Wackersdorf zu zählen ist. Jede dieser Anlagen hat ihre spezifischen Möglichkeiten der Freisetzung von Radioaktivität in den Untergrund, in das Abwasser und in die Atmosphäre — im Normalbetrieb wie bei Störfällen oder Unfällen. An ausgewählten Beispielen werden die unterschiedlichen Risiken erläutert.
In Kapitel 7 wird die wechselvolle Geschichte der Planung der großtechnischen Wiederaufarbeitung in der Bundesrepublik beschrieben: von den frühen diffusen Projekten, als sich die Chemie-Industrie noch ein lohnendes Geschäft von der Wiederaufarbeitung erhoffte, über die ersten konkreten Standortplanungen Mitte der siebziger Jahre in Niedersachsen bis zum Gorleben-Hearing und dem Zusammenbruch des Konzeptes eines Integrierten Entsorgungszentrums. Es folgt die Beschreibung der Suche nach einem neuen Standort für eine Wiederaufarbeitungsanlage, praktisch kreuz und quer durch die Bundesrepublik, mit ih-

ren politischen Begleitumständen und technischen Fehlplanungen, bis die Wahl schließlich auf Wackersdorf fiel.
Kapitel 8 geht den Argumenten nach, die für die Wiederaufarbeitung abgebrannter Brennelemente und die Plutoniumnutzung ins Feld geführt werden. Ökonomisch ist die Wiederaufarbeitung nicht lohnend, auch bringt sie das Entsorgungsproblem nicht seiner Lösung näher, da sie nichts anderes ist als eine spezielle Behandlungsart der Brennelemente. Die direkte Endlagerung ist nach heutigem Wissensstand mit weniger Nachteilen und Risiken behaftet als die Endlagerung nach vorausgegangener Wiederaufarbeitung. Soll die Nutzung des Schnellen Brüters der Ressourcenschonung dienen? Kann man das abgetrennte Plutonium im Leichtwasserreaktor »verbrennen«? Droht beim Verzicht auf Wackersdorf ein technologischer Fadenriß? Das Kapitel gibt Antworten auf diese Fragen.
Kapitel 9 zeichnet die Spur der schwach- und mittelaktiven Abfälle nach. Es wird dargestellt, wie man sich zu Anfang der Kernenergienutzung die Beseitigung dieser Abfälle vorgestellt hat und was mit den Abfällen in der Praxis geschehen ist und immer noch geschieht. Dazu wird im einzelnen untersucht, welche Abfälle zu welchen Anlagen transportiert werden, ob und nach welchen Verfahren sie behandelt und »konditioniert« werden und wo sie zwischenlagern. Weiterhin wird untersucht, ob eine lückenlose Überwachung der Abfälle auf ihren verschlungenen Pfaden möglich ist.
In Kapitel 10 werden radioaktive Stoffe beschrieben, die aus dem Betrieb kerntechnischer Anlagen stammen, aber offiziell nicht als radioaktive Abfälle eingestuft werden. Wie sich die willkürliche Grenzziehung zwischen radioaktiven und nichtradioaktiven Abfällen entwickelt hat, wird unter Berücksichtigung der rechtlichen Situation und der gängigen Praxis nachgezeichnet. Ein Teil der Stoffe gelangt auf Hausmülldeponien, ein anderer Teil wird wiederverwertet. Bei letzterem handelt es sich hauptsächlich um Schrott aus Atomanlagen, der außerhalb der Atomtechnik weiterverwendet wird.
Nachdem in den vorangegangenen Kapiteln die unterschiedlichen Abfallkategorien einzeln diskutiert wurden, wird in Kapitel 11 die derzeitige Problemlage im Zusammenhang beschrieben. Dazu wird auf der Basis des bisherigen Betriebs der Atomanla-

gen dargestellt, welche Abfälle bereits angefallen sind und wo diese lagern. Das Kapitel enthält ferner eine Statusbeschreibung der Anlagen, die für die Entsorgung in Betrieb sind oder in absehbarer Zeit in Betrieb gehen sollen. Dazu gehört ein Überblick über die Verfahren und Anlagen zur Volumenreduzierung von Abfällen, die aufgrund der drückenden Probleme entwickelt wurden.
Im abschließenden Kapitel 12 wird die aktuelle Bestandsaufnahme für die nächsten ein bis zwei Jahrzehnte fortgeschrieben. Die Abfallmengen werden unter Zugrundelegung der derzeitigen Anlagenplanungen prognostiziert. Dabei wird zwischen Brennelementen, schwach- und mittelaktiven und hochaktiven Abfällen unterschieden. Ein wichtiges Problem werden zukünftig die Abfälle aus der Wiederaufarbeitung deutscher Brennelemente im Ausland darstellen, die vertragsgemäß zurückgenommen werden müssen. Hinzu kommen Abfälle aus der bei Wackersdorf geplanten Wiederaufarbeitungsanlage und Abfälle aus dem Abriß von Atomkraftwerken. Wir haben außerdem versucht, Probleme anzureißen, die sich im Entsorgungsbereich in Zukunft noch entwickeln können.

2. Die heiße Spur der Brennelemente

In einem Atomreaktor wird Energie aus der Spaltung von Uran gewonnen. Der »Brennstoff« Uran befindet sich in sogenannten Brennstäben mit Hüllrohren. Die Brennstäbe werden zu sogenannten Brennelementen zusammengebündelt; ein Druckwasserreaktor des Typs Biblis enthält etwa 200 solcher Brennelemente. Normalerweise wird der größte Teil der beim Reaktorbetrieb entstehenden radioaktiven Stoffe in diesen Brennelementen zurückgehalten. Aufgrund der hohen Radioaktivität kommt den Brennelementen eine besondere Bedeutung unter den radioaktiven Abfällen des Reaktorbetriebs zu.

Bei der Vielzahl der radioaktiven Stoffe in den Brennelementen handelt es sich einmal um die Trümmer, die bei der Spaltung des Urans entstehen und die deshalb Spaltprodukte genannt werden. Zu ihnen zählen zum Beispiel die Nuklide Strontium-90, Jod-131 und Cäsium-137 und das Edelgas Krypton-85.

Außerdem entstehen während des Reaktorbetriebs »Aktivierungsprodukte«. Bei dem Prozeß der »Aktivierung« wird ein Atomkern durch Bestrahlung mit Neutronen radioaktiv. So können Atomkerne der Strukturteile und Hüllrohre der Brennelemente oder Spaltprodukte »aktiviert« werden. Dabei werden zum Beispiel Kobalt-60 und Cäsium-134 gebildet. Die Bildung von Plutonium aus Uran ist ein besonderer Prozeß, bei dem die Umwandlung über Neutroneneinfang- und Zerfallsprozesse geht.

Die Aktivität radioaktiver Stoffe wird in der Einheit Becquerel gemessen. Ein Brennelement eines Druckwasserreaktors enthält bei seiner Entladung nach dreijährigem Einsatz — es wird dann als abgebranntes Brennelement bezeichnet — typischerweise eine Aktivität in der Größenordnung von 10^{18} Becquerel (eine Eins mit 18 Nullen). Im Laufe einiger Jahre und Jahrzehnte geht die Strahlung zwar auf etwa ein Tausendstel dieses Werts zurück,

liegt aber damit immer noch bei einer Aktivität von 10^{15} Becquerel pro Brennelement.
Mit dem radioaktiven Zerfall der Spaltprodukte und der radioaktiven Strahlung ist immer eine Wärmeentwicklung verbunden. In den abgebrannten Brennelementen ist die Konzentration der radioaktiven Nuklide so groß, daß die Brennelemente nach ihrer Entnahme aus dem Reaktor weitergekühlt werden müssen. Eine gekühlte Lagerung der abgebrannten Brennelemente über ein halbes oder ein Jahr ist daher sinnvoll, um durch das Abklingen der Nachwärme und der Strahlung den Abtransport dieser Brennelemente zu erleichtern.
Bereits beim Bau und der Inbetriebnahme der ersten bundesdeutschen Reaktoren in Kahl (1960), Gundremmingen (1966) sowie Lingen und Obrigheim (1968) mußte irgendeine Vorstellung davon existieren, was mit diesen Brennelementen nach Gebrauch passieren sollte. Bei den ersten bundesdeutschen Atomreaktoren war eine Lagerkapazität vorgesehen, die für die abgebrannten Brennelemente eines zwei- bis dreijährigen Betriebs ausreichte. Bereits damals bestand die Absicht, die Brennelemente nach dem Ende ihrer Einsatzzeit und der anschließenden Lagerung der Wiederaufarbeitung zuzuführen. Dies lag schon deshalb nahe, weil seit dem Bau der ersten militärischen Reaktoren in den vierziger Jahren Brennelemente wiederaufgearbeitet worden waren; nur so war das als Bombenstoff begehrte Plutonium abzutrennen.
Auch in der Bundesrepublik bestand schon sehr frühzeitig ein Interesse an der Erzeugung und Abtrennung von Plutonium. Es wurde solchen Reaktortypen der Vorzug gegeben, die schnell Plutonium zur Verfügung stellen konnten. Dies waren beispielsweise der Forschungsreaktor 2 (FR 2) und der Mehrzweckforschungsreaktor (MZFR) in Karlsruhe sowie der Druckröhrenreaktor in Niederaichbach (KKN), die allesamt schwerwassermoderiert waren. Finkelnburg, der bei Siemens die Reaktorforschungsabteilung aufbaute, bezeichnete den MZFR als »die billigste Möglichkeit zur raschen und laufenden Erzeugung von Plutonium«.
Eine Wiederaufarbeitungsanlage (WAA) im benachbarten Ausland stand damals auch schon in Aussicht. Mit ihrem Bau wurde bereits 1962 im belgischen Mol begonnen. Im Jahre 1968 konnte

die Anlage mit der Wiederaufarbeitung beginnen. Betreiberin war die EUROCHEMIC, die 1957 von zwölf europäischen Mitgliedstaaten der OEEC, unter anderem der Bundesrepublik, gegründet worden war. In der Betriebszeit, die 1974 endete, wurden auch bundesdeutsche Brennelemente wiederaufgearbeitet.
Doch auch eine bundesdeutsche Wiederaufarbeitungsanlage wurde sehr bald geplant. Ein Projektierungsauftrag für eine solche Anlage im Karlsruher Kernforschungszentrum erging bereits 1963. Im Dezember 1964 wurde die Gesellschaft zur Wiederaufarbeitung von Kernbrennstoffen als zukünftige Betreiberin gegründet; beteiligt waren die Firmen Hoechst, Gelsenberg und Nukem. Wegen vieler interner Streitigkeiten im Kernforschungszentrum über das Für und Wider der Wiederaufarbeitung zog sich der Baubeginn bis 1967 hin. Die Anlage ging 1971 in Betrieb. Die bis 1981 in Karlsruhe aufgearbeiteten Brennelemente stammten zu etwa 50 Prozent aus dem MZFR. Im Mai 1987 wurde in der Karlsruher Anlage das tausendste Kilogramm Plutonium abgetrennt.
Die jährliche Entlademenge der oben genannten vier ersten Leichtwasserreaktoren in der Bundesrepublik betrug etwas mehr als 40 Tonnen abgebrannter Brennelemente. Die Wiederaufarbeitungsanlage in Mol hatte eine Kapazität von 70 Tonnen pro Jahr, die Karlsruher Anlage war für 35 Tonnen pro Jahr ausgelegt. In der Realität waren die Durchsätze zwar wesentlich geringer — in Mol von 1968 bis 1974 etwa 180 Tonnen und in Karlsruhe bis Anfang 1988 etwa 200 Tonnen —, in Anbetracht der Lagerkapazität bei den Reaktoren bestanden aber zunächst keine Engpässe.
Aber das Atommüllproblem ist ja mit der Wiederaufarbeitung nicht gelöst. Auch wenn die Brennelemente selbst aus dem Blickfeld verschwunden sind, bleiben dennoch die radioaktiven Stoffe existent, sie werden nur auf eine sehr viel voluminösere Menge Müll verteilt. Von der Aktivität her ist die Menge der abgetrennten und wiederverwerteten Nuklide (Uran und Plutonium) gering. Weder aufgrund der im Müll verbleibenden Aktivitätsmenge noch aufgrund des Gefährdungspotentials der verbleibenden Abfälle bringt die Wiederaufarbeitung Vorteile.
Nur scheinbar wurde also durch die Wiederaufarbeitung das Abfallproblem anfänglich gelöst. In Mol wird erst jetzt der bis zum

Jahre 1974 — dem Jahr der Stillegung — angefallene hochradioaktive Müll von der Deutschen Gesellschaft zur Wiederaufarbeitung von Kernbrennstoffen (DWK) für die weitere Lagerung verglast. In Karlsruhe lagert immer noch der aus der Wiederaufarbeitung stammende hochaktive Abfall in konzentrierter und flüssiger Form. Es ist also nicht einmal gelungen, die hochradioaktiven Abfälle in eine Form zu überführen, die die »Endlagerung« nach den offiziellen Vorstellungen erlauben würde. Ein Teil der schwach- und mittelaktiven Abfälle aus Mol konnte durch Versenken im Atlantik »beseitigt« werden, und entsprechende Abfälle aus der Karlsruher WAA wurden bis 1978 in das Salzbergwerk Asse II eingelagert. Ein großer Teil dieser Abfälle aus der Wiederaufarbeitung wartet auch heute noch auf das Ende seiner provisorischen Lagerung.

Der Ausbau der Kapazität an Atomkraftwerken ging in den siebziger Jahren weiter. In den Jahren 1971 und 1972 gingen die bereits recht großen Reaktoren in Würgassen und Stade in Betrieb, in denen bis heute zusammen etwa 40 Tonnen abgebrannter Brennelemente jährlich zur Beseitigung anfallen. Daher waren im Hinblick auf die Abfallprobleme die großen Schwierigkeiten bei der Inbetriebnahme des Atomkraftwerks Würgassen von Vorteil. In den Jahren 1972 und 1974 stand die Anlage beinahe durchgängig still, 1973 konnte sie nur etwa für ein halbes Jahr Strom erzeugen. Auf diese Weise wurden die Brennelemente in Würgassen für mehrere Jahre auch nicht im geplanten Ausmaß abgebrannt.

Bei einem planmäßigen Betrieb der zu dieser Zeit errichteten Reaktoren wäre die Wiederaufarbeitungskapazität der Anlagen in Mol und Karlsruhe viel zu gering gewesen. Daher wurden erste Wiederaufarbeitungsverträge mit der neuen französichen WAA in La Hague abgeschlossen. Der erste Vertrag kam 1973 für Brennelemente aus Stade zustande. Es war aber bereits zu diesem Zeitpunkt klar, daß die französische Anlage frühestens 1975 fertiggestellt sein würde. Während dieser Übergangszeit sollten die Brennelemente daher im Ausland zwischenlagern. Vertraglich garantiert wurde die Wiederaufarbeitung jedoch auch für die Zeit danach nicht. Dies hatte auch gute Gründe, da in Frankreich längere Erfahrungen nur in der Wiederaufarbeitung von Brennelementen der französischen Gas-Graphit-Reaktoren vorlagen.

Die Wiederaufarbeitung von Brennelementen aus Leichtwasserreaktoren ist aber schwieriger und führte auch in der ersten in La Hague errichteten Anlage zu erheblichen Problemen. Fest stand also nur, daß in absehbarer Zeit entweder nichtaufgearbeitete Brennelemente oder Wiederaufarbeitungsabfälle die Rückreise in die Bundesrepublik antreten würden.
Noch prekärer wurde die Situation mit dem Bau und der Inbetriebnahme der ersten Druckwasserreaktoren mit Leistungen von über 1000 Megawatt-elektrisch. Diese Reaktoren produzieren jeweils über 30 Tonnen abgebrannter Brennelemente im Jahr. Sie wurden aber nur noch mit einer Lagerkapazität für etwa zwei Betriebsjahre versehen. Die ersten beiden Reaktoren dieses Typs waren die Reaktoren Biblis A und B (Inbetriebnahme 1974 und 1976). Offenbar war man hinsichtlich freier Wiederaufarbeitungskapazität sehr zuversichtlich.
Eine solche Zuversicht war allerdings nicht begründet. In der ersten Teilgenehmigung für den Reaktor Biblis A von 1970 wurde noch behauptet, die Mengen der im Reaktor entstehenden radioaktiven Stoffe würden den Betrieb und die Umgebung nicht beeinflussen, »da die sogenannten ausgebrannten Brennelemente Wiederaufarbeitungsanlagen zugeführt werden, etwa in Mol/Belgien oder Karlsruhe, wo die langlebigen, nicht mehr benötigten radioaktiven Stoffe extrahiert und einer Endlagerung, z.B. dem norddeutschen Salzbergwerk Asse, zugeführt werden«.
Im Rückblick ist an diesen Behauptungen nichts Wahres gewesen, sie zeugten vielmehr von einer fatalen Fehleinschätzung der Behörde. Die WAA in Mol war bereits stillgelegt, als die ersten abgebrannten Brennelemente aus Biblis A dorthin hätten gebracht werden können. Sie war darüber hinaus auch nicht als kommerziell nutzbare Anlage gebaut worden, sondern als Anlage, mit der technische Erfahrungen gesammelt werden sollten. Die Karlsruher Anlage hätte bei maximalem Durchsatz die Menge der aus Biblis A anfallenden Brennelemente aufarbeiten können. Aus technischen Gründen ging dies aber nicht, da die Anlage für kleinere Brennelemente konstruiert war. Von anderen Reaktoren, die bereits die Anlagen in Mol und Karlsruhe für ihre »Entsorgung« mehr als auslasteten, war in der betreffenden Genehmigungsbehörde offenbar nichts bekannt. Die Asse schließ-

lich war überhaupt nicht als Lager für hochradioaktive und wärmeentwickelnde Abfälle im Gespräch.
Zur Verschärfung der Probleme trug die Inbetriebnahme weiterer Reaktoren bei. Bis Ende der siebziger Jahre waren dies noch die Druckwasserreaktoren Neckarwestheim (1976) und Esenshamm (1978) sowie die Siedewasserreaktoren Brunsbüttel (1976), Isar-1 bei Ohu (1977) und Philippsburg-1 (1979).
Nun bahnte sich eine Entwicklung an, die schließlich zur offiziellen Forderung nach dem »Entsorgungsvorsorgenachweis« — der häufig fälschlicherweise »Entsorgungsnachweis« genannt wird — für die Brennelemente der Atomkraftwerke führte. Bevor diese Forderung endgültig verabschiedet war, verlangte die hessische Genehmigungsbehörde 1977 in der Dauerbetriebsgenehmigung für den Reaktor Biblis B einen »Nachweis« der Entsorgung der Brennelemente. Diese Auflage nahm bereits in wesentlichen Passagen den späteren bundesweiten »Entsorgungsvorsorgenachweis« vorweg.
Im einzelnen wurde für Biblis B der Nachweis verlangt, »daß für einen Betriebszeitraum von sechs Jahren im voraus der sichere Verbleib der bestrahlten Brennelemente durch zugelassene Einrichtungen des Antragstellers oder durch bindende Verträge sichergestellt ist«. Insbesondere sollten Verträge zur Wiederaufarbeitung im Ausland eine Rücklieferung des entsprechenden Abfalls erst dann zulassen, wenn in der Bundesrepublik deren sichere Behandlung und Beseitigung gewährleistet seien.
Da für Biblis B eine Dauerbetriebsgenehmigung erteilt wurde, muß die Genehmigungsbehörde die Bedingungen offenbar als erfüllt angesehen haben. Die Begründung der Betriebsgenehmigung führte aus, die ersten beiden Entlademengen bis 1979 sollten nach La Hague gebracht werden; »über die Rücknahme des Abfalls, die z. Z. durch eine Option geregelt ist, wird noch verhandelt«. Auch das damals durch die Köpfe geisternde deutsche »Entsorgungszentrum« wurde bemüht: »Es kann also damit gerechnet werden, daß die neunte Entlademenge im Jahr 1986 vom Entsorgungszentrum übernommen werden kann.« Der Bescheid aus dem Jahre 1977 ging davon aus, daß im April 1986 (»incl. Verzögerung«!) das Eingangslager eines deutschen Entsorgungszentrums bereitstünde, der Wiederaufarbeitungsteil des Zentrums im Jahr 1991. Heute, zwölf Jahre später, ist ein sol-

ches Eingangslager in Wackersdorf in Bau. Die Betreiberfirma DWK rechnet mit einer Betriebsgenehmigung für das Lager ab 1991. Ob die zugehörige Wiederaufarbeitungsanlage jemals fertiggestellt und betrieben werden wird, ist aus vielerlei Gründen fraglich, nicht zuletzt wegen der steigenden Kosten. Offiziell wird derzeit die Inbetriebnahme der Wiederaufarbeitungsanlage für das Jahr 1997 prognostiziert.
Nun zum bereits zitierten »Entsorgungsvorsorgenachweis«, der amtlich »Grundsätze zur Entsorgungsvorsorge für Kernkraftwerke« heißt und am 6. Mai 1977 von den Regierungschefs aus Bund und Ländern beschlossen wurde.
Bei genauerer Betrachtung dieser Grundsätze stellt sich sehr schnell heraus, daß der »Entsorgungsvorsorgenachweis« nichts anderes darstellt als die Forderung, den Verbleib der abgebrannten Brennelemente nach ihrer Auslagerung aus dem Reaktorkern über ganze sechs Jahre lang zu belegen. Bereits die Möglichkeit, die Brennelemente innerhalb der Reaktoranlage im Abklingbecken lagern zu können, soll für den »Entsorgungsvorsorgenachweis« gut sein. Über den letztendlichen Verbleib der radioaktiven Stoffe ist damit aber nichts ausgesagt. Der Abtransport in ein externes Zwischenlager gilt ebenfalls als »Entsorgungsvorsorgenachweis«, obwohl er das Problem nur vom Standort des Atomkraftwerks an einen anderen Ort verlagert.
Auch die vertraglich abgesicherte Wiederaufarbeitung im Ausland verschiebt die Probleme nur so lange in die Zukunft, bis die hochaktiven und umfangreichen Abfälle von dort zurückkehren. Im Falle der Wiederaufarbeitung in der Bundesrepublik wird das Abfallproblem nicht einmal in die Zukunft verlagert, sondern es stellt sich sofort.
Der maximale Zeitrahmen der »Vorsorge« beläuft sich auf nur sechs Jahre. Das sind zwar immerhin anderthalb Legislaturperioden, die Halbwertszeiten vieler Radionuklide gehen aber weit über diesen Zeitraum hinaus. Eine Vorsorge, die diesen Namen verdiente, müßte den Schutz vieler nachfolgender Generationen mit einbeziehen und die möglichen Entwicklungen von Kulturen und Gesellschaften berücksichtigen.
Der Vollständigkeit halber sei noch erwähnt, daß die »Entsorgungsvorsorge« auch noch Fortschritte bei der Verwirklichung des »Integrierten Entsorgungskonzepts« voraussetzt. Darunter

versteht sie die »Vorauswahl eines oder mehrerer grundsätzlich geeigneter Standorte« für ein externes Zwischenlager oder für eine Wiederaufarbeitungsanlage, die »positive Beurteilung der grundsätzlichen sicherheitstechnischen Realisierbarkeit der Zwischenlagerung von bestrahlten Brennelementen in externen Zwischenlagern über einen Zeitraum von mindestens 20 Jahren« und die »Fortführung des laufenden Planfeststellungsverfahrens sowie Fortschritte bei der Erkundung und Erschließung eines Endlagers«.

Bei näherem Hinsehen sind in diesen Bereichen, insbesondere bei der Endlagerung, eher Rückschritte und Fehlschläge als Fortschritte zu erkennen. Daher wird auch verständlich, warum die Fehlschläge bei der Endlagererkundung nicht zugegeben werden dürfen: Ein solches Eingeständnis müßte nach der Logik der »Entsorgungsvorsorge« offiziell die Abschaltung aller Atomkraftwerke nach sich ziehen.

Aber auch aus einem weiteren Grund läßt die »Entsorgungsvorsorge« weder besondere Weitsicht noch besonderes Verantwortungsbewußtsein erkennen: Es wird kaum abgestritten, daß Anlagen wie die französische WAA in La Hague oder die britische WAA in Windscale/Sellafield in der Bundesrepublik nicht genehmigt werden könnten. Die Anlagen gelten als nicht sehr zuverlässig und machen wegen ihrer Unfälle und planmäßigen Verseuchung der Meere Schlagzeilen. Diese Mängel werden als Negativbeispiele hingestellt, um eine deutsche Anlage in Wackersdorf in einem besseren Licht erscheinen zu lassen, die ja noch keine Unfälle haben konnte, weil sie noch nicht existiert. Andererseits werden die ausländischen Anlagen aber für die »Entsorgung« der hierzulande anfallenden abgebrannten Brennelemente kritiklos genutzt. Die »Entsorgungsvorsorge« verlangt nämlich nicht, daß die Anlagen, die die abgebrannten Brennelemente annehmen, auch irgendeinem wie auch immer gearteten Sicherheitsstandard entsprechen.

So drängt sich denn der Eindruck auf, daß es beim »Entsorgungsvorsorgenachweis« alleine um die Sorge geht, den Atomkraftwerken einen reibungslosen Betrieb zu garantieren und gleichzeitig gegenüber der Öffentlichkeit den Schein von verantwortlicher Planung zu wahren.

Seit Mitte der siebziger Jahre wurde ein deutsches »Entsorgungs-

zentrum« geplant, dessen Wiederaufarbeitungsteil 1991 zur Verfügung stehen sollte. Für dieses sogenannte Integrierte Entsorgungszentrum wurde in Norddeutschland nach einem Standort gesucht. Dafür kamen nur Standorte über Salzstöcken in Frage, da die »Endlagerung« der hochaktiven Abfälle aus der Wiederaufarbeitung im Salz erfolgen sollte und die räumliche Konzentration von Wiederaufarbeitungsanlage und Endlager an einem Standort vorgesehen war. Nachdem einige Standorte wegen des erheblichen Widerstands in der Bevölkerung aus der Planung genommen worden waren, wurde 1977 Gorleben für diese Anlage ausgewählt. Aber bereits 1979 wurde das Konzept des »Integrierten Entsorgungszentrums« fallengelassen. Die ausschlaggebenden Gründe für das Scheitern nannte Ministerpräsident Albrecht in seiner Regierungserklärung vom 16. Mai 1979: fehlende politische Durchsetzbarkeit und — in der vorgesehenen Form — sicherheitstechnische Unzulänglichkeit.
Die Planungen für eine Wiederaufarbeitungsanlage gingen jedoch weiter, nur die Ankopplung an ein Endlager wurde aufgegeben. Nach dem Scheitern weiterer Standorte innerhalb und außerhalb Niedersachsens wurde die Anlage in Wackersdorf geplant. Die zentrale Betriebseinheit der Wackersdorfer Anlage, die eigentliche WAA, steht bis jetzt allerdings nur auf dem Papier, dort jedoch schon zum zweiten Mal, denn das atomrechtliche Genehmigungsverfahren mußte mit veränderten Unterlagen erneut durchgeführt werden. Es ist durchaus zweifelhaft, daß die in einem Berg von Papier beschriebene Anlage in der vorgesehenen Weise funktionieren wird. Dennoch wird weiter behauptet, daß die WAA Wackersdorf 1997 laufen wird.
Bereits zu einem frühen Zeitpunkt ließ sich absehen, daß eine bundesdeutsche Wiederaufarbeitungsanlage mit einer für die geplanten Reaktoren ausreichenden Kapazität in absehbarer Zeit nicht zur Verfügung stehen würde. Erfunden wurden daher zunächst die externen Zwischenlager für abgebrannte Brennelemente. Wegen der lang anhaltenden Wärmeentwicklung müssen die abgebrannten Brennelemente auch in den externen Zwischenlagern gekühlt werden. Ursprünglich war eine Kühlung durch Wasser in sogenannten Naßlagern geplant. Inzwischen wurde dieses Konzept verworfen und durch sogenannte Trockenlager ersetzt. Die Kühlung erfolgt durch Luftströme, die

an den Lagerbehältern vorbeigeführt werden. Für die jahrzehntelange Lagerung in solchen Zwischenlagern wurden die sogenannten Castor-Behälter entwickelt, die vielen nur als Transportbehälter für abgebrannte Brennelemente bekannt sind.
Der Bau des Zwischenlagers in Ahaus und die Inbetriebnahme des Zwischenlagers in Gorleben — als eine von vielen dort noch vorgesehenen Anlagen — gingen allerdings recht schleppend vor sich, vorwiegend aus juristischen Gründen. Der Begriff des »Zwischenlagers« für abgebrannte Brennelemente, die zu einem späteren Zeitpunkt und an einem anderen Ort wiederaufgearbeitet werden sollen, ist nämlich im Atomgesetz unbekannt. Damit fehlte auch die Grundlage für eine atomrechtliche Genehmigung. Der Mangel wurde mit einem Trick beseitigt: Ein ursprünglich für die Bereitstellung der nationalen Brennstoffreserve gedachter Paragraph des Atomgesetzes wurde als Genehmigungsgrundlage herangezogen. Abgebrannte Brennelemente gelten als »radioaktive Abfälle«, wenn sie »endgelagert« werden sollen, oder als »radioaktive Reststoffe«, wenn ihre spätere Wiederaufarbeitung vorgesehen ist. Die externe Zwischenlagerung von radioaktiven Abfällen ist möglich, nicht jedoch die externe Zwischenlagerung von radioaktiven Reststoffen. Um dem Atomgesetz formal zu genügen, wurden daher die abgebrannten Brennelemente als »Kernbrennstoffe« deklariert und die externen Zwischenlager nach dem entsprechenden Paragraphen des Atomgesetzes genehmigt. An der fehlenden Rechtsgrundlage — aber auch an dem fehlenden »Entsorgungsvorsorgenachweis« der Zwischenlager — störten sich einige Gerichte lange Zeit. Inzwischen sind allerdings die meisten gerichtlichen Hürden genommen, ohne daß eine Gesetzesänderung vorgenommen wurde.
Da aber auch die nichtverzögerte Errichtung von Zwischenlagern eine gewisse Zeit dauert und die Zeit drängte, wurde noch ein weiterer Ausweg ins Auge gefaßt. Dieser Ausweg nennt sich »Kompaktlager« und galt als relativ kurzfristig realisierbar.
Die Lagerbecken der Reaktoren, in denen die abgebrannten Brennelemente eigentlich nur ein halbes Jahr bis zu ihrem Abtransport lagern sollen, sollten mit einer wesentlich größeren Menge an Brennelementen beladen werden. Dazu waren neue Lagergestelle zu installieren, die eine wesentlich dichtere (kom-

pakte) Lagerung der Brennelemente zuließen. Es setzte also eine Welle von Anträgen zur Kompaktlagerung ein, und heute betreiben fast alle bundesdeutschen Atomkraftwerke die Kompaktlagerung. Bei einigen gab es allerdings Schwierigkeiten durch Klagen bei den Verwaltungsgerichten, denn die Möglichkeit negativer Folgen der Kompaktlagerung — zum Beispiel wegen der höheren Wärmeentwicklung — ist offensichtlich. Manche der Kompaktlagerverfahren sind bis heute noch nicht abgeschlossen. In Biblis A und B sind beispielsweise die Kompaktlagergestelle eingebaut, dürfen aber aufgrund eines Gerichtsbeschlusses seit 1981 nicht vollständig genutzt werden.
Für etwa ein Jahrzehnt haben die Kompaktlager und die Verträge mit La Hague so weit Luft geschaffen, daß der »Entsorgungsvorsorgenachweis« geführt werden konnte. Allerdings hat die Anzahl der Verträge mit ausländischen Wiederaufarbeitungsanlagen zugenommen. Bis zum Ende des Jahres 2000 soll die Menge der ins Ausland abgegebenen Brennelemente 4320 Tonnen erreicht haben.
Vorausschauend sind bereits vor Jahren weitere Varianten der Problemverschiebung erdacht worden, ohne die auch heute schon Engpässe absehbar wären. In diese Rubrik gehört das »Eingangslager«. Eines entsteht derzeit für die Wiederaufarbeitungsanlage in Wackersdorf mit einer Kapazität von 1500 Tonnen abgebrannter Brennelemente, also etwa 40 Jahresentlademengen eines großen Reaktors. Beim zu erwartenden Reaktorbestand entspricht dies der Entlademenge von zwei bis drei Jahren. Da an der eigentlichen Wiederaufarbeitungsanlage aber noch nicht gebaut wird (und für sie auch keine Genehmigung vorliegt), sollte dieses Eingangslager korrekterweise als externes Zwischenlager bezeichnet werden.
Neben den abgebrannten Brennelementen, von denen bislang die Rede war, gibt es auch noch solche, die nicht wiederaufgearbeitet werden können oder sollen. Dabei handelt es sich um Brennelemente aus dem Thorium-Hochtemperaturreaktor in Hamm-Uentrop und seiner kleinen Vorläuferanlage AVR in der Kernforschungsanlage Jülich. Für diese Brennelemente müßte eine technisch neue Art der Wiederaufarbeitung entwickelt werden. Dies stößt auf Schwierigkeiten und lohnt sich außerdem auch nicht, solange die Zukunftsaussichten dieser Reaktorlinie ungewiß sind.

Ebenfalls nicht aufgearbeitet werden können, auch nach Ansicht der Betreiber, die Mischoxid(MOX)-Brennelemente der ersten Generation. Das sind Brennelemente, in denen von Anfang an neben Uran auch Plutonium als spaltbares Material enthalten ist. Sie wurden seit den sechziger Jahren versuchsweise eingesetzt. Mittlerweile werden die MOX-Brennelemente nach einem geänderten Verfahren hergestellt, und die erste Wiederaufarbeitung eines solchen Brennelements ist in der Karlsruher Wiederaufarbeitungsanlage bereits geglückt.

Die alten MOX-Brennelemente wurden in den Reaktoren Obrigheim, Gundremmingen A, Kahl, Lingen und dem Mehrzweckforschungsreaktor in Karlsruhe genutzt. Ihre »Entsorgung« geschah auf ganz raffinierte Weise. In Schweden werden keine MOX-Brennelemente, sondern normale Brennelemente, die unter anderem in La Hague aufgearbeitet wurden, verwendet. Außerdem gibt es ein schwedisches Zwischenlager für abgebrannte Brennelemente. Die direkte Endlagerung abgebrannter Brennelemente wird in Schweden favorisiert, da das Land aus der Atomenergie aussteigen will. Es kam zu einem Tausch: Schweden übernahm die nichtwiederaufarbeitbaren MOX-Brennelemente aus der Bundesrepublik und gab im Gegenzug Brennelemente ab, die in La Hague auf ihre Wiederaufarbeitung warteten. Bundesdeutsche Atomkraftwerkbetreiber besaßen damit wiederaufarbeitbare Brennelemente (und müssen den in La Hague anfallenden Müll übernehmen).

Die mit Schweden getauschten Brennelemente erregten noch einmal Aufsehen, als sie beim Abtransport und bei der Verschiffung in Lübeck blockiert wurden. Die Stadt Lübeck weigerte sich schließlich, den Transport auf ihrem Gebiet zu dulden. Da im stillgelegten Reaktor in Kahl noch über 40 Brennelemente lagerten, sollten diese daraufhin über den Emder Hafen nach Schweden verschifft werden. Wegen der behördlichen Forderung nach einer vorherigen Überprüfung der Sicherheit im Emder Hafen kam aber auch diese Verschiffung zunächst nicht zustande. Damit ist die Odyssee der alten MOX-Brennelemente zumindest für die Zeit der Sicherheitsüberprüfung noch nicht zu Ende.

Eines ist allen bislang vorgestellten Schritten zur »Entsorgung« von Brennelementen gemeinsam: Sie können die Probleme nur für einen Zeitraum von wenigen Jahrzehnten eingrenzen. So

lange nur dürfen die externen Zwischenlager offiziell der Lagerung dienen. Wenn diese Zeit abgelaufen ist — wird dann der Zeitrahmen »fortgeschrieben« werden?
Der Begriff »Entsorgung« verspricht also weit mehr, als er in der Realität zu halten vermag. Insbesondere ist nicht in Sicht, wie die in riesigen Mengen produzierten radioaktiven Stoffe endgültig und konkret der Biosphäre ferngehalten werden sollen. Alle Maßnahmen zielen lediglich darauf ab, den Anschein zu wahren, als wäre alles im Griff. Sie können nicht verhindern, daß der Müllberg wächst und wächst. Die Kraftwerkbetreiber sind zufrieden, wenn ihnen ihr eigener Müll nicht im Weg steht. Die Lösung des Problems wird von Jahr zu Jahr und von Ort zu Ort geschoben. Sachzwänge werden geschaffen, wohl auch in der Hoffnung, die Bevölkerung werde irgendwann einmal bereit sein, eine nicht zu teure und halbwegs sichere »endgültige« Lösung zu schlucken.
Die Lieferung von Brennelementen an die WAA in La Hague ist kein Schritt in Richtung auf eine Lösung. Brennelemente werden zwar im Moment ins Ausland abgegeben, dafür wird aber vom Volumen her ein Vielfaches an radioaktiven Abfällen von dort in wenigen Jahren zurückkommen, soweit die Brennelemente überhaupt aufgearbeitet worden sind. Möglicherweise werden darüber hinaus nach Stillegung der französischen Wiederaufarbeitungsanlage demontierte Anlagenteile auch in der Bundesrepublik zu lagern sein. Deren Menge steht noch nicht fest. Sie könnte sich aber am auf den Gesamtdurchsatz bezogenen Anteil der deutschen Brennelemente orientieren und daher einen relativ großen Teil der Anlage ausmachen.
Der »Entsorgungsbericht« der Bundesregierung von 1988 geht davon aus, daß ab 1993 die Abfälle aus der Wiederaufarbeitung in La Hague und — in geringerem Umfang — in Windscale/Sellafield zurückgenommen werden müssen. Immerhin kann der Bericht darlegen, daß die Abfälle laut Vertrag in einem Zustand zurückgeliefert werden müssen, in dem sie »sicher transportiert und gelagert« werden können. Die französichen Behörden sollen den geforderten Eigenschaften bereits zugestimmt haben, mit den britischen Behörden seien diesbezügliche Gespräche aufgenommen worden.
Die Mengen der zurückzunehmenden Abfälle gibt der »Entsor-

gungsbericht« für die Zeit bis zum Jahre 2000 mit etwa 3000 Blöcken verglaster strahlender und aufgrund der hohen Strahlungsintensität auch heißer Abfälle an. Hinzu kommen sollen etwa 3200 Kubikmeter Abfälle in Form von Hülsen und Strukturteilen der Brennelemente und etwa 38 300 Kubikmeter sonstige radioaktive Abfälle, die nur eine geringe Wärme entwickeln.
Ein Endlager wird es auch nach offizieller Planung zumindest für die heißen Abfälle bis zum Jahr 2000 nicht geben. So heißt es dann im »Entsorgungsbericht« weiter, daß die Elektrizitätswirtschaft bereits zu planen begonnen habe, wo diese Abfälle in der Bundesrepublik zwischengelagert werden können. »Die Bundesregierung wird darauf hinwirken, daß diese Planungen rechtzeitig weiter konkretisiert und verwirklicht werden«.
Zusammenfassend läßt sich feststellen, daß eine endgültige »Beseitigung« abgebrannter Brennelemente bisher nicht möglich war und auch in absehbarer Zukunft nicht durchführbar sein wird. Die heiße Spur der abgebrannten Brennelemente endet bisher in allen möglichen Zwischenlagern.

3. Wo kommt eigentlich der Atommüll her?

Abgebrannte Brennelemente enthalten zwar den größten Teil des radioaktiven Inventars, stellen aber von der Menge her nur einen geringen Teil der radioaktiven Abfälle aus dem Betrieb von Atomkraftwerken dar.

Diese Abfälle werden nach schwach-, mittel- und hochaktivem Müll unterschieden. Solange Abfälle nicht »konditioniert« und endlagerfähig verpackt sind, ist es üblich, die Unterscheidung anhand der Aktivitätsinventare vorzunehmen.

Dabei gilt folgende Zuordnung:

- hochaktiv: Aktivitätsinventar größer als zirka 10^{14} Bq/m^3,
- mittelaktiv: Aktivitätsinventar zwischen zirka 10^{10} und zirka 10^{14} Bq/m^3,
- schwachaktiv: Aktivitätsinventar kleiner als zirka 10^{10} Bq/m^3.

Für endlagerfähig verarbeitete Abfälle (»Abfallgebinde«) gelten andere Unterscheidungskriterien: die Dosisleistung an der Oberfläche und in einem beziehungsweise zwei Meter Abstand sowie die Wärmeleistung der Gebinde. Bei Abfällen mit sehr konzentrierten radioaktiven Stoffen kann die Wärmeentwicklung der Abfälle eine Kühlung erforderlich machen.

Die Unterteilung sieht vor:

- hochaktive Abfallgebinde: Wärmeleistung größer als 150 Watt pro Gebinde,
- mittelaktive Abfallgebinde: Wärmeleistung bis 150 Watt pro Gebinde, Dosisleistung an der Oberfläche größer als 200 Millirem (2 Millisievert) pro Stunde oder größer als 10 Millirem (0,1 Millisievert) pro Stunde in einem Meter Abstand,
- schwachaktive Abfallgebinde: Wärmeleistung vernachlässigbar, Dosisleistung an der Oberfläche kleiner als 200 Millirem (2 Millisievert) pro Stunde oder kleiner als 10 Millirem (0,1 Millisievert) pro Stunde in einem Meter Abstand, bei Con-

tainern kleiner als 10 Millirem (0,1 Millisievert) pro Stunde in zwei Meter Abstand.

Die Einteilung der »konditionierten« Abfälle hängt also von der Art der Verpackung ab. Für den unfallfreien Transport mag das vernünftig sein, bei Unfällen oder im Hinblick auf die Endlagerung ist die Einteilung nicht immer angemessen, da sie das Gefährdungspotential der im Abfallgebinde enthaltenen Stoffe nicht zum Ausdruck bringt. Für die Endlagerung werden daher zusätzliche Kriterien für die Aktivitätsinventare einzelner radioaktiver Inhaltsstoffe festgelegt.

Der Bestand an »konditionierten« radioaktiven Abfällen, der nach der Abfallerhebung der Physikalisch-Technischen Bundesanstalt (PTB) bis Ende 1987 aufgelaufen war, betrug etwa 38 000 Kubikmeter. Die folgende Abbildung zeigt, wie sich diese Menge auf die einzelnen Produzenten aufteilt:

Abfallmenge Ende 1987
Anteil der Abfallverursacher

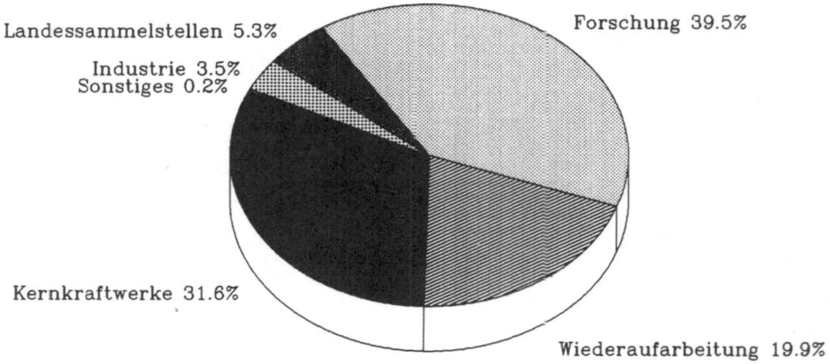

(c) 1988 by Öko-Institut, Projektgruppe RS

Es zeigt sich, daß der größte Teil (39,3 Prozent) der Abfälle aus dem Bereich stammt, der in dieser Statistik der PTB mit »Forschung« bezeichnet wird. In diesem Bereich sind die Kernforschungszentren in Jülich und Karlsruhe und dort wiederum die Versuchs- und Forschungsreaktoren die Hauptverursacher. Der nächstgrößere Anteil an den Abfällen stammt mit 31,7 Prozent aus dem Betrieb der Atomkraftwerke. Als dritter Abfallverursacher folgt die Wiederaufarbeitung mit 19,6 Prozent des Abfallvolumens, wobei diese Abfälle eigentlich ebenfalls dem Betrieb der Atomkraftwerke zugerechnet werden müßten. Das Volumen der Abfälle aus dem Atomkraftwerkbetrieb würde dann den größten Anteil ausmachen. Die bei der Wiederaufarbeitung im Ausland angefallenen Abfälle sind in dieser Statistik noch nicht enthalten. Wärmeentwickelnde Abfälle sind in der Abbildung nicht gesondert dargestellt, sondern in dem Bestand aus der Wiederaufarbeitung mit etwa 300 Kubikmetern enthalten.
Verursacher, die nichts mit dem Betrieb, der Versorgung oder der Entsorgung von Atomkraftwerken zu tun haben, tragen nur geringfügig zum Abfallaufkommen bei. Sie sind im wesentlichen unter den Rubriken »Landessammelstellen«, »sonstige Verursacher« und zu einem sehr kleinen Teil in der Rubrik »Forschung« subsummiert. Es ist davon auszugehen, daß mehr als 90 Prozent der angesammelten radioaktiven Abfälle dem Atomkraftwerkbetrieb zuzuschreiben sind.
Etwa 20 Prozent des bislang akkumulierten Abfallvolumens sind noch nicht »konditioniert«. Unter den Verursachern dieser »Rohabfälle« überwiegen mit etwa 50 Prozent die Betreiber der Atomkraftwerke, selbst nach der der Statistik zugrundeliegenden Definition. Wie die radioaktiven Abfälle beim Betrieb, bei der Versorgung und bei der Entsorgung der Atomkraftwerke entstehen, wird im folgenden beschrieben.
Schwach- und mittelaktive Abfälle fallen in Atomkraftwerken kontinuierlich im Normalbetrieb, regelmäßig bei den jährlichen Revisionen und unregelmäßig bei Störfällen an. Das Aufkommen an schwach- und mittelaktiven Abfällen ist dabei auch im störfallfreien Atomkraftwerkbetrieb enorm. Zu unterscheiden ist zwischen Materialien, die durch aus den Brennstäben freigesetzte radioaktive Stoffe verseucht werden (»kontaminiertes« Material), und Material, das im Neutronenfluß des Reaktors ra-

dioaktiv wird (»aktiviertes« Material). Zusätzlich können auch aktivierte Teilchen (zum Beispiel Rostpartikel) Material kontaminieren.

Zunächst zu den »aktivierten« Materialien: Die aus dem Reaktorkern dringende hohe Neutronenstrahlung führt zu Atomkernumwandlungen in allen durchstrahlten Medien. In vielen Fällen werden durch diese Umwandlungen radioaktive Kerne erzeugt. In der Fachsprache wird das Material dann als »aktiviert« bezeichnet. Betroffen sind die Einbauten des Reaktordruckbehälters, der Druckbehälter selbst, die angrenzenden Rohrleitungen, Stahl- und Betonabschirmungen. Das sind Tausende von Tonnen von Material, das mit zunehmendem Anlagenalter immer stärker strahlt. Und da bei vielen dieser Komponenten Austauschaktionen die Regel sind, wird der Atommüll ständig vermehrt.

Eine weitere Art aktivierter Abfälle sind die Steuerstäbe und Absorberelemente, die der Regelung eines Reaktors dienen. Auch diese sind regelmäßig nach einer gewissen Zeit durch die lange Bestrahlung mit Neutronen verbraucht und werden zu hochradioaktivem Abfall.

Kontaminierte Abfälle entstehen im wesentlichen dadurch, daß die Hüllrohre, die den Kernbrennstoff und damit die radioaktiven Spaltprodukte umschließen sollen, nicht alle vollkommen dicht sind und auch nicht sein können, weil dies technisch nicht möglich ist. Es treten also radioaktive Spaltprodukte in das vom Kühlsystem durch den Reaktorkern gepumpte Wasser über. Ein Teil dieser Spaltprodukte schlägt sich an den Oberflächen der Rohrleitungen des Kühlsystems nieder und verseucht diese nachhaltig, ein anderer Teil bleibt im Kühlwasser.

Im Idealbild der Werbebroschüren ist das Kühlsystem ein geschlossener Kreislauf, aus dem keinerlei Kühlmittel entweicht. In Wirklichkeit treten durch unvermeidliche Undichtigkeiten radioaktive Stoffe aus dem Kühlsystem aus.

Zu nennen sind in Druckwasserreaktoren die dünnwandigen und nicht hundertprozentig dichten Rohre der Dampferzeuger, über die Radioaktivität in das nächste Kühlsystem, das zur Turbine führt, gelangt. In diesem zweiten Rohrsystem spielt sich an den Oberflächen das gleiche ab: Die Oberflächen werden mit gut haftenden Strahlern verseucht.

In Siedewasserreaktoren wird bereits im innersten Kühlsystem Dampf erzeugt, der auf die Turbine geleitet wird. Die Turbine strahlt bei diesem Reaktortyp daher besonders stark.
Die großen Rohrleitungen, die in Druckwasserreaktoren unter einem Druck von etwa 160 bar stehen, sind grundsätzlich nicht vollkommen dicht, so daß ständig Kühlmittel entweicht und verdampft. Das Kühlmittel enthält typischerweise etwa eine Million bis eine Milliarde Becquerel pro Kubikmeter an radioaktiven Stoffen. Insbesondere die gasförmigen Spaltprodukte verflüchtigen sich beim Ausdampfen, andere schlagen sich im ganzen Reaktorgebäude nieder. Das Auffangen der Kühlmittelflüssigkeit im »Gebäudesumpf« und seine Reinigung können daher eine radioaktive Kontamination des Reaktorgebäudes nicht verhindern. So ist praktisch jeder Gegenstand, der sich irgendwo im Reaktorgebäude befindet, radioaktiv verseucht: die Armaturen, jede Glühbirne, jede Schraube. Da im Rahmen der jährlichen Revisionen viele dieser Teile vorsorglich oder aufgrund von entdeckten Mängeln ersetzt werden müssen, bildet sich auf diese Weise eine Menge radioaktiver Abfälle.
Weiterer Betriebsmüll entsteht laufend durch die notwendige Reinigung des Wassers der Kühlsysteme. Radioaktive Substanzen werden abgetrennt, Ionenaustauscherharze und Destillationsrückstände bleiben als radioaktiver Müll übrig. Bei der Abgasreinigung fallen die verschiedensten Filtereinsätze, Filterkerzen und Aktivkohle als radioaktiver Müll an. Außerdem gibt es kontinuierlich kontaminiertes Pumpenöl, denn alle Pumpen — zum Beispiel des Kühlsystems — müssen geschmiert werden. Mit einer Menge in der Größenordnung von 1000 Kilogramm pro Jahr und Reaktor wird auch dieses Öl zum Problem.
Es geht aber weiter: Bei der jährlichen Revision fallen ebenfalls regelmäßig schwach- und mittelaktive Abfälle an. Da werden Teile ausgetauscht, Teile gewartet, Komponenten geprüft, wird nach winzigen Rissen gesucht. All das spielt sich in strahlenden und an der Oberfläche verseuchten Räumen ab. Die Arbeitskräfte müssen größtenteils in Strahlenschutzanzügen arbeiten. Die Folge ist ein Haufen verstrahlter Kleidung, Putzwolle, Papier, Wischtücher, Folien, Werkzeuge und Meßgeräte, der zu den radioaktiven Bauteilen noch hinzukommt. Wird die Schutzkleidung gewaschen, fällt radioaktives Wasser an, wird das Wasser

gereinigt, bleiben dennoch die radioaktiven Konzentrate übrig. Im übrigen fallen derartige Abfälle in geringerem Umfang auch kontinuierlich und nicht nur im Rahmen der jährlichen Revision an.

Bei der bisherigen Betrachtung ist davon ausgegangen worden, daß die Hüllrohre der Brennstäbe nur die normalen geringen Leckagen aufweisen, daß in den Kühlsystemen keine Brüche auftreten und Armaturen (zum Beispiel Ventile) der Rohrleitungen nicht versagen. In der Praxis kann aber von einem solchen Zustand nicht grundsätzlich ausgegangen werden.

Ein einziger Leitungsbruch oder ein undichtes Ventil in einer der vielen radioaktivitätsführenden Rohrleitungen kontaminiert das Innere des Reaktorgebäudes bereits erheblich. Wichtiges sicherheitstechnisches Ziel ist in einem solchen Fall, daß möglichst wenig radioaktive Stoffe in die Umgebung gelangen. Dies stellt zusätzliche Anforderungen an die Rückhaltesysteme wie Filter oder Gebäudeabschlüsse. Auch wenn ein Reaktor nach einem größeren Zwischenfall wieder in Betrieb genommen werden kann, muß er — um die Strahlenbelastung des Personals, insbesondere bei den Revisionen, zu reduzieren — intensiv gereinigt werden. Das Ergebnis jeder Reinigungsaktion sind aber wieder radioaktive Sekundärabfälle. Durch die erforderliche Rückhaltung radioaktiver Stoffe im Gebäude und durch die Reinigung ergeben sich somit schnell gewaltige Mengenprobleme.

In der Geschichte der Kerntechnik hat es aber auch schon schwere Störfälle und Unfälle gegeben, bei denen die betroffenen Reaktoren weitgehend zerstört und, zumindest intern, massiv verseucht wurden. Beim Unfall in Harrisburg sind die Auswirkungen auf die Umgebung zum Beispiel noch relativ glimpflich gewesen, da der größte Teil der radioaktiven Stoffe im Innern der Anlage zurückgehalten werden konnte. Dort allerdings kam es zu einer massiven Verseuchung des gesamten Gebäudeinnern. Dabei sind riesige Mengen radioaktiven Abfalls entstanden, die seit Jahren Stück für Stück unter größten Schwierigkeiten aus der Anlage geholt werden.

Kommt es zu schweren Unfällen mit einer großen Freisetzung radioaktiver Stoffe in die Umgebung, so kommt es auch im weiteren Umkreis der Anlage zu radioaktiven Verseuchungen. Neben den zu beklagenden Gesundheitsschäden in der Bevölkerung hat das auch Folgen für die Abfallmenge. Abgetragener Boden, »vernichtete« Lebensmittel, Filter von Klimaanlagen, Klärschlämme, Molkepulver und vieles mehr wären als radioaktive Abfälle zu entsorgen. Würde auf nur einem Quadratkilometer der Boden bis zu einer Tiefe von vier Zentimetern abgetragen, so wäre die Abfallmenge bereits größer als der konditionierte Atommüllbestand zu Ende des Jahres 1987. Auf dem Boden wachsende Pflanzen sind dabei nicht einmal mitgerechnet.

Aufgrund von Fehlkonstruktionen mußten in der Vergangenheit in verschiedenen Anlagen Komponenten und Systeme ausgetauscht werden, wobei die ausgebauten Teile radioaktiv kontaminiert sind. Ein Beispiel sind die Frischdampf- und Speisewasserleitungen der Siedewasserreaktoren Philippsburg-1, Isar-1, Würgassen und Brunsbüttel. Diese Leitungen waren aus einem ungeeigneten Material gefertigt worden. Der Austausch kostete pro Reaktor mehrere hundert Millionen Mark und brachte jeweils mindestens ein Jahr Stillstand mit sich. In Brunsbüttel wurden beispielsweise bei dieser Aktion 12 900 Meter Rohrleitungen und 760 Armaturen ausgetauscht. Bei der Umrüstung in Würgassen sind insgesamt 1740 Tonnen Schrott angefallen.

Die Summe der Abfälle alleine aus einem umgerüsteten Atomkraftwerk ist beträchtlich, insbesondere unter Berücksichtigung der Tatsache, daß es sich größtenteils um sehr sperrige Abfälle handelt.

Ebenfalls sperriger Abfall fiel an, als im Atomkraftwerk Obrigheim die beiden Dampferzeuger ausgetauscht werden mußten. Der Austausch war erforderlich, weil überdurchschnittlich viele Leckagen aufgetreten waren.

Nicht nur in Atomkraftwerken, sondern auch in allen anderen Atomanlagen, die mit dem Betrieb der Atomkraftwerke in Zusammenhang stehen, fallen radioaktive Abfälle an.

In Brennelementfabriken wird Uran beziehungsweise Plutonium zu neuen Brennelementen verarbeitet. Das Ausgangsmaterial sind Uran und Plutonium, welche in verschiedenen chemischen Formen angeliefert und in mehreren chemischen Verfahrensschritten in das gewünschte Endprodukt überführt werden. Im Verlauf der Bearbeitung wird dabei mit gasförmigen, flüssigen und pulverförmigen Verbindungen von Uran und Plutonium hantiert.

Manche Räume einer Brennelementfabrik werden durch radioaktiven Staub, andere durch undichte Rohrleitungen kontaminiert. In Brennelementfabriken stellen sich daher viele ähnliche Probleme wie in Atomkraftwerken. Neben verseuchten Kleidungsstücken, Handschuhen, Wischtüchern spielt auch der Komponentenaustausch eine Rolle. Wie in jeder chemischen Fabrik werden auch in Brennelementfabriken von Zeit zu Zeit Verfahren abgewandelt oder umgestellt. Da diese Umstellungen auch mehr oder weniger umfangreiche Anlagenumbauten erforderlich machen, fallen — wie bei den Revisionen in Atomkraftwerken — Bauteile als radioaktive Abfälle an.
Auch beim Betrieb von Brennelementfabriken kann es durch Stör- und Unfälle zu zusätzlichen radioktiven Verseuchungen kommen. Ein Beispiel sind die 2853 Tonnen verseuchten Erdreichs, die 1985 — angeblich durch frühere Undichtigkeiten in Lagerbehältern für Urankonzentrat — bei der Hanauer Brennelementfabrik Nukem entstanden sind. Sie wurden an die Uranaufbereitungsanlage Ellweiler weitergereicht, um das Uran — die enthaltende Menge soll bis zu neun Tonnen betragen — zurückzugewinnen. Nachdem in Ellweiler seit 1985 eine Genehmigung zur »Verarbeitung von Erdrückständen« vorliegt, wurde aber nicht nur Erde der Nukem gereinigt, sondern auch die Hanauer Brennelementfabrik RBU-1 lieferte dort 226 Tonnen uranverseuchten Boden ab.
Bevor Uran in einer Brennelementfabrik zur Verarbeitung kommt, wird der Anteil des spaltbaren Isotops Uran-235 erhöht, damit das Uran in einem Leichtwasserreaktor eingesetzt werden kann. Man spricht von der »Urananreicherung«. Eine große bundesdeutsche Urananreicherungsanlage ist seit 1985 in Gronau in Betrieb. In einer solchen Anlage sorgt das gasförmige Uranhexafluorid, das durch Abertausende von Zentrifugen geleitet wird, für eine gründliche Verseuchung der Komponenten. Da die Anreicherungsanlage sehr viele schnellbewegte Bauteile hat, die geschmiert werden müssen, findet sich im Atommüll eine relativ große Menge an verseuchtem Altöl. Hinzu kommen, wie bei anderen Anlagen, die Abfälle aus Reinigungsvorgängen, Revisionsarbeiten und Komponentenaustausch.
Ein ganz besonderer Abfall aus einer Urananreicherungsanlage ist das »abgereicherte Uran«, auch »Abfalluran« genannt. Für

die Brennstoffversorgung der bundesdeutschen Reaktoren fallen jährlich etwa 3000 Tonnen Abfalluran an. Da die Urananreicherung vorwiegend im Ausland vorgenommen wird, stapelt sich auch dort das Abfalluran, soweit keine vertragliche Verpflichtung besteht, dieses Material in die Bundesrepublik zu übernehmen.
Die beiden großen Kernforschungszentren in Karlsruhe und Jülich tragen deutlich zur Atommüllproduktion bei, insbesondere durch die Forschung, die direkt der Atomenergie zugute kommt. Ob nun Versuchs- und Forschungsreaktoren betrieben oder in Gefäßen Pflanzen zu Versuchszwecken auf Cäsium-137-verseuchtem Boden gezüchtet werden — radioaktiver Müll fällt an vielen Stellen an. Den größten Teil machen dabei die für den Reaktorbetrieb typischen Abfälle aus den Versuchs- und Forschungsreaktoren aus.
Ein weiterer wichtiger Abfallproduzent sind die Wiederaufarbeitungsanlagen, in denen abgebrannte Brennelemente in heißer Salpetersäure aufgelöst und anschließend Uran, Plutonium und Spaltprodukte voneinander getrennt werden. Die Spaltprodukte verteilen sich auf eine Vielzahl sehr unterschiedlicher Abfallströme, wobei das Abfallvolumen insgesamt vergrößert wird. Der überwiegende Teil der Spaltprodukte befindet sich in einer wärmeentwickelnden hochradioaktiven Flüssigkeit, die bisher in der Wiederaufarbeitungsanlage Karlsruhe in großen Lagertanks aufbewahrt wird.
Aus den Weiterbehandlungsprozessen ergeben sich weitere Abfälle, die entweder flüssig, fest oder gasförmig sind. An festen Abfällen gibt es beispielsweise die nichtaufgelösten Hüllrohrstücke, an flüssigen Abfällen zum Beispiel tritiumhaltige Wässer und verbrauchte Salpetersäure. Hinzu kommen Sekundärabfälle aus der Reinigung von Uran und Plutonium und Abfälle aus der Behandlung des Abgasstroms. Schließlich fallen Abfälle aus Reinigungs-, Wartungs- und Reparaturprozessen an.
Die Wiederaufarbeitungsanlage in Karlsruhe hat in der Vergangenheit nicht unerheblich zum Abfallaufkommen beigetragen. Die eigentlichen Probleme werden sich aber erst ergeben, wenn eine große Wiederaufarbeitungsanlage bei Wackersdorf in Betrieb ginge und wenn die Abfälle aus der Wiederaufarbeitung im Ausland zurückkehren.

Ein Atommüllproblem von nicht absehbaren Ausmaßen würde als Folge von Unfällen bei Wiederaufarbeitungsanlagen auftreten. Bei der Wackersdorfer Anlage werden möglicherweise beinahe hundertmal so viele radioaktive Stoffe mit langer Halbwertszeit lagern wie in einem großen Reaktor.
Alle diese Abfälle werden produziert, solange eine Anlage in Betrieb ist. Nach ihrer Stillegung ergibt sich jedoch noch das Problem des Abrisses. In der Bundesrepublik sind bisher nur kleine Forschungsreaktoren abgerissen worden. Beim Abbau eines großen und lange betriebenen Atomkraftwerks ergeben sich weitaus größere Probleme. Die Verhältnisse beim Abriß des Atomkraftwerks Niederaichbach, der Anfang der neunziger Jahre abgeschlossen werden soll, sind ebenfalls nicht repräsentativ für die großen derzeit in Betrieb befindlichen Leistungsreaktoren.
Das Atomkraftwerk Niederaichbach ist ein 100-Megawatt-elektrisch-Reaktor, der während seiner zweijährigen Betriebsphase nur an wenigen Tagen Strom produzierte. Insgesamt konnte er in dieser Zeit gerade soviel Strom liefern, wie er bei voller Leistung in 18,3 Tagen hätte abgeben müssen. Der Reaktor wurde im Juli 1974 stillgelegt.
Die Anlage soll nun abgerissen werden, ohne daß eine erprobte Technik zur Verfügung steht. Das Konzept wurde in den vergangenen Jahren häufig geändert.
Beim Abriß tragen neben den Gebäudeteilen und ihren Einbauten die »Sekundärabfälle« wesentlich zum gesamten radioaktiven Abfallaufkommen bei. Dazu zählen beispielsweise verstrahlte Abrißmanipulatoren, Werkzeuge, Arbeitskleidung und sanitäre Abwässer, aber auch flüssige Abfälle aus der Reinigung (»Dekontamination«) von Gebäudestrukturen und Komponenten.
Nach derzeitigen Schätzungen sollen beim Abriß des Atomkraftwerks Niederaichbach etwa 500 Tonnen aktivierte Anlagenteile, etwa 150 Tonnen kontaminierte Anlagenteile, etwa 500 Tonnen aktivierter Beton, etwa 20 Tonnen feste Sekundärabfälle und etwa 3500 Tonnen flüssige Sekundärabfälle anfallen. Zusammen sollen sich daraus 2000 Fässer mit Atommüll ergeben. Der überwiegende Teil des Mülls — die flüssigen Sekundärabfälle — soll im benachbarten Atomkraftwerk Isar-1 zusammen mit den dort anfallenden Abwässern behandelt und in die Isar geleitet werden.

Beim Abriß großer Leichtwasserreaktoren wird neben den Schwierigkeiten der technischen Durchführung des Abrisses aufgrund des gegenüber der Anlage Niederaichbach mindestens tausendfach höheren Inventars an radioaktiven Stoffen vor allem die Menge der dabei anfallenden radioaktiven Abfälle ein Problem werden. Ein typisches Atomkraftwerk, beispielsweise Biblis A, besteht aus einer Masse von ungefähr 300 000 Tonnen, von denen 140 000 Tonnen dem »Kontrollbereich« zuzuordnen sind. Das ist der Bereich, der den überwiegenden Teil der radioaktiven Stoffe enthält.

Bislang liegen — aus Mangel an Erfahrung — für langbetriebene Atomkraftwerke großer Leistung lediglich Schätzungen des anfallenden Abfallvolumens vor. Solche Schätzungen beziehen sich zudem nur auf einen Betrieb ohne sonderliche Zwischenfälle mit einer erhöhten radioaktiven Verseuchung innerhalb der Anlage, durch die sich die Menge verstrahlten Abfalls wesentlich erhöht.

Aus der Beschreibung der radioaktiven Abfälle und ihrer Herkunft ist erkennbar, daß neben den abgebrannten Brennelementen — die den größten Teil der im Reaktor entstehenden radioaktiven Stoffe enthalten — beim Reaktorbetrieb auch große Mengen mittel- und schwachaktiver Abfälle anfallen. Derzeit dominieren die schwach- und mittelaktiven Abfälle, die ständig und regelmäßig entstehen, solange ein Reaktor in Betrieb ist. In Zukunft werden sich die Abfälle aus der Wiederaufarbeitung abgebrannter Brennelemente in den Vordergrund schieben, falls die derzeitigen Pläne verwirklicht werden sollten. Dazu kommen aber auf jeden Fall die Abfälle aus der Wiederaufarbeitung im Ausland, die zurückgenommen werden müssen, und in fernerer Zukunft große Mengen aus dem Abriß von Atomanlagen.

All dies ist aber nur die Spitze des Eisbergs, da in dieser Betrachtung zukünftige Störfälle und Unfälle unberücksichtigt sind. Auch durch neue Einschätzungen der Gefährlichkeit der Abfälle oder unvorhergesehene Probleme bei der Abfallbehandlung und Endlagerung kann die Abfallmenge in die Höhe schnellen.

4. Die Gefahr aus der Endlagerung

Der Atommüllberg, der sich in der Bundesrepublik angesammelt hat, umfaßt heute etwa 40000 Kubikmeter. Davon sind die größten Anteile die Betriebsabfälle aus Atomkraftwerken mit etwa einem Drittel der Gesamtmenge, die Abfälle aus der Wiederaufarbeitung mit etwa einem Fünftel der Gesamtmenge und die Abfälle aus den Kernforschungszentren mit etwa zwei Fünfteln der Gesamtmenge. In jedem Jahr kommen derzeit etwa 7000 bis 8000 Kubikmeter, dies ist etwa ein Fünftel der bereits vorhandenen Menge, nochmals hinzu. Je mehr atommüllproduzierende Anlagen betrieben werden, um so schneller wird der Berg in Zukunft wachsen. Schätzungen über seinen Umfang im Jahr 2000 liegen zwischen 200 000 und über 370 000 Kubikmetern.

Weil Atommüll durch seine Strahlung gefährlich ist, kann er nicht einfach unkontrolliert gelagert werden. Der Atommüllberg soll »entsorgt« werden. Was aber ist nun »Entsorgung«?

Reicht es aus, die radioaktiven Abfälle — wie für den Fall der abgebrannten Brennelemente beschrieben — irgendwo in eine Lagerhalle zu transportieren und sie dann dort liegenzulassen? Oder müßte man da nicht noch ein wenig mehr tun? Und wenn ja, was? Kann man überhaupt dafür sorgen, daß vom Atommüll keine Bedrohung mehr ausgeht?

Eigentlich kann unter dem Begriff »Entsorgung« nur der dauerhafte Abschluß der radioaktiven Abfälle von der Umwelt verstanden werden, der vor allen Folgen von Strahlenbelastungen schützt. Nur mit dieser Isolierung von den natürlichen Kreisläufen von Luft, Wasser und Nahrung sind Auswirkungen auf die Menschen und die Umwelt ausgeschlossen. Die Isolierung von der belebten Umwelt muß dabei für die gesamte Zeitdauer der Gefährlichkeit aufrechterhalten bleiben. Eine dauerhafte Überwachung und Kontrolle der bereits entsorgten Abfälle darf zur

Aufrechterhaltung der Isolation nicht notwendig sein. Denn wer wollte sie über so lange Zeitspannen garantieren? Die Abfälle müßten über geologische Zeiträume ohne Mitwirkung von außen isoliert bleiben. Nur in diesem Fall ist eine Einwirkung dieser Stoffe auf die Umwelt ausschließbar.
Lösungen, die diesen Grunderfordernissen nicht genügen, können immer nur den Charakter von Zwischenlösungen haben. Mehr oder weniger lange Zwischenlagerungen bedürfen zu ihrer Sicherheit der dauernden Überwachung. Nach Ablauf ihres jeweiligen Betriebs- oder Gewährleistungszeitraums muß eine Nachfolgelösung bereitstehen, die in der Regel erst noch geschaffen werden muß.
Ein endgültiges Lager für radioaktive Abfälle — kurz »Endlager« genannt — ist also die einzige Anlage, mit der die Entsorgung wirklich erreicht werden kann. Es ist der gemeinsame Zielort für alle radioaktiven Abfälle — egal, wo sie entstanden sind und mit welchen Methoden sie bis dahin behandelt wurden.
Beim Zerfall geben radioaktive Stoffe Strahlung und Wärme an ihre Umgebung ab. Weil im Atommüll radioaktive Stoffe enthalten sind, gefährdet seine Strahlung die Umgebung. Bei hohen Konzentrationen, wie sie zum Beispiel in hochaktivem Müll vorhanden sind, hat auch die abgegebene Wärme Auswirkungen auf die nähere Umgebung im Lager.
Radioaktive Stoffe sind so lange gefährlich, wie sie nicht in andere, nichtradioaktive Stoffe zerfallen sind. Für die damit verbundenen Zeiträume gibt es ein physikalisches Maß, die sogenannte Halbwertszeit.
Die Halbwertszeit ist eine Stoffkonstante und durch keinen Prozeß veränderbar. Sie gibt die Zeit an, in der eine gegebene Menge eines radioaktiven Strahlers zur Hälfte zerfallen ist. Sie kann sehr unterschiedlich lang sein. Beispielsweise beträgt die Halbwertszeit für das häufig genannte Plutonium-239 24 400 Jahre. Die Halbwertszeiten für die im Zusammenhang mit dem Unfall in Tschernobyl bekannt gewordenen Radionuklide Cäsium-137 und Strontium-90 liegen bei 30 und 28,1 Jahren.
Prinzipiell dauert es unendlich lange, bis auch das letzte Atom eines radioaktiven Strahlers zerfallen ist. Denn es ist keineswegs so, daß in der ersten Halbwertszeit die eine Hälfte und in der zweiten Halbwertszeit die andere Hälfte zerfällt. Im Verlauf je-

der Halbwertszeit zerfällt immer nur die Hälfte der gerade vorhandenen Menge.
So zerfällt beispielsweise von einem Kilogramm Plutonium-239 in den ersten 24 400 Jahren die Hälfte der Ursprungsmenge; ein halbes Kilogramm bleibt also noch übrig. In den nächsten 24 400 Jahren zerfällt die Hälfte des noch vorhandenen halben Kilogramms, also ein viertel Kilogramm; es bleibt noch ein viertel Kilogramm Plutonium-239 übrig. In den nächsten 24 400 Jahren zerfällt davon wiederum die Hälfte, es bleibt also ein achtel Kilogramm übrig. Nach dem Ablauf von zehn Halbwertszeiten ist noch ungefähr ein Tausendstel der Ursprungsmenge (genau $^{1}/_{1024}$) an Plutonium-239 übriggeblieben.
Radioaktive Stoffe, die von der Umwelt isoliert werden sollen, müssen für die Dauer von etwa zehn bis zwanzig Halbwertszeiten abgeschlossen gelagert werden. Nach diesem Zeitraum ist durch den Zerfall die noch vorhandene Aktivität auf ein Tausendstel beziehungsweise ein Millionstel (ein Tausendstel von einem Tausendstel) des Ausgangswerts abgefallen. Der technisch zu betrachtende Zeitraum wäre für Abfälle mit den bereits genannten Radionukliden Plutonium-239 etwa 240 000 bis 500 000 Jahre, für Cäsium-137 und Strontium-90 etwa 300 bis 600 Jahre.
Nun gibt es Radionuklide mit noch wesentlich längeren Halbwertszeiten als Plutonium-239. Beispielsweise hat Technetium-99 eine Halbwertszeit von 210 000 Jahren, Plutonium-242 von 380 000 Jahren, Neptunium-237 von 2,1 Millionen Jahren, Jod-129 von 15,7 Millionen Jahren. Alle diese Radionuklide entstehen im Zusammenhang mit der Kernspaltung im Reaktor und sind daher Bestandteil vieler radioaktiver Abfälle.
Die Isolation radioaktiver Abfälle, die diese Stoffe enthalten, muß also für einen Zeitraum von mindestens zehn oder zwanzig Halbwertszeiten gewährleistet sein. Angesichts der extrem langen Halbwertszeiten sind das viele Millionen, sogar Milliarden Jahre.
Unter dem Eindruck dieser riesigen Zahlen darf allerdings nicht vergessen werden, daß die notwendigen 300 bis 600 Jahre Isolation von »nur« cäsium- oder strontiumhaltigen Abfällen eigentlich schon schwer vorstellbar sind. Vor 350 Jahren herrschte in Mitteleuropa der Dreißigjährige Krieg, vor 600 Jahren neigte sich das Mittelalter seinem Ende zu.

Das Gefährdungspotential eines Endlagers mit radioaktiven Abfällen läßt sich vielleicht durch die Wassermenge erfassen, die zur Verdünnung der radioaktiven Stoffe auf ein nach den Strahlenschutzvorschriften gerade noch zulässiges — nicht ungefährliches — Maß notwendig wäre. Die in einem Endlager bei Betriebsschluß vorhandene Strontiummenge beträgt etwa 10^{20} (100 Milliarden Milliarden) Becquerel. Um allein dieses Strontium-90 zu verdünnen, wäre etwa ein Zehntel der Wassermenge des — sehr tiefen — Atlantischen Ozeans oder etwa das Tausendfache der — flachen — Ostsee notwendig. Alle anderen Radionuklide im Endlager kämen noch hinzu, so daß die erforderliche Menge für alle Radioanuklide unvorstellbar größer wäre.
Die Gefährlichkeit sinkt dann im Laufe der Zeit durch den Zerfall der radioaktiven Stoffe langsam ab, sie verschwindet aber auch über lange Zeiten nicht. Nach beispielsweise 100 000 Jahren wäre allein für das dann vorhandene Neptunium-237 immer noch die dreifache Wassermenge der gesamten Ostsee zur Verdünnung erforderlich, um den Vorschriften des Strahlenschutzes zu genügen.
Seit einiger Zeit begegnet man in der öffentlichen Diskussion dem Vergleich der Gefährlichkeit radioaktiver Abfälle mit den Gefahren einer Uranlagerstätte. Eine Variation neueren Datums ist der Vergleich mit Abfällen aus der Rauchgasreinigung von Kohlekraftwerken. Solche Vergleiche sollen die Feststellung stützen, radioaktive Abfälle seien nur einige tausend Jahre lang wirklich gefährlich.
Die Grundlage solcher Vergleiche ist die Berechnung von Indizes für die Gefährlichkeit von radioaktiven Abfällen in einem Atommüllendlager. Die Indizes werden dann mit denen anderer Stoffe wie Uranerz oder Rauchgasreinigungsrückstände verglichen. Damit wird das gewünschte Ergebnis erreicht.
Solche Gefährlichkeitsindizes werden abgeleitet, indem zunächst die »relative Gefährlichkeit« der verschiedenen Radionuklide anhand ihrer rechnerischen Strahlenbelastung bei Aufnahme in den Körper bestimmt wird. Die »relativen Gefährlichkeiten« der einzelnen Radionuklide werden dann mit den jeweils — zum Beispiel im Endlager — vorhandenen Mengen multipliziert. Zum Schluß werden die Ergebnisse der einzelnen Radionuklide zu einer Gesamtsumme aufaddiert. Damit soll die Gefährlichkeit

des jeweils vorliegenden Gemisches bestimmt sein. Da die Gefährlichkeit mit dem Zerfall der verschiedenen Radionuklide abnimmt, kann der Zeitverlauf der Gefährlichkeit als Kurve aufgetragen werden.
Diese Methode des Vergleichs ist innerhalb von relativ weiten Grenzen manipulierbar. Grund dafür sind die vielen Annahmen und Vereinfachungen, die in die Bestimmung der Indizes eingehen. Da das gewählte Gefährlichkeitsmaß von der Gefährlichkeit bei der Aufnahme in den Körper abhängt, verändert es sich beispielsweise mit neuen Erkenntnissen über die Strahlengefährlichkeit von Radionukliden. Solche neuen Erkenntnisse gibt es aber recht häufig.
Ein besonders krasses Beispiel sind die Veränderungen, die durch neue Erkenntnisse für das Neptunium-237 erfolgt sind. Hier mußte, ausgehend von der internationalen Strahlenschutzkommission, das Gefährlichkeitsmaß auf etwa das Hundertfache angehoben werden. Auch bei Jod-129 mußte das Gefährlichkeitsmaß wegen neuer Meßergebnisse über das Verhalten im Körper angehoben werden.
Bei geänderten Gefährlichkeiten verschiebt sich das Ergebnis von Vergleichen sehr stark, wenn etwa ein bis dahin in der Rechnung »unwichtiges« Radionuklid plötzlich wesentlich zur Gefährlichkeit beiträgt. Herabsetzungen der Gefährlichkeit machen sich entsprechend bemerkbar.
Weiterhin sind die Ergebnisse eines solchen Vergleichs stark abhängig von den jeweiligen Vergleichsmaßstäben. Wird ein Endlager mit radioaktivem Abfall beispielsweise mit einer Lagerstätte von hochkonzentriertem Uranerz wie Pechblende verglichen, so werden die Abfälle rechnerisch viel schneller ungefährlich als bei einem Vergleich mit einem Uranlager niedriger Urankonzentration. Dies liegt daran, daß Pechblende wesentlich mehr langlebige radioaktive Stoffe (im wesentlichen Folgeprodukte aus dem Uranzerfall) enthält als Uranerze mit geringerem Urangehalt und dadurch geringerer Menge an radioaktiven Stoffen. Bei »geschickter« Wahl des Vergleichsmaßstabes können so Unterschiede in der Gefährlichkeit um das Hundertfache und Unterschiede in der Zeitdauer der Gefährlichkeit zwischen 1000 Jahren und 100 000 Jahren errechnet werden.
Im übrigen hinken solche Vergleiche der Gefährlichkeiten ohne-

hin, denn es werden ja sehr unterschiedliche radioaktive Stoffe verglichen. Die hauptsächlich gefährlichen Stoffe in Uranerzen sind andere als im Abfall aus der Kernspaltung.
Noch wesentlich unschärfer wird es, wenn die Gefährlichkeit von radioaktiven Stoffen mit der Gefährlichkeit von anderen Schadstoffen verglichen wird. So haben beispielsweise Schwermetalle aus den Rückständen der Rauchgasreinigung ganz andere — nämlich chemotoxische — Wirkungsketten. Ihre Gefährlichkeit wird auf andere Weise und mit ganz anderen Maßstäben gemessen, als dies für Radioaktivität der Fall ist. Zudem sind die Maßstäbe der Gefährlichkeit chemischer Stoffe noch viel umstrittener und ungenauer.
Die Physikalisch-Technische Bundesanstalt präsentiert neuerdings in der Öffentlichkeit einen 1986 fertiggestellten Vergleich von radioaktiven Abfällen mit Abfällen aus der Kohleverbrennung. Im wesentlichen wird dort die auf gewundenen Wegen ermittelte Strahlengefährlichkeit von radioaktiven Abfällen aus einer Wiederaufarbeitungsanlage mit der Giftigkeit der in den Rückständen von Kohlekraftwerken enthaltenen Schwermetalle verglichen. Die Schlußfolgerung, nach der in etwa 1000 Jahren die Rückstände aus der Kohleverbrennung die »gefährlicheren« seien, beruht aber nur auf den gewählten Gefährlichkeitsmaßen für radioaktive Stoffe und für Schwermetalle. Da diese Maße aufgrund der Unterschiedlichkeit der Einwirkung von radioaktiven Stoffen und Schwermetallen nicht vergleichbar sind, hat der Vergleich keinerlei Aussagewert. Sein politischer Wert liegt allerdings darin, daß er in der Auseinandersetzung um die Wiederaufarbeitung gegenüber Leuten, die Methode und Hintergrund solcher Rechnungen nicht kennen, sein Ziel erreicht.
Diese Vergleiche sagen ohnehin nichts über die Gefahren aus, wenn das radioaktive Inventar eines solchen Lagers wirklich in die Umgebung gelangt (oder wenn die Schwermetalle aus den Rauchgasrückständen in die Umgebung gelangen). Es läßt sich verhältnismäßig einfach nachrechnen, daß die Freisetzung des auch nach 5000, 50 000 oder 500 000 Jahren noch vorhandenen radioaktiven Inventars in das Trinkwasser zu gravierenden Folgen für die ganze betroffene Region führt. Der Abschluß der radioaktiven Stoffe von der belebten Umwelt bleibt deshalb für Hunderttausende von Jahren notwendig.

Erst bei einer Anlage, die Radioaktivität für derartig lange Zeiten von der Umwelt isoliert, kann von sicherer Entsorgung gesprochen werden. Alle anderen Lösungen können bestenfalls das Problem der radioaktiven Abfälle für vielleicht ein oder zwei Generationen zu verdrängen helfen. Danach sind dann erneute und vermehrte Anstrengungen späterer Generationen erforderlich. Sollen Stoffe für mehr als hunderttausend Jahre von der Umwelt abgeschlossen bleiben, so erscheint dies nur über die Lagerung unterhalb der Erdoberfläche möglich, und zwar nur in den tieferen Schichten der Erdhülle. Die oberflächennahen Erdschichten könnten die notwendige Isolation nur für Zeiträume in der Größenordnung von Jahrhunderten leisten. Auch im tiefen Ozean versenkter Atommüll löst sich bei bester Verpackung nach Jahrhunderten im Meerwasser auf. Durch die vorhandenen Tiefenströmungen gelangen die radioaktiven Stoffe dann auf jeden Fall nach oben.
Solche Lösungen sind also von vornherein als Endlagerung nicht akzeptabel. Nur von den tieferen Schichten der Erde kann überhaupt erwartet werden, daß sie radioaktive Stoffe festhalten und nicht wieder in die belebte Umwelt zurücktransportieren. Allerdings ist der Umkehrschluß unzulässig, der da lautet: »Wenn das Lager nur tief genug ist, ist alles sicher.«
Es ist ein weit verbreiteter Irrtum, daß tiefe geologische Schichten sich nicht bewegen oder daß sie grundsätzlich keine Verbindung zur Erdoberfläche oder zum Grundwasser haben. Geologische Schichten sind beweglich und bewegen sich — wenn nicht eine Wahlperiode oder ein Menschenleben zum Zeitmaßstab genommen wird, sondern Zehntausende oder Hunderttausende von Jahren.
Die geologische Erkenntnis, daß es die Salzstöcke in der Norddeutschen Tiefebene seit hundert Millionen Jahren gibt, ist keine Beruhigung. Denn die Salzstöcke sind durch Bewegung erst entstanden, und sie bewegen sich auch heute noch. Auch die zweite Schlußfolgerung, wonach jeder Salzstock noch weitere hundert Millionen Jahre existiere, weil er schon so lange bestehe, ist falsch. Ganz sicher sind viele Salzstöcke seit ihrer Entstehung wieder verschwunden.
Andere haben sich sehr stark verändert. So ist der Salzstock in den USA, in dem ein Endlager für radioaktive Abfälle aus der

militärischen Wiederaufarbeitung geplant wird, durch Grundwasser schon etwa zur Hälfte aufgelöst worden. Bei jedem zur Endlagerung in Aussicht genommenen Salzstock müssen Veränderungen durch geologische Prozesse befürchtet werden.
Das Ausweichen auf andere geologische Formationen wie Granit oder Ton behebt das Problem nicht. Alle geologischen Schichten sind fortlaufend Änderungen unterworfen. Dies ist eine wesentliche Erkenntnis der geologischen Forschung. Die Diskussion über die Sicherheit von Endlagern muß deshalb hauptsächlich von Geologen geführt werden.
Bei der Diskussion über die Tauglichkeit tieferer geologischer Schichten sind Kriterien zu beachten, die zu umschreiben sind mit der Überprüfbarkeit der Maßnahmen zur sicheren Einlagerung und der »Reparierbarkeit« von Fehleinschätzungen.
In der Bundesrepublik ist 1977 Gorleben als Standort für ein Endlager festgelegt worden. Hier soll in einem Salzstock ein Endlager eingerichtet werden. Die radioaktiven Abfälle sollen dort in etwa 1000 Meter Tiefe gebracht werden. Die radioaktiven Behälter sollen teilweise in dafür zu schaffenden Kammern abgekippt werden. Für andere Behälter ist die Stapelung vorgesehen, oder sie sollen in 300 Meter langen Bohrlöchern übereinandergetürmt werden. In der Planung allerdings kommen die Geologen kaum zu Wort.
Wenn die Zeiträume, mit denen die Geologie und die Endlagerung zu tun haben, und die zukünftigen zwangsläufig erfolgenden geologischen Entwicklungen kaum wahrgenommen werden, dann besteht die Gefahr, daß die Problemlösung mit den traditionellen Denkweisen des Ingenieurwesens angegangen wird.
Diesen Weg gehen die mit der Endlagerung und der Beratung der dazu notwendigen Entscheidungen beauftragten Gremien. Ihre Position kann anhand der Empfehlungen der Reaktorsicherheitskommission (RSK), einem Gremium, das den Bundesminister für Umwelt, Naturschutz und Reaktorsicherheit bezüglich der Sicherheit von Atomanlagen berät, besonders deutlich gemacht werden. Die Empfehlungen der RSK sind deswegen so wichtig, weil sie de facto direkt in das Genehmigungsverfahren und die Entscheidung der Genehmigungsbehörden eingehen.
Die aussschlaggebende Empfehlung wurde von der Reaktorsicherheitskommission auf ihrer 178. Sitzung am 15.9.1982 unter

dem Titel »Sicherheitskriterien für die Endlagerung radioaktiver Abfälle in einem Bergwerk« beschlossen und am 17.12.1982 veröffentlicht.
Die Empfehlung der RSK zur Endlagerung geht nicht von der vollständigen Isolation der radioaktiven Stoffe in einem Endlager aus. Sie läßt grundsätzlich Freisetzungen radioaktiver Stoffe aus einem Endlager zu. Unter der Überschrift Schutzziele heißt es: »Auch nach der Stillegung dürfen Radionuklide, die als Folge von nicht vollständig ausschließbaren Transportvorgängen aus einem verschlossenen Endlager in die Biosphäre gelangen könnten, nicht zu Individualdosen führen, die die Werte des § 45 der Strahlenschutzverordnung überschreiten.«
Es wird also von der RSK ein Limit für den Umfang der durch die freigesetzten radioaktiven Strahler verursachten Strahlenbelastung empfohlen. Dieses Limit orientiert sich an den Grenzwerten der Strahlenschutzverordnung, die für den normalen Betrieb der Atomkraftwerke und anderer Atomanlagen zulässig sind. Damit wird von der RSK eine Freisetzung aus dem Endlager erlaubt, die pro Jahr eine rechnerische Ganzkörperdosis von 30 Millirem (0,3 Millisievert) oder eine Schilddrüsendosis von 90 Millirem (0,9 Millisievert) hervorruft. Diese erlaubten Freisetzungen gelten für den gesamten Zeitraum der Endlagerung, das heißt für Hundertausende von Jahren.
Der Nachweis, daß die Freisetzungen aus dem Endlager im Rahmen des »Erlaubten« bleiben, soll nach Auffassung der RSK über eine ingenieurtechnische Sicherheitsanalyse für das Endlager geführt werden.
»Zur Erreichung der in Abschnitt 2 genannten Schutzziele (s. o., d. Verf.) ist folgendes zu beachten:
5.1 Einhaltung der Auslegungsdaten
...
5.2 Sicherheitsanalysen
Störfallszenarien sind im einzelnen zu begründen und in ihren Randbedingungen festzulegen. Auf der Basis dieser Störfallbetrachtungen sind standortspezifische Sicherheitsanalysen nach naturwissenschaftlichen Methoden durchzuführen. ... Dabei sind gegebenenfalls mögliche Transportvorgänge von Radionukliden in die Biosphäre nach der Einlagerungsphase zu berücksichtigen.«

Bei dieser Sicherheitsanalyse wird beispielsweise ein Einbruch von Wasser in den Endlagerbereich angenommen und theoretisch berechnet, wieviel Wasser an die endgelagerten radioaktiven Stoffe kommt, welchen Anteil ihres radioaktiven Inhalts die Endlagergebinde unter dem Einfluß des Wassers freigeben und auf welchen Wegen und in welchen Zeiten die freigesetzten Stoffe aus dem Endlager in die Umwelt transportiert werden.
Die als mögliche Barrieren auf dem Transportweg angenommenen Materialien — dazu gehören neben den Behältern auch die Gesteine zwischen endgelagerten Abfällen und dem Menschen — werden dann nur noch im Hinblick auf ihre Barrierenfunktion untersucht.
»Durch einzelne oder die Summe dieser Barrieren muß sichergestellt werden, daß nach menschlichem Ermessen keine unzulässige Freisetzung von radioaktiven Stoffen in die Biosphäre erfolgt.«
Als erstes Ergebnis einer solchen Untersuchung erhält man schließlich eine Aussage, in welchen rechnerischen Mengen die radioaktiven Stoffe zeitabhängig beim Menschen ankommen. Daraus können wiederum die Strahlenbelastungen berechnet werden, die sich für die Betroffenen ergeben.
Die Sicherheit eines Endlagers läßt sich dann nach Meinung der RSK einfach durch den Vergleich eines errechneten Zahlenwerts für die Strahlenbelastung mit den Grenzwerten der Strahlenschutzverordnung feststellen.
Die Freisetzung radioaktiver Stoffe aus einem Endlager wird also durch die Reaktorsicherheitskommission für grundsätzlich zulässig erklärt. Damit wird von Beginn an Abschied genommen von der Vorstellung, daß Endlager den dauerhaften Abschluß der radioaktiven Strahler von der Umwelt leisten sollten.
Freisetzungen aus einem Endlager unterscheiden sich aber in einem zentralen Punkt von den Freisetzungen aus oberirdischen kerntechnischen Anlagen: Sie dauern extrem lange an. Über entsprechend lange Zeiten werden immer neue Strahlenbelastungen verursacht. Damit stellt sich jedoch das Problem, wie solche Strahlenbelastungen für extrem lange Zeiten bewertet werden sollen. Die RSK drückt sich um diese Frage herum, wenn sie lediglich die Strahlenbelastungen für Einzelpersonen berücksichtigt.

Die Einhaltung der zugelassenen Freisetzungen muß irgendwie kontrolliert werden. Dazu wird von der RSK das im technischen Bereich übliche Mittel der Sicherheitsanalyse vorgeschrieben. In dieser Perspektive schrumpft damit das Problem der Sicherheit von Endlagern auf das Problem zusammen, eine Analyse der Rückhaltewirkung der möglichen Barrieren für radioaktive Stoffe auf dem Weg von den Abfallgebinden bis zur menschlichen Umwelt durchzuführen. In dieser Betrachtungsweise geht verloren, daß das Verhalten der Barrieren natürlich für die sehr langen Zeiten untersucht werden muß, für die radioaktive Abfälle gefährlich sind. Für die geologischen Barrieren müßte eigentlich ihr mögliches Verhalten während der gesamten Zeit in der geologischen Zukunft untersucht werden. Dies ist aber mit den Mitteln der ingenieurtechnischen Sicherheitsanalyse, die tendenziell den heutigen Zustand in die Zukunft verlängert, nicht möglich.

Natürlich zieht die von der RSK festgelegte Art der Feststellung der Sicherheit von Endlagern einige problematische Konsequenzen nach sich.

In den Vorstellungen der RSK bleiben geologische Sachverhalte weitgehend ausgeblendet. Dies kann am Beispiel der Vorstellungen von der Stabilität des Salzstockes Gorleben gut verdeutlicht werden.

Ein Salzstock besteht aus verschiedenen Stoffen, die in der Chemie als Salze bezeichnet werden. Sie wurden durch Verdunsten von Meerwasser übereinander abgelagert. Dazu gehören neben dem Steinsalz (dies besteht weitgehend aus Kochsalz, chemisch Natriumchlorid) auch Kalisalze, darunter das Carnallit (Kalium-Magnesium-Chlorid), und Kalziumsalze, darunter Kalziumsulfat in der Form von Anhydrit beziehungsweise Gips. Wegen ihrer unterschiedlichen Löslichkeit in Wasser haben sich dabei zunächst der Anhydrit, dann Steinsalz und dann die Kalisalze abgelagert.

Später gerieten andere Sedimente über die verschiedenen Salzschichten. Da diese Sedimente ein höheres spezifisches Gewicht haben, also schwerer sind, ist im Verlauf von Jahrmillionen das darunterliegende leichtere Salz durch Spalten »herausgequollen« und hat schließlich pilzförmige Salzstöcke gebildet. Bei der Salzstockbildung sind die Schichten natürlich stark verfaltet und

ineinander verknäult worden. Heute findet man oben auf dem Salzstock meist eine Schicht aus wasserunlöslichem Gips, den Gipshut. Der Gipshut schafft eine weitgehende Abdichtung des Salzstockes nach oben zum Grundwasser.
Noch 1978 hatte der für die Endlagerforschung zuständige Hauptabteilungsleiter der Bundesanstalt für Geowissenschaften und Rohstoffe, Professor Venzlaff, den Salzstock Gorleben als äußerst stabiles geologisches Gebilde beschrieben, das etwa 100 Millionen Jahre mit Meeresüberflutungen, Gebirgsbildungen, Erdbeben, Vulkanismus und Eiszeiten ohne wesentliche Änderungen überstanden habe. Daher sah er keinen Grund für die Annahme, daß der Salzstock in weiteren Jahrmillionen instabil werden könnte. Diese Vorstellung von geologischen Strukturen, die über extrem lange Zeiten unverändert bleiben sollten, hat vor allem bei Nichtgeologen wie zum Beispiel Atomphysikern und -technikern, deren Problem die radioaktiven Abfälle in erster Linie waren, und auch bei Politikern eindrucksvoll Wirkung gezeigt.
In Wirklichkeit ist durch Bohrergebnisse und andere Untersuchungen ziemlich gut gesichert, daß sich der Salzstock Gorleben im Laufe der jüngeren geologischen Geschichte deutlich verändert hat und seine heutige Form erst in den beiden jüngsten geologischen Zeitperioden, dem Tertiär (Beginn vor etwa 65 Millionen Jahren und Ende vor etwa 1,8 Millionen Jahren) und dem Quartär (Beginn vor etwa 1,8 Millionen Jahren), bekommen hat. So kommt Professor Duphorn in Untersuchungen zur Geschichte des Salzstocks im Quartär zu der Auffassung, daß vor etwa 900 000 Jahren der Salzstock mit seinem oberen Teil — dem Gipshut — bis über die Erdoberfläche hinausragte und damit sozusagen als Gips- und Salzberg in der Landschaft stand. Vor etwa 400 000 Jahren — während der Elster-Eiszeit — wurde der Gipshut dann auf einer Fläche von etwa zehn Quadratkilometern vom Gletschereis abgehobelt und zum Teil durch Schmelzwasser weggeschwemmt. Der Gipshut fehlt also an diesen Stellen.
Von diesen Vorgängen ist noch heute eine bis zu 300 Meter tiefe Rinne oberhalb des Salzstocks (die »Gorlebener Rinne«) vorhanden, die mit wasserdurchlässigen Schichten aufgefüllt ist. Seit dieser Zeit ist die Oberkante des Salzstocks wieder knapp 300

Meter tiefer gelegt worden. Das Salz dieser heute fehlenden 300 Meter wurde dabei durch Wasser aufgelöst. Durch die Erosion des Gipshutes liegt der Salzstock mit Teilen seiner Oberkante ohne Isolation durch wasserundurchlässige Schichten im Grundwasser und verliert dadurch pro Jahr etwa 3000 bis 12 000 Kubikmeter Salz. Das entspricht etwa dem Verlust von einem Millimeter Dicke pro Jahr. Dieser Vorgang heißt in der Fachsprache Subrosion. Der Salzstock ist also keineswegs stabil; durch die Subrosion verliert er vielmehr rechnerisch in einer Million Jahren etwa 1000 Meter Höhe.

In den Vorstellungen der RSK haben solche — aus geologischer Sicht dramatischen — Ereignisse keinen Platz. In der Sicherheitsanalyse werden die heutigen Verhältnisse am Salzstock für die Zeitdauer der Analyse praktisch festgeschrieben. Lediglich die Veränderungen des Salzstocks durch die gelagerten Abfälle — beispielsweise durch die Wärmefreisetzung aus den Abfällen und die damit verbundene Ausdehnung des Salzstocks — werden berücksichtigt. Wie wollte man auch ein Aufsteigen und Absinken der Oberkante um mehrere hundert Meter modellmäßig erfassen?

Das zweite grundlegende Problem sind die langen Zeiträume der radioaktiven Belastungen. Radioaktive Stoffe können aus einem Endlager auch für entsprechend lange Zeiten in die Umwelt gelangen. Es ist zu erwarten, daß Freisetzungen erst geraume Zeit, nachdem sie durch Vorgänge im Endlager ausgelöst wurden, in der Umwelt bemerkt werden — frühestens dann, wenn radioaktive Stoffe im von Menschen genutzten Grundwasser oder in Nahrungsmitteln auftauchen. Die Zeitspanne zwischen der Auslösung der Störung und dem Bemerken der Freisetzung kann Jahrtausende betragen.

Die Verhinderung von Freisetzungen ist in diesem Fall unmöglich, da auch sofortige Eingriffe innerhalb des Endlagers zur Ausschaltung weiterer Freisetzungen all die Radionuklide, die bereits aus dem Lagerbereich herausgesickert sind, nicht mehr beeinflussen können. Dieser Anteil kann wegen der Verzögerungszeit zwischen Freisetzung und Auftreten in der Umwelt beträchtlich sein.

Theoretisch könnte nun durch Eingriffe im Endlager erreicht werden, daß die Freisetzungen gestoppt werden. Dieser Fall ist jedoch unwahrscheinlich. Es hätte präzises Wissen um das Endlager, seine genaue Lage, die eingelagerten Abfälle etc. über lange Zeiten — Jahrhunderte bis Jahrtausende — überliefert werden müssen, um schnelles Eingreifen zu ermöglichen. Als Beispiel dafür, wie unsicher solche Überlieferungen sind, können alte Wasserrechte von vor 200 oder 300 Jahren herangezogen werden. Jedes Verwaltungsgericht kann ein Lied davon singen, wie schwierig es ist, aus dem 18. oder 17. Jahrhundert überlieferte Quellen eindeutig auszuwerten.

Da ein Stopp und auch eine frühe Begrenzung der Freisetzungen somit unmöglich sind, werden die resultierenden Umweltstörungen (Strahlenbelastungen) entsprechend lange Zeiten andauern. Zeiträume von 10 000 oder 100 000 Jahren sind hierfür mit Sicherheit zu erwarten.

Das bedeutet natürlich auch, daß — wenn es dann überhaupt noch Menschen gibt — über viele Generationen eine extrem hohe Zahl von Menschen radioaktiv belastet wird. Der Umfang der gesundheitlichen Folgen von Strahlenbelastungen für eine größere Zahl von Menschen hängt nicht allein von den Individualbelastungen der Einzelpersonen ab, sondern auch von der Kollektivbelastung. Dies gilt sowohl für die Auslösung von Krebserkrankungen wie auch für genetische Veränderungen durch Strahlung.

Die Kollektivdosis wird durch das Produkt der mittleren Individualdosis mit der Zahl der Betroffenen angegeben. Durch die hohe Zahl an radioaktiv belasteten Menschen entstehen bei Freisetzungen aus einem Endlager hohe Kollektivdosen, selbst wenn die Individualdosen innnerhalb der gesetzlichen Grenzwerte bleiben. Entsprechend gravierend werden die Gesundheitsfolgen sein.

Das bedeutet, daß die Auswirkungen extrem langwieriger Freisetzungen aus einem Endlager ungleich größer sind als die zeitlich halbwegs überschaubaren Freisetzungen aus derzeitig betriebenen Atomanlagen. Immerhin geht es in diesen Fällen »nur« um Zeiten in der Größenordnung von vierzig Jahren.

Diese Aspekte gehen mit den Vorstellungen der RSK von der Sicherheit von Endlagern verloren. Betrachtet man nämlich, wie es die RSK implizit tut, nur die maximal auftretenden Strahlendosen für Einzelindividuen als Folge einer Freisetzung aus dem

Endlager, so kommt dieser sehr viel weiter reichende Effekt gar nicht ins Blickfeld.
Auch die prinzipielle Vorgehensweise bei der Durchführung einer Sicherheitsanalyse ist eine Quelle für Unsicherheiten. Sie rühren im wesentlichen aus der Tatsache, daß dabei die Bildung von Modellen erforderlich ist und dies häufig nur unter Verwendung von Annahmen möglich wird. Als Beispiel für eine solche Sicherheitsanalyse soll uns im folgenden die vom Projekt Sicherheitsstudien Entsorgung (PSE) in den Jahren 1979 bis 1984 durchgeführte Analyse eines Modellsalzstocks am (Modell-) Standort Gorleben sowie das dafür entwickelte Intrumentarium dienen. Das Projekt Sicherheitsstudien Entsorgung wurde im Auftrag des Bundesministeriums für Forschung und Technologie unter Leitung des Instituts für Kerntechnik an der TU Berlin durchgeführt.
Der vom PSE untersuchte Ereignisablauf beginnt in der Modellrechnung mit dem Schließen des Endlagerbergwerks. Zu diesem Zeitpunkt findet ein Laugeneinbruch über eine Anhydritschicht, den sogenannten Hauptanhydrit, in das Mittelfeld des Bergwerks statt. Das Mittelfeld ist der Bereich, der die beiden Flügel mit den Einlagerungsgebieten für hochaktive und wärmeproduzierende Abfälle einerseits und die restlichen Abfälle andererseits verbindet. Die Lauge gelangt dann in die Endlagerbereiche und korrodiert die Abfallgebinde. Die dabei freigesetzten Radionuklide werden mit der Lauge wieder aus dem Salzstock heraustransportiert.
Beim vom PSE gewählten Szenario ergeben sich für die Freisetzungen und die daraus resultierenden maximalen Individualbelastungen (die über eine Lebenszeit von 70 Jahren aufsummiert wurden) Werte im Bereich von etwa 20 Millirem (200 Mikrosievert). Dabei wurden bis zu 50 000 Jahre in der Zukunft berücksichtigt. Natürlich können die Freisetzungen länger andauern, wenn noch radioaktive Stoffe aus dem Endlager entweichen können.
Belastungen im Bereich von 10 Millirem (100 Mikrosievert) treten dabei in dem Zeitraum von etwa 5000 bis über 50 000 Jahre ab dem Schließen des Endlagers auf.
Die Nuklide, die zur Strahlenbelastung beitragen, sind im wesentlichen Kohlenstoff-14, Selen-79, Technetium-99, Jod-129,

Neptunium-237 und seine Zerfallsprodukte sowie Uran und seine Zerfallsprodukte. Davon haben Technetium und Neptunium und seine Zerfallsprodukte die größten Anteile. Plutonium taucht bei der Berechnung der Strahlenbelastung deshalb nicht auf, weil Plutonium schlecht in Wasser löslich ist und daher bei der Auslaugung der Abfälle nur zu einem kleinen Teil frei wird. Außerdem soll es bei der Einlagerung stark an Minerale gebunden werden, die das freiwerdende Plutonium auf dem Weg in die Umwelt festhalten sollen.

Die Freisetzungen aus dem Endlager werden in der Modellrechnung im wesentlichen durch die Wiederaufarbeitungsabfälle — vor allem die wärmeentwickelnden mittelaktiven Abfälle — bestimmt. Lediglich für die Nuklide der Neptunium-Reihe sind noch andere Quellen von Bedeutung. Es sind dies die Abfälle aus der Plutonium-Brennelementfertigung der Firma Alkem sowie nichtverfestigte Abfälle, zum Teil brennbar, aus Landessammelstellen und Kernforschungszentren, die wohl die Abfälle aus der Wiederaufarbeitungsforschung und der Wiederaufarbeitungsanlage Karlsruhe beinhalten.

An den Ergebnissen des PSE und der Art, wie sie errechnet wurden, muß Kritik geübt werden. Die wesentlichsten Punkte sind die Annahmen, die bei der Modellierung gemacht wurden.

Bei einer Sicherheitsanalyse werden die Wahrscheinlichkeit und der Ablauf von (unerwünschten) sicherheitsabträglichen Ereignissen theoretisch durchgespielt, wenn praktische Untersuchungen nicht möglich sind. Bei einem Endlager sind Untersuchungen der Freisetzungen in der Realität schon allein aufgrund der langen Zeiten, in denen geologische Vorgänge ablaufen, unmöglich.

Der erste Schritt einer Sicherheitsanalyse ist daher immer die Aufstellung eine Modells der Wirklichkeit. Dabei wird die immer sehr komplexe Wirklichkeit soweit vereinfacht, daß sie sich in einem noch handhabbaren Modell abbilden läßt, zum Beispiel für sogenannte Computersimulationen, wie sie bei der Modellierung für Sicherheitsanalysen immer wieder durchgeführt werden.

Mit der vereinfachenden Abbildung der Wirklichkeit gehen natürlich auch einige — möglicherweise die wichtigen — Eigenheiten der Wirklichkeit verloren. Ein Beispiel dafür ist die im Rah-

men der PSE-Studie durchgeführte Modellierung der Gesteine oberhalb des Salzstocks, des sogenannten Deckgebirges. Dabei wurde das Modell auch auf das Gebiet der DDR ausgedehnt. Dieser Teil der Wirklichkeit war jedoch für Untersuchungen des Untergrunds nicht zugänglich; daher konnten sie nicht durchgeführt werden. Alle Annahmen in diesem Bereich sind also rein spekulativ. Besonders merkwürdig mutet dieses Vorgehen im Fall Gorleben deshalb an, weil durch die Modellgestaltung dafür gesorgt wurde, daß auch noch in dem unbekannten Bereich das radioaktiv belastete Wasser an die Oberfläche gelangt.
Weiterhin wurden viele verschiedene Schichten mit sehr unterschiedlichen Eigenschaften und sehr unterschiedlichen Dicken (von wenigen Metern bis etwa hundert Meter) im Modell in Quader mit Seitenlängen von 200 Metern und Dicken von 20 Metern zerlegt und innerhalb dieser Quader jeweils einheitliche Gesteinseigenschaften, wie zum Beispiel Wasserdurchlässigkeit beziehungsweise -undurchlässigkeit, angenommen. Das dadurch entstandene Modell von der Wirklichkeit ist nun sehr viel grober und vernachlässigt eine Vielzahl von kleinen Strukturen.
Es lag deshalb nahe, zur Verschleierung dieses Tatbestands die Berechnungen als Modellrechnungen für einen Modellstandort zu deklarieren. Aber warum der »Modellstandort« dann ausgerechnet Gorleben heißen muß, bleibt unklar.
Es ist also bei der Modellierung immer zu fragen, wie gut das Modell die Wirklichkeit abbildet. Überprüfen kann man das nur im Experiment am konkreten Standort. Sind solche Experimente aber — wie im Falle von Endlagern — nicht durchführbar, so bleibt den Sicherheitsanalytikern nur der Rückgriff auf die Hoffnung, daß die Fehler des Modells im Rahmen und tolerierbar bleiben. Das aber ist für einen Sicherheitsnachweis zu wenig. Modellrechnungen, die den Weg der eigentlich zu isolierenden Radionuklide aus dem Abfall durch das Grundwasser in die Biosphäre untersuchen, sollen Aussagen über das zukünftige Verhalten des geologischen Systems treffen. Um im Modell das zukünftige Verhalten von Endlagerformationen und Deckgebirge auch nur annähernd treffen zu können, muß die geologische Vergangenheit für mindestens denselben Zeitrahmen aufgeklärt werden, für den die Sicherheitsaussagen in die Zukunft hinein gemacht werden sollen. Denn alle geologischen Vorgänge, die in

der Vergangenheit zur Ausbildung des Ist-Zustands geführt haben, müssen für seine Weiterentwicklung als wirksam unterstellt werden. Nur wenn es also gelingt, die vorhandenen geologischen Fakten aus der Vergangenheit zu erklären, besteht überhaupt die Aussicht, eine rational begründbare Prognose und Einschätzung der zukünftig möglichen Vorgänge zu bekommen, die Einfluß auf die Sicherheit des Endlagers haben werden. Dies ist natürlich um so schwieriger, je länger diese Zeiträume sind und je weniger Daten über die Vergangenheit zur Verfügung stehen.
Im Falle Gorleben müßte die geologische Geschichte des Salzstockes aufgeklärt und seine heutige Ausgestaltung daraus hergeleitet werden. Ein Beispiel für eine offenbar wenig verstandene Struktur ist das Auftreten eines deutlichen unterirdischen Gipfels des Salzstocks. Dieser »steile Zahn von Gorleben« ragt mehr als 100 Meter über die übrige Oberkante der Salzstockstruktur hinaus.
Solange eine unumstrittene Erklärung der vorgefundenen Erscheinungen in der Endlagerformation und den sie umgebenden Gesteinskörpern nicht möglich ist, verbleiben Unsicherheiten, ob man die Bandbreite der in Zukunft zu erwartenden Vorgänge schon abstecken kann.
Wir haben bereits die unterschiedlichen Ansichten, die über die Vergangenheit bestehen, am Beispiel der Stabilität des Salzstocks kennengelernt. Nimmt man, was naheliegt, die Ergebnisse von Duphorn als richtig an, so bedeutet das beipielsweise, daß ein erneuter Durchbruch des Salzstocks durch die Erdoberfläche möglich ist. Ebenfalls sind starke Subrosionen an der Salzstockoberfläche in der Zukunft möglich.
Ein Modell der zukünftigen Wirklichkeit des Salzstocks Gorleben müßte diese Vorgänge enthalten, wenn auch bei manchen Vorgängen, so dem Aufstieg und Absinken der Salzstockoberfläche, schwer vorstellbar ist, wie sie in das Computermodell einer Sicherheitsanalyse einbezogen werden könnten. Unabhängig davon bleibt aber immer noch die Ungewißheit, welche weiteren Vorgänge, die in der Vergangenheit nicht aufgetreten sind, in Zukunft noch auftreten können. Diese Ungewißheit, die allen Modellierungen von Endlagern zwangsläufig anhaftet, wird natürlich um so schwerwiegender, je längerfristige Aussagen für die Zukunft gemacht werden müssen.

Bei der Sicherheitsanalyse greift man in der Praxis immer nur auf eine beschränkte Anzahl von Ereignissen zurück, deren Folgen zur Untersuchung kommen. Es ist bei komplizierteren Systemen — und ein Endlager gehört sicherlich zu den komplizierteren — praktisch unmöglich, eine vollständige Untersuchung aller denkbaren Ereignisabläufe durchzuführen. Entsprechend hat man in der Geschichte der Sicherheitsanalyse in der Atomtechnik immer wieder die Untersuchungen auf einen ausgewählten Katalog von Ereignisabläufen begrenzt. Die Vorgehensweise wird damit begründet, daß der Katalog »abdeckend« ausgewählt sei und daher auch die obere Grenze der wahrscheinlichen Folgen umfasse. Daß der ausgewählte Katalog von Ereignisabläufen tatsächlich abdeckend und damit stellvertretend für alle realen Unfallmöglichkeiten ist, läßt sich in der Regel aber nicht nachweisen. Dazu hätte man ja vorher alle möglichen Ereignisabläufe untersuchen müssen.
Entsprechend wird auch in der Sicherheitsanalyse von Endlagern vorgegangen. Als »abdeckender« Ereignisablauf wurde im Projekt Sicherheitsstudien Entsorgung lediglich ein Wassereinbruch nach dem Schließen des Bergwerks in den mittleren Teil eines Endlagers in einem Modell-Salzstock am Standort Gorleben untersucht. Dies wurde damit begründet, daß der einzig glaubhafte Freisetzungsweg über den Wasserpfad führe und daß der Wassereinbruch bezüglich der Folgen abdeckend sei.
Zur Untersuchung dieser Folgen wurde das Verhalten des Grubengebäudes (Konvergenz) und seiner sicherheitstechnischen Ausstattung (Dämme und Abschlußbauwerke), die Auslaugung der verschiedenen Abfallgebinde durch das eingedrungene Wasser und der Rücktransport der kontaminierten Lauge aus dem Endlagerbereich in die Umgebung modelliert. Schließlich wurde die sich ergebende Freisetzung aus dem Salzstock in das Deckgebirge modellhaft bis ins oberflächennahe Grundwasser verfolgt und die daraus resultierenden radioaktiven Belastungen für den einzelnen Menschen festgestellt.
Aus dem errechneten Ergebnis wird dann geschlossen, daß ein solches Endlager sicherheitstechnisch kein Problem darstellt, da bei Freisetzungen die Strahlenbelastungen ja unterhalb der vorgesehenen Grenzen blieben. Das Ergebnis wird dadurch aber unzulässig verallgemeinert. Spielt man beispielsweise den gleichen

Ablauf durch, aber zu einem Zeitpunkt, in dem das Bergwerk noch nicht verschlossen ist, so ergeben sich ganz andere Möglichkeiten für die Freisetzung aus dem Endlager. Es können zum Beispiel größere Mengen Wasser an die radioaktiven Abfälle gelangen, was dann auch zu größeren Freisetzungen führt. Orientierende Rechnungen im Rahmen des PSE zeigen, daß die Auswirkungen für die Umgebung in diesem Fall über zehnmal höher liegen können. Dadurch wäre in der Betrachtungsweise der RSK der Grenzwert der Strahlenschutzverordnung überschritten und das bislang »sichere« Endlager alleine durch die andere Wahl des Zeitpunkts des Wassereinbruchs plötzlich zu einem »unsicheren« geworden. Der vom PSE gewählte Ereignisablauf ist also keineswegs abdeckend.

Zu den wesentlichen Modellannahmen, die großen Einfluß auf das Ergebnis haben können, gehört die Abbildung des Endlagers und seines technischen Aufbaus. So kann man beispielsweise die radioaktiven Abfälle in den Strecken des Bergwerks lagern oder Lagerkammern graben (Fachbegriff: Streckenlagerung), in denen die Abfälle auf einen Haufen geworfen werden (Fachbegriff: Versturztechnik) oder die Abfälle in solche Kammern vorsichtig herunterlassen (Fachbegriff: Absenktechnik) oder die Abfallbehälter in Kammern stapeln (Fachbegriff: Stapeltechnik) oder lange Löcher in den Boden der Strecken bohren und die Behältnisse in diesen Bohrlöchern aufeinanderstapeln (Fachbegriff: Bohrlochtechnik). Daraus ergeben sich jeweils Unterschiede bei den Abläufen, die zur Freisetzung führen.

Das Modellendlager »Gorleben« des Projekts Sicherheitsstudien Entsorgung ist in zwei Felder getrennt, in denen jeweils Einlagerung stattfindet. Im einen Feld werden die hochaktiven verglasten Abfälle in Bohrlochtechnik und die übrigen Abfälle, die in nennenswertem Maß Wärme entwickeln, in Absenktechnik in Kammern gelagert. Im anderen, gegenüberliegenden Feld werden alle übrigen Abfälle in Versturz- und Stapeltechnik oder in Streckenlagerung untergebracht. Nach Schluß der Einlagerung sollen, soweit möglich, alle verbleibenden Hohlräume mit Salzgrus verfüllt werden. Dies wird schätzungsweise jedoch nur zu 60 Prozent möglich sein.

Im folgenden wollen wir die Konsequenzen dieser Modellierung an zwei Beispielen genauer untersuchen, die für die Freisetzung eine große Rolle spielen: die Wahl des Orts für den Wassereinbruch und die Ausführung der Verfüllungen und Dämme im Bergwerk, die ein Vordringen des Wassers verhindern oder verlangsamen sollen. Durch die Wahl dieser Randbedingungen wird nämlich eine wichtige Eigenschaft des Modellendlagers erzeugt: Das eindringende Wasser erreicht die Glasblöcke mit den hochradioaktiven Abfällen gar nicht.

Der Laugeneinbruch beginnt in der Modellrechnung mit dem Schließen des Endlagerbergwerks. Er findet, wie oben beschrieben, im Mittelfeld des Bergwerks statt, dem Bereich, der die beiden Flügel mit den Einlagerungsgebieten für hochaktive und wärmeproduzierende Abfälle einerseits und die restlichen Abfälle andererseits verbindet. Beim derzeitigen Stand der Kenntnisse über den Salzstock Gorleben — wo in diesem Bereich das gut wasserleitende Gestein Hauptanhydrit ansteht — ist das ein durchaus realistisches Szenario.

Die Lauge kann nur in die verbliebenen Hohlräume im Bergwerk gelangen und nur in den Resthohlräumen transportiert werden. Es kommt daher für die Modellierung der Freisetzung wesentlich darauf an, wie der entstehende »Wettlauf« zwischen dem Vordringen der Lauge einerseits und dem Schließen der Hohlräume durch die Konvergenz des Salzgesteins andererseits ausgeht. Die Konvergenz ist temperaturabhängig; bei höheren Temperaturen schließen sich die Hohlräume schneller. Für die Geschwindigkeit des Vordringens der Lauge sind dabei ganz wesentlich die Durchlässigkeit der Dämme und Abschlußbauwerke, die innerhalb der Strecken und an Verzweigungen eingebaut werden sollen, bestimmend.

Da die Einlagerungsfelder für die hochaktiven Abfälle — Glaskokillen und bei Direkter Endlagerung auch Brennelementlagergebinde — am weitesten vom Ort des Laugenzutritts entfernt sind und dort die höchsten Temperaturen herrschen, »gewinnt« in dieser vom PSE gewählten Modellierung die Konvergenz: Die Hohlräume sind geschlossen, bevor Lauge an die Abfälle gelangen kann. Folglich ergibt sich in der PSE-Rechnung auch keine Freisetzung aus diesem Bereich, der die überwiegende Menge des radioaktiven Inventars enthält. Die Korrosionsbeständigkeit der hochaktiven Abfallgebinde wird durch die Wahl der Randbedingungen — konkret: die Wahl des Orts für den Laugenzutritt —

gar nicht erst gefordert. Es werden lediglich Radionuklide aus den schwach- und mittelaktiven Abfällen ausgelaugt.
Dieses vom PSE errechnete Ergebnis des »Wettlaufs« hängt natürlich in hohem Maße davon ab, ob die Modellierung des Orts für den Laugeneinbruch, des Verhaltens von Dämmen und Abschlußbauwerken und der Konvergenz die realen Verhältnisse richtig wiedergibt. Werden bei einem anderen Ablauf des Szenarios (zum Beispiel Laugeneinbruch zu einem früheren Zeitpunkt, zu dem das Endlager noch nicht geschlossen und verfüllt ist, oder Laugeneinbruch direkt in das hochaktive Lagerfeld) die hochradioaktiven Abfälle in die Auslaugung einbezogen, so ergeben sich mit Sicherheit deutlich größere Freisetzungen.
Die vom PSE in der Rechnung verwendeten Durchlässigkeiten für die Dämme und Abschlußbauwerke, die aus einem Salz-Zement-Gemisch gebaut werden sollen, sind sehr niedrig gewählt worden. Bei der öffentlichen Vorstellung des Szenario mußten sich die PSE-Autoren von einem Praktiker aus dem Salzbergbau vorhalten lassen, daß die gewählten Durchlässigkeiten weit unterhalb dessen liegen, was in Salzbergwerken erreicht wird. Damit wird im Modellendlager eine gegenüber der Realität zu geringe Geschwindigkeit für das Vordringen der Lauge ermittelt. Der »Wettlauf« wird zugunsten der Konvergenz beeinflußt. Die Freisetzungen werden unterschätzt.
Weiterhin sind Wanderwege der Salzlauge an den Abdichtungen vorbei möglich. Auch dies führt zu höheren Durchlässigkeiten, als sie vom PSE angenommen werden. Schließlich ist auch unklar, inwieweit die Dämme in dieser Umgebung ihre Dichtungsfunktion über Jahrhunderte hinweg behalten können.
Weil die Daten und Randbedingungen, die in die PSE-Rechnung eingegangen sind, zu optimistisch waren, kommt das PSE zu dem Ergebnis, daß die hochradioaktiven Abfälle von der Salzlauge nicht erreicht werden. Es können in diesem Modell nur die schwach- und mittelradioaktiven Abfälle ausgelaugt werden, in denen nur ein kleiner Teil des gesamten Radioaktivitätsinventars enthalten ist. PSE rechnet keinen Ereignisablauf, bei dem der hochradioaktive Abfall betroffen ist.
Es ist aber in der Realität eben doch möglich, daß die hochradioaktiven Abfälle mit dem größten Teil des radioaktiven Inventars des Endlagers von der Lauge erreicht und ausgelaugt werden.

Damit sind die Ergebnisse von PSE für den Nachweis der Sicherheit in jedem Fall unbrauchbar.
Schließlich sollen in diesem Zusammenhang auch noch die Eigenschaften der Abfallgebinde, die zur Einlagerung kommen sollen, diskutiert werden. Dies geschieht in erster Linie anhand der hochradioaktiven Abfälle aus der Wiederaufarbeitung, da in ihnen nach derzeitiger Planung der größte Teil der radioaktiven Stoffe in einem Endlager enthalten sein wird.
Zur Verfestigung der hochaktiven Abfallösung aus der Wiederaufarbeitung abgebrannter Brennelemente ist eine Form erforderlich, in der eine Vielzahl von verschiedenen Elementen (nahezu das gesamte Periodensystem) in einen Festkörper eingebaut werden kann. Diese Form muß zudem eine hohe Widerstandsfähigkeit gegenüber den Umgebungsbedingungen besitzen, damit die eingebrachten Radionuklide im Festkörper verbleiben und nicht wieder freigesetzt werden können. Als Maß hierfür kann die Auslaugbarkeit der verfestigten Radionuklide bei Kontakt mit Wässern aus der Endlagerumgebung genommen werden.
Die Konzentration der Radionuklide im Festkörper sollte möglichst hoch sein, um möglichst geringe Volumina an Endabfall zu erzeugen. Daher muß die Abfallform auch stabil sein gegenüber höheren Temperaturen, die sich durch den Einbau der selbsterhitzenden Radionuklide — in Abhängigkeit von deren Konzentration — automatisch ergeben.
Um Materialien zu finden, die all diese Forderungen einigermaßen erfüllen, wurden hauptsächlich verschiedene Gläser untersucht. Aufgrund der amorphen Struktur von Gläsern können viele verschiedene Elemente in Glas eingeschmolzen und dort chemisch festgehalten werden. In der Bundesrepublik sind dafür Borosilikatgläser vorgesehen.
Bei Temperaturen unterhalb etwa 100 °C — dies sind für die Endlagerung relativ geringe Temperaturen — erscheint die chemische Stabilität von verglasten Abfällen gegenüber Wässern befriedigend; Untersuchungen am Hahn-Meitner-Institut in Berlin an Borosilikatgläsern ergaben für die Auslaugung durch Salzlaugen bei etwa 90 °C Standzeiten bis zum Zerfall des Glasblocks von etwa 10 000 Jahren. Bei höheren Temperaturen ist es jedoch mit der Stabilität des Glases wesentlich schneller vorbei: Werden 200 °C als Außentemperatur der Glasblöcke angesetzt — dies

entspricht dem gegenwärtigen Planungsstand in der Bundesrepublik —, so ist das Glas schon in weniger als 100 Jahren nach Beginn des Laugenangriffs ausgelaugt und zerfallen.
Es können — je nach Zusammensetzung der Abfälle — bis zu etwa 20 Gew.-% (Gewichtsprozent) Abfall in die üblichen Borosilikatgläser eingeschmolzen werden. Nach derzeitiger Planung wird diese mögliche Konzentration jedoch nicht ausgenutzt werden; die Spezifikationen für verglaste Abfälle sehen einen Abfallanteil von zirka 10 Gew.-% vor. Bei den untersuchten Borosilikatgläsern führt ein Temperaturanstieg auf über 500 bis 600 °C zu einem Phasenübergang, der einen »Entglasungsprozeß« zur Folge hat; das Glas löst sich in kristallin vorliegende Verbindungen der Inhaltsstoffe auf. Diese kristallinen Verbindungen sind teilweise wesentlich anfälliger gegen Angriffe von Wässern. Daher wird als maximal zulässige Temperatur von verglasten Abfällen immer ein Wert von etwa 500 °C angegeben.
Alternativ zur Verglasung wird die Verfestigung in künstlichen Gesteinen mit starker Ähnlichkeit zu Granit (Synroc), in anderen Keramiken (auch Glaskeramik), Superkalzinat, unter extrem hohem Druck verfestigter Beton und Vitromet, ein Verbundmaterial aus Glasperlen und Metall (zum Beispiel Bleilegierungen) diskutiert. Diese Techniken der Verfestigung sind jedoch in weit geringerem Umfang entwickelt worden.
Nahezu alle Alternativen zur Verfestigung in Glas arbeiten mit einer keramischen Verfestigungsmatrix. Bei der Verfestigung in künstlichen Gesteinen (Synroc) wird aus den Bestandteilen des hochradioaktiven Abfalls mit Zuschlagstoffen unter sehr hohem Druck eine dem Granit ähnliche Mischung aus 40 Prozent Hollandit, 35 Prozent Perovskit und 25 Prozent Zirkonolit erzeugt. Sie erscheint von daher besonders für die Endlagerung in granitischen Gesteinen geeignet. Bei diesem Prozeß können Abfallgehalte von bis zu 20 Gew.-% erzielt werden.
Die radioaktiven Abfallstoffe werden dabei zunächst an einen Ionenaustauscher aus Titandioxid, Zirkondioxid, Aluminiumoxid, Kalzium- und Bariumoxid gebunden. Der entstehende Schlamm wird getrocknet und zu Pulver gebrannt. Dieses wird in ein formbares Gefäß eingefüllt und bei etwa 1150 °C und unter 500 bis 1000 bar einseitig oder allseitig zusammengedrückt.
Dadurch entsteht das Gemisch aus Hollandit, Perovskit und Zir-

konolit. Cäsium und Strontium werden in Hollandit beziehungsweise Perovskit eigebaut, die Aktiniden verteilen sich zwischen Zirkonolit und Perovskit.
Synroc hat vermutlich eine höhere thermische und chemische Stabilität, als dies bei Silikatglasprodukten der Fall ist. Messungen von Auslaugraten zeigen bei niedrigen Temperaturen ein Verhalten ähnlich wie bei verglasten Abfällen. Bei höheren Temperaturen (um 200 ^{0}C) wird Synroc nach diesen Messungen eine um den Faktor 500 bis 2000 geringere Auslaugbarkeit zugeschrieben als typischen Gläsern. Auch bei noch höheren Temperaturen steigt die Auslaugbarkeit nicht so sprungartig an, wie es für Glas typisch ist.
Bei einer anderen Abfallverfestigungsmethode, die ebenfalls zu natürlichen Gesteinen ähnelnden Produkten führt, wird die hochaktive Abfallösung zunächst durch einen Ionenaustauschprozeß an Ammoniumtitanat oder Natriumtitanat gebunden. Einzige Ausnahme ist das Technetium-99, das auf diese Weise nicht gebunden werden konnte. Durch Mischung mit natürlich vorkommenden Titanaten (Rutil) und unter hohem Druck bei hohen Temperaturen wandern die radioaktiven Elemente in die Rutilstruktur ein und werden dort extrem fest gebunden. Die gemessenen Auslaugraten für dieses Material mit einem Spaltproduktanteil von vier Prozent ergaben Werte, die deutlich besser (etwa um den Faktor 100) als für Glas lagen. Trägt man auf den Lagerbehälter mit diesem Material nochmals eine inaktive Titanatschicht auf, so könnte man unter Umständen eine Abfallform gewinnen, die nahezu frei von Auslaugung bleibt.
Es gibt also eine Vielzahl von Alternativen zur Verglasung. Noch vor einigen Jahren (in der Zeit zwischen dem Gorleben-Hearing 1979 und der technischen Entwicklung der Wiederaufarbeitungsanlage bei Wackersdorf um 1983/84) gab es unter den Wissenschaftlern eine heftige Debatte, welche Abfallform die insgesamt günstigste für die Endlagerung sei und welche die größten Potentiale zur Weiterentwicklung habe. Allerdings war damals schon deutlich spürbar — und ist heute noch in manchen internationalen Tagungsberichten sichtbar —, daß die Lobby für die Verglasung sehr stark war. Das zentrale Argument für die Verglasung lautete damals: Dieses Verfahren sei als einziges so weit entwickelt, daß bereits eine Demonstrationsanlage in Betrieb sei

— die französiche AVM-Anlage (Atelier de Vitrification Marcoule) — und weitere im Bereich des technisch Möglichen lägen. Dies war für die Alternativen nicht der Fall. Dagegen stand nur das weitaus größere Isolationspotential der keramischen Abfallformen.
Hintergrund der Debatte war, daß eine Wiederaufarbeitungsanlage durchgesetzt werden sollte und daß dies (nach den Erkenntnissen aus dem Gorleben-Hearing) ohne eine Verfestigungsanlage nicht mehr möglich war. Damit erschien die mit dem Verweis auf die AVM-Anlage behauptete technische Realisierbarkeit als ein starkes Argument.
Ein typisches Beispiel für die Art der Auseinandersetzung ist der Beitrag von Professor Merz, dem für die Entsorgung zuständigen Mitglied der RSK, auf einem Seminar über Verfestigungsverfahren im Jahre 1981 in Jülich. Der erste Schritt in Richtung Begrenzung und später auch Abwürgen der Auseinandersetzung war die Einengung der Diskussion auf die Alternative Glas oder Synroc. Merz (unter Berufung auf eine vier Jahre alte US-Studie):
»Das Hauptaugenmerk ist auf die beiden Kategorien Gläser und synthetische Gesteine zu richten. Sie bilden auf jeden Fall das Herzstück der Abfallform.«
Danach folgt dann notwendig der Hinweis auf die »ausreichend guten Eigenschaften« von Glas:
»Mit Sicherheit zählen jedoch Borosilikatgläser nach den zu erfüllenden Minimalkriterien zu den geeigneten Produkten.«
Dies wird zu einem Zeitpunkt festgestellt, wo weder der Auslaugmechanismus für Gläser, geschweige denn für andere Produkte, und die dafür wichtigen Parameter erforscht waren noch ein einheitliches Testsystem für verschiedene Produkte vorlag. Und dann wird der endgültige Schlag versetzt:
»Kristallisierte synthetische Gesteine versprechen gewisse Vorteile, wenn die zu ihrer Herstellung erforderliche heiße Verfahrenstechnik gelingt, was bisher noch nicht bewiesen ist.«
Keine Rede davon, daß dies zumindest zu diesem Zeitpunkt für die Verglasung ebenfalls gilt, mit Ausnahme des — allgemein relativ schlecht beurteilten — französischen AVM-Verfahrens. Mit dem Verweis auf die Demonstrationsanlage wurde beiseite geschoben, daß für die anderen Verglasungsverfahren und ins-

besondere für die deutsche Entwicklung PAMELA die »erforderliche heiße Verfahrenstechnik« (noch) nicht vorhanden war. Wieder einmal wurde aus politischem Kalkül auf die kurzfristig verfügbare Technologie gesetzt statt auf die technisch vermutlich überlegene.
Auch auf die Entwicklungspotentiale der keramischen Alternativen gab es für Merz eine Antwort:
»Für die künftige Weiterentwicklung und Optimierung von Methoden und Produkten scheint eine stärkere Einbeziehung der Behälterbarriere einschließlich migrationshemmender Verfüllmaterialien wichtiger als das einseitige Hochtreiben der Qualitätsanforderungen an die Auslaugresistenz der Produkte. In diesem Lichte verblaßt die Bedeutung des Meinungsstreits um Gläser contra kristallisierte synthetische Gesteine.«
Oder im Klartext: Es ist unsinnig, nun nach besseren Alternativen zu suchen; bei guter Gestaltung der Umgebung des Abfalls bekommen wir das auch mit Glas hin.
Seit die Entscheidung für die Verglasung gefallen ist, ist allerdings von der Behälterbarriere und den Verfüllmaterialien kaum noch die Rede.
Schließlich wurde die Debatte unter den Wissenschaftlern auch dadurch beendet, daß Vorträge über Alternativen zur Verglasung auf den internationalen Tagungen tendenziell ausgegrenzt wurden. Dies zeigt sich beispielsweise in den Tagungsprogrammen des »International Seminar on Chemistry and Process Engineering for High-Level Liquid Waste Solidification« 1981 in Jülich, wo noch ein breiter Überblick über die Alternativen zustande kam, und der Tagung »Scientific Basis for Radioactive Waste Management« 1983 in Berlin, wo fast nur noch die Vertreter der Glaslinie auftreten konnten. Beschleunigt wurde dieser Vorgang dadurch, daß die öffentlichen Forschungs- und Entwicklungsgelder fast ausschließlich in die Glasentwicklung gesteckt wurden.
Eine intensivere Untersuchung der Alternativen zur Verglasung wird nur im Ausland betrieben. In der Bundesrepublik, wo man sich seitens der Anlagenbetreiber schon sehr frühzeitig zugunsten der Verglasung entschieden hatte, sind Alternativen praktisch nicht in Betracht gezogen worden. Ähnlich wie derzeit bei der Debatte um die Sicherheit von Atomkraftwerken hatte sich

die Bundesrepublik schon sehr frühzeitig aus der internationalen Diskussion und Entwicklung verabschiedet.
Letztlich spielte die Auslaugfestigkeit von Glas dann nicht einmal mehr eine Rolle in der Sicherheitsdebatte für das Endlager, da durch die geschickte Modellierung des »abdeckenden Störfalls« das hochradioaktive Glas bei einem Wassereinbruch nicht mehr betroffen war.
Dieser Ausschluß aus der Betrachtung hatte wohl auch den Hintergrund, daß bei den vorgesehenen hohen Temperaturen der Glaszerfall so rapide ist, daß ein »Sicherheitsnachweis« für das Endlager im Salzstock Gorleben auch nach den Kriterien der Reaktorsicherheitskommission von vornherein aussichtslos gewesen wäre. So blieb nichts anderes übrig, als die Möglichkeit des Kontakts der hochaktiven Abfälle mit Wasser zu leugnen und somit die Auslaugung von verglasten Abfällen wegzudiskutieren.
Die bisherigen Überlegungen haben deutlich gemacht, daß die offizielle Vorgehensweise bei der Sicherheitsbeurteilung von Endlagern nur wenig hilfreich ist und ein zu günstiges Bild malt. Was aber haben wir nun realistischerweise an Gefahren aus einem Endlager zu erwarten?
Gehen wir zur Beantwortung dieser Frage davon aus, daß Endlager etwa so gebaut werden, wie sich dies in der Bundesrepublik derzeit im Falle Gorleben abzeichnet, und daß die einzulagernden Abfälle etwa jene Eigenschaften haben, die für die heutigen Abfälle oben beschrieben wurden.
Zunächst einmal sind unter diesen Voraussetzungen Freisetzungen aus einem Endlager als wahrscheinlich anzunehmen. Wassereinbrüche in das Endlager, beispielsweise über den Hauptanhydrit, sind realistische Unfallmöglichkeiten. Die Abfälle haben nur geringe Standfestigkeiten gegen Salzlaugen. Radioaktive Inhaltstoffe gelangen daher in die eingedrungene Salzlauge und können zusammen mit ihr aus dem Salzstock heraustransportiert werden.
Die wesentliche Folge der Freisetzung radioaktiver Stoffe aus dem Endlager ist die Belastung des Grundwassers und über diesen Weg die radioaktive Belastung vieler Nahrungsmittel in der gesamten Endlagerregion. Gegen die Quelle der Belastung können wirksame Gegenmaßnahmen nicht getroffen werden. Eingriffe im Endlager selbst kommen zu spät, da dort die radioakti-

ven Stoffe aus den Abfallgebinden bereits freigesetzt wurden. Die Freisetzung kann also nicht gestoppt werden. Es ist davon auszugehen, daß sie für lange Zeiträume andauert.
Offiziellerseits wird nun versucht, mit den Mitteln der ingenieurtechnischen Sicherheitsanalyse die Freisetzungen klein zu rechnen. In den dabei verwendeten Modellrechnungen gibt es eine Reihe von fragwürdigen Annahmen.
Dazu gehört zunächst der Zeitpunkt des angenommenen Wassereinbruchs. Legt man ihn statt nach dem Schließen des Endlagers auf einen Zeitpunkt, zu dem das Bergwerk noch offen ist und schneller absaufen kann, so können im Gegensatz zur Modellrechnung auch die hochaktiven Abfälle ausgelaugt werden. Die Freisetzungen werden dann sehr viel größer ausfallen.
Der Ort des Wassereinbruchs ist für die Folgenabschätzung ebenso wichtig. Unterstellt wird in der Modellrechnung der Einbruch in der Mitte des Endlagerfeldes zwischen den Einlagerungsbereichen. Ein direkter Wassereinbruch in den Endlagerungsbereich mit den schwächer radioaktiven Abfällen, die kaum Wärme freisetzen, wird in der Modellrechnung dagegen zu etwas höheren Freisetzungen und auch zu einer anderen Verteilung der freigesetzten Radionuklide führen. Noch schlimmer wäre ein direkter Laugeneinbruch in das Endlagerfeld für die hochaktiven Abfälle. In diesem Fall können die Auswirkungen zehnfach oder auch hundertfach höher sein.
Geringere Einflüsse auf die Ergebnisse der Modellrechnung gehen von der tatsächlichen Gestaltung des Bergwerks und von den angewendeten Lagertechniken aus. So sind Freisetzungen aus Kammern mit Versturztechnik höher als aus Lagerkammern, in denen die Fässer sorgfältig gestapelt wurden.
Von größerer Bedeutung wiederum sind die im Modell abgebildeten Eigenschaften des Deckgebirges über dem Salzstock. Die im Modell errechnete Verzögerung von einigen tausend Jahren zwischen dem Beginn des Wassereinbruchs und dem Beginn der Einwirkung auf den Menschen geht zum Großteil auf die Fließzeit von Wasser zwischen dem angenommenen Freisetzungsort und dem genutzten Grundwasser zurück. Werden diese Fließzeiten in der Realität kürzer — was nach neueren Untersuchungen für Gorleben zu befürchten ist —, so treten die Wirkungen eines Unfalls im Endlager entsprechend schneller zutage.

Damit wäre die Kritik an den bisherigen Modellrechnungen beschrieben, die sich prinzipiell durch genauere Modellierung und bessere Rechenmethoden entkräften ließe.
Dann bleibt aber noch die grundsätzliche Frage nach der Durchführbarkeit und Aussagekraft einer »Sicherheitsanalyse«, wenn die langen Zeiträume der Gefährlichkeit und die in ihnen ablaufenden geologischen Vorgänge in diesen Analysen keinen Platz finden.
Die Isolation der radioaktiven Strahler von der Biosphäre muß auch dann erhalten bleiben, wenn die geologischen Veränderungen, die in der Vergangenheit stattgefunden haben, sich in der geologischen Zukunft fortsetzen. Ob dies zu erwarten ist, kann nur mit den Mitteln der Geologie und nicht mit denen der ingenieurtechnischen Sicherheitsanalyse beurteilt werden. Die Geologie ist daher für die Sicherheitsbewertung der Endlagerung die wichtigste Disziplin.
In den ingenieurtechnischen Sicherheitsanalysen werden dagegen die heutigen Verhältnisse des Endlagers und seiner Umgebung für die Zeitdauer, die in der Analyse untersucht wird, praktisch festgeschrieben.
Wenn es zu Freisetzungen aus dem Endlager in die Umgebung kommt, so stellt sich als zweites prinzipielles Problem die Langfristigkeit der Freisetzungen. Die Auswirkungen extrem langfristiger Freisetzungen sind ungleich größer und schwerer zu bewerten als die mit etwa 40 Jahren Betriebsdauer zeitlich überschaubaren Strahlenbelastungen aus Atomanlagen. Radioaktive Belastungen, die über viele Generationen auftreten, müssen »summiert« werden. So können auch bei vergleichsweise geringen Strahlenbelastungen über lange Zeiten zahlenmäßig große, aber über die Zeit verteilte Schadensausmaße entstehen.
Fassen wir es noch einmal zusammen: So, wie sich die offiziellen Beratungs- und Beschlußgremien, wie zum Beispiel die RSK, die Durchführung der Endlagerung vorstellen, werden Freisetzungen aus dem Endlager in die Umgebung erlaubt. Sie sind darüber hinaus bei der derzeit geplanten Durchführung der Endlagerung auch kaum vermeidbar. Über die Höhe der Freisetzungen und die Einhaltung eventueller Grenzwerte können angesichts der Unsicherheiten der Modellierung belastbare Aussagen nicht gemacht werden. Dabei geht es nicht um zu vernachlässigende Be-

lastungen, sondern um Werte, die unter ungünstigen Umständen ein Vielfaches der vorgefundenen natürlichen Strahlenbelastung ausmachen. Die Auswirkungen betreffen die gesamte Region, da zunächst tiefliegende und, je nach den Verbindungen, früher oder später auch höherliegende Grundwässer verseucht werden. Wirksame Gegenmaßnahmen sind kaum vostellbar. Die Ergebnisse der Sicherheitsanalyse haben daher eher den Charakter eines Glaubensbekenntnisses als den eines Sicherheitsnachweises.

5. Die Story von den Endlagerprojekten

Die wesentliche Frage an alle Entsorgungsstrategien ist, ob sichere Endlager vorhanden sind. Entsorgung kann letztlich ja nur durch die Endlagerung geschaffen werden. In der Bundesrepublik Deutschland ist für die Endlagerung des hochaktiven und des wärmeproduzierenden Abfalls derzeit allein der Salzstock von Gorleben vorgesehen. Für alle anderen Abfälle soll die Endlagerung in der Eisenerzgrube Konrad in Salzgitter stattfinden. Schließlich ist noch das ehemalige Salzbergwerk Asse II zu erwähnen, das bis 1978 als »Versuchsendlager« gedient hat. In diesem Kapitel wird die wechselvolle Geschichte dieser Endlagerprojekte nachgezeichnet.
Im Vergleich zu anderen Atomprojekten wie Reaktorbau und Wiederaufarbeitung zur Gewinnung von Plutonium bestand in der ersten Phase der Atomenergienutzung für die Realisierung der Endlagerung keine sehr hohe Priorität. Dies hängt wohl damit zusammen, daß man die dabei auftretenden Probleme für nicht schwerwiegend und leicht lösbar hielt. So konnte Carl Friedrich v. Weizsäcker noch 1969 über die mit der Entsorgung verbundenen Probleme schreiben (in: »Die Kernenergie als wichtigste Energiequelle für die letzten Jahrzehnte unseres Jahrhunderts«):
»Dieses ist, soweit ich sehen kann, wenn man es ernstlich behandeln will, überhaupt kein Problem... Ich habe mir in Karlsruhe sagen lassen, daß der gesamte Atommüll, der in der Bundesrepublik im Jahr 2000 vorhanden sein wird, in einen Kasten hineinginge, der ein Kubus von 20 m Seitenlänge ist. Wenn man das gut versiegelt und verschließt und in ein Bergwerk steckt, dann wird man hoffen können, daß man damit dieses Problem gelöst hat.«
In diesem kurzen Zitat ist eine Vielzahl von Ungenauigkeiten und Falschaussagen enthalten. Zunächst einmal ist die Menge viel zu gering angegeben; allein der im Jahr 1988 vorhandene Atommüll

macht mit etwa 40 000 Kubikmetern das Fünffache der von v. Weizsäcker für das Jahr 2000 erwarteten Menge aus. Die voluminösen schwach- und mittelradioaktiven Abfälle, die trotz ihres Namens alles andere als harmlos sind, wurden offensichtlich übersehen, und nur der hochradioaktive Abfall aus der Wiederaufarbeitung wurde berücksichtigt. Die Annahme, der Atommüll könnte konzentriert in einem Kubus gelagert werden und würde deshalb wenig Platz benötigen, geht ebenfalls fehl. Wegen seiner Wärmefreisetzung muß konzentrierter Atommüll über ein großes Endlagervolumen verteilt werden, um das Endlager nicht durch die Aufheizung zu zerstören. Die Zeitdimension, die mit der Endlagerung verbunden ist, spielt für v. Weizsäcker — entgegen ihrer eigentlichen Bedeutung — keine Rolle. Und daß »Versiegeln und Verschließen« für extrem lange Zeiten mit rein technischen Mitteln kaum möglich ist, fällt ebenfalls unter den Tisch. Insgesamt ist diese Aussage ein peinliches Beispiel für die Realitätsferne und die daraus resultierende Leichtfertigkeit, mit der das Atommüllproblem auf den Stapel der weniger wichtigen Probleme befördert wurde. Dort verblieb es — unter anderem auch wegen des prägenden Einflusses, den der Autor v. Weizsäcker auf Politiker hatte.

Schon frühzeitig hatte die Atomlobby sich auf die Realisierung der Endlagerung in einem Salzstock festgelegt. Bereits 1963 wurde eine Gruppe im Kernforschungszentrum Karlsruhe mit der Projektierung einer Salzkaverne beauftragt. Damit wurde die erste der vielen Endlagerplanungen auf dem Papier in Auftrag gegeben. Zu diesem Zeitpunkt arbeitete das Versuchsatomkraftwerk Kahl schon seit zwei Jahren; die Inbetriebnahme weiterer Reaktoren war absehbar. Infolge der geringen Priorität, die das Problem genoß, wurde die Entwicklung der Endlagerung so langsam weitergeführt, daß noch 1978 die RSK einräumen mußte, daß die nukleare Entsorgung lange Zeit das — ungeliebte — Stiefkind der Atomtechnik geblieben war. Zu diesem Zeitpunkt waren mit Biblis A und B, Brunsbüttel, Isar-1 sowie Neckarwestheim-1 und Esenshamm bereits die ersten großen Reaktoren in Betrieb und weitere in Bau.

Schließlich wurde erst mit der Novellierung des Atomgesetzes im Jahre 1976 die Entsorgung als Aufgabe des Bundes festgeschrieben, eine Entsorgungspflicht normiert und eine zuständige Be-

hörde, die Physikalisch-Technische Bundesanstalt (PTB), festgelegt. Davor hatte es in diesem Bereich keine eindeutig geregelten Zuständigkeiten gegeben.
Als Ergebnis der 1963 eingerichten Studiengruppe am Kernforschungszentrum Karlsruhe wurde 1965 das ehemalige Kalisalzbergwerk Asse II bei Wolfenbüttel durch die Gesellschaft für Strahlen- und Umweltforschung (GSF) für den relativ geringen Betrag von 700 000 Mark gekauft. Die GSF ist eine gemeinsame Forschungsgesellschaft des Bundes und des Freistaats Bayern. Sie hatte mit ihrem Institut für Tieflagerung einen wesentlichen Teil der ursprünglich bei der Studiengruppe in Karlsruhe angesiedelten Aufgaben übernommen.
Salzstöcke wie die Asse haben (wie in Kapitel 4 beschrieben) aufgrund ihrer Entstehung eine typische Struktur. Entsprechend ihrer unterschiedlichen Wasserlöslichkeit haben sich zunächst Gips, dann Steinsalz und noch später die Kalisalze abgelagert, die deshalb an den Außenseiten des unter Druck verformten Salzstocks liegen. Die Abbaufelder in Kalibergwerken befinden sich daher ebenfalls an der Außenseite des Salzstocks und damit nahe am Grundwasser. Entsprechend hoch ist die Wahrscheinlichkeit von Wassereinbrüchen und nachfolgendem Absaufen der Grube. In der Vergangenheit sind etwa zwei Drittel aller Kaligruben durch Wassereinbrüche vollgelaufen. Auch die beiden Nachbarschächte Asse I und Asse III waren von Wassereinbrüchen betroffen, Asse I mußte schon nach wenigen Jahren aufgegeben werden.
Aus diesem Grund wurde die Asse von offiziellen Gutachtern vor dem Kauf der Grube lediglich als »für die Einlagerung radioaktiver Abfälle beschränkt geeignet« bezeichnet. Ein zweiter Aspekt, der Anlaß zu Sicherheitsbedenken gab, war die Frage der Standfestigkeit der Grube. Während der Nutzung als Kalibergwerk waren viele sehr große Abbaukammern (60mx40mx15m) gegraben worden, die in mehreren Stockwerken übereinanderliegen und seit Betriebsschluß leerstehen. Mit der notwendigen Stabilität dieses Gebildes wurde — wie im Salzbergbau üblich — nur für etwa 50 bis 100 Jahre gerechnet. Für ein Endlager war dies vollkommen unzureichend.
Ab 1967 wurde dann die Asse trotzdem als »Versuchsendlager« für schwachradioaktiven Abfall und ab 1972 auch für mittelra-

dioaktiven Abfall benutzt. Damit sollten nach offizieller Lesart die notwendigen Techniken der Endlagerung entwickelt und Erfahrungen mit der Einlagerung gewonnen werden. Sicherheitsbedenken, die beispielsweise von Anliegergemeinden kamen, wurden mit Hinweis auf den Versuchscharakter der Einlagerung vom Tisch gewischt.

Ansonsten spielte der Versuchscharakter keine Rolle. Im Laufe der Zeit wandelte sich die Asse vielmehr zu einem vollgültigen Endlager. 1971 wurde sie von der Bundesregierung im Umweltprogramm als Endlager für radioaktive Abfälle geführt. In der ersten Teilgenehmigung für Biblis A wurde bereits 1970 ausgeführt, daß »die langlebigen nicht mehr benötigten radioaktiven Stoffe ... einer Endlagerung z.B. dem norddeutschen Salzbergwerk Asse zugeführt werden«. Damit sollte sogar der hochradioaktive Müll aus der Wiederaufarbeitung in der Asse »versuchsweise« endgelagert werden. 1972 wurde bei der Genehmigung des Atomkraftwerks Unterweser (Esenshamm) ausdrücklich festgestellt, daß in der Asse der radioaktive Müll auf Dauer ohne Gefahr des Entweichens gelagert werden könne.

Die eingelagerten Abfälle stammten überwiegend aus den Kernforschungszentren und aus den Atomreaktoren. Zunächst waren es jährlich zwischen 1000 und 5000 Fässer; nach 1971 stieg die Menge dann steil auf über 10 000 Fässer pro Jahr an. Insgesamt wurden bis Ende 1978 rund 124 000 Fässer schwachaktiven und rund 1300 Fässer mittelaktiven Abfalls in die Grube gebracht.

Der bis 1978, dem Ende der Einlagerung, »versuchsweise« endgelagerte schwach- und mittelradioaktive Abfall liegt seither in den Kammern, die beim Salzabbau entstanden sind. Er kann nicht zurückgeholt werden. Hochaktive Abfälle wurden während dieser Zeit nicht in der Asse deponiert.

In der ersten Hälfte der siebziger Jahre begann eine zunächst zaghafte, dann immer heftigere öffentliche Debatte um die Entsorgung von abgebrannten Brennelementen. Zur Beruhigung der Öffentlichkeit wurde 1976 in das Atomgesetz der Paragraph 9a eingefügt. Mit Floskeln, wie sie aus dem Bereich der Lagerung von Haus- und Sondermüll bereits bekannt waren, wurde vorgeschrieben, »daß anfallende radioaktive Reststoffe sowie ausgebaute oder abgebaute Anlageteile

1. den in § 1 Nr. 2—4 bezeichneten Zwecken entsprechend schadlos verwertet werden oder,
2. soweit dies nach dem Stand von Wissenschaft und Technik nicht möglich, wirtschaftlich nicht vertretbar oder mit den in § 1 Nr. 2—4 bezeichneten Zwecken unvereinbar ist, als radioaktive Abfälle geordnet beseitigt werden«.

Der Hinweis auf den Paragraphen 1 galt den Schutzzielen des Atomgesetzes: Schutz von Leben, Gesundheit und Sachgütern, Verhinderung einer Gefährdung der inneren und äußeren Sicherheit der Bundesrepublik Deutschland durch Anwendung oder Freiwerden von Kernenergie, Gewährleistung der Erfüllung internationaler Verpflichtungen auf dem Gebiet der Kernenergie und des Strahlenschutzes. Es gibt eine Vielzahl von begründeten Argumenten, daß diese Schutzziele verletzt werden.

Der Paragraph 9a wurde und wird von Bundesregierung und Atomlobby als Norm interpretiert, die zwingend die Wiederaufarbeitung verlangt. Mit der Verabschiedung der Atomgesetz-Novelle im Jahre 1976 war aus dieser Sicht die Planung einer Wiederaufarbeitungsanlage in naher Zukunft programmiert.

Schon in den frühen siebziger Jahren entstand das Wunschbild, mehrere Anlagen zu »Atomparks« zusammenzufassen, sowohl Atomkraftwerke wie auch Anlagen im Bereich der Entsorgung. So entstand der Begriff des »Entsorgungsparks«, in dem möglichst alle Funktionen zusammengefaßt werden sollten, die der »Entsorgung« zugerechnet wurden. Im Jahre 1974 stellte W. J. Schmidt-Küster vom Bundesforschungsministerium auf der Reaktortagung das »Integrierte Entsorgungskonzept« vor, die Grundlage des Nuklearen Entsorgungszentrums.

Damit war zunächst einmal festgeschrieben, daß alle Anlagen an einem Standort in Niedersachsen (oder Schleswig-Holstein) errichtet werden sollten, da nur dort Salzstöcke vorkommen, wie sie zur Aufnahme des Endlagers ausersehen waren. Auf einem riesigen Gelände (zirka zwölf Quadratkilometer) sollten angesiedelt werden:

- ein Eingangslager für abgebrannte Brennelemente von 3000 Tonnen Fassungsvermögen in vier Lagerbecken (wassergekühlt),
- eine Wiederaufarbeitungsanlage mit einem Durchsatz von 1400 Tonnen pro Jahr,

- eine entsprechende Fabrik zur Verarbeitung des anfallenden Plutoniums (15 Tonnen pro Jahr) zu Mischoxid (MOX)-Brennelementen,
- verschiedene Lager für die bei der Wiederaufarbeitung entstehenden Abfälle, darunter Behälter für insgesamt 7000 Kubikmeter hochaktive Abfallösung,
- verschiedene Anlagen zur Verfestigung der radioaktiven Abfälle sowie
- ein Endlagerbergwerk im Salzstock, das die Abfälle aus 50 Jahren Reaktorbetrieb, Forschung und Wiederaufarbeitung aufnehmen sollte.

Gegenüber der technisch uninformierten Öffentlichkeit wurde der Traum vom Entsorgungspark mit dem Wegfall der Transporte zwischen den verschiedenen Anlagen begründet. Dieser Effekt war in Wirklichkeit aber eher marginal. Wichtiger war den Planern, daß die Anlage dann auf den ersten Blick wie eine Einrichtung aussehen würde, in der die abgebrannten Brennelemente und andere radioaktive Abfälle tatsächlich verschwinden. Daß sie in Wahrheit dort zunächst längere Zeit (oder für alle Ewigkeit) lagern müssen, wird erst bei intensiverer Beschäftigung mit dem Projekt deutlich. So gelang es, der Öffentlichkeit zu suggerieren, daß mit dem ersten Spatenstich für das Entsorgungszentrum auch die Endlagerung gesichert sei.
Die Standortdiskussion konzentrierte sich von Beginn an auf Niedersachsen. Schleswig-Holstein gelang es, sich aus der Diskussion herauszuhalten. Aus Überlegungen der Betreiber sowie der Bundes- und Landesregierung entstand eine längere Geheimliste von möglichen Standorten, aus der dann drei Orte mit Priorität ausgewählt wurden: Wippingen im Landkreis Aschendorf-Hümmling (Emsland), Lichtenmoor bei Nienburg/Weser und Unterlüß in der südlichen Lüneburger Heide. Anfang 1976 wurden die Planungen gerüchteweise bekannt. Als dann um die Jahresmitte an allen drei Standorten Vermessungsarbeiten und erste Bohrungen zur Untersuchung des Untergrundes vorgenommen wurden, kam es durch Proteste aus der ortsansässigen Bevölkerung (Unterschriftensammlungen, Besetzungsaktionen und Beschlüsse der kommunalen Gremien) zu ernsten Schwierigkeiten. Angesichts des heftigen Widerstands — schließlich waren die heute üblichen Reaktionsweisen mit massiven Polizeieinsätzen

zur Durchsetzung von Großprojekten noch nicht entwickelt — wurde in der Liste nach einem abgelegenen und vermutlich ruhigeren Ort gesucht. Die Wahl fiel auf Gorleben im Landkreis Lüchow-Dannenberg; das Gebiet war sehr dünn besiedelt und lag weitab vom Schuß.
Im Februar 1977 wurde schließlich Gorleben auch offiziell als vorläufiger Standort des Nuklearen Entsorgungszentrums festgelegt. Eine konkretere Planung konnte beginnen.
Da man Salzstöcken bezüglich ihrer Stabilität und ihres Isolationspotentials grundsätzlich hervorragende Eigenschaften für die Endlagerung zuschrieb, erschien die noch ausstehende Eignungsuntersuchung nicht als ein wesentliches Hindernis. Man war sich sicher, in diesem Salzstock einen geeigneten Platz für die Endlagerung der zukünftigen Abfälle zu finden. Diese Einschätzung sollte sich später als falsch erweisen, da sie auf der Verdrängung geologischer Fakten beruhte.
Die Asse wurde zu jener Zeit als Endlager für die aktuell anfallenden Abfälle genutzt, für die Zukunft war das Endlager im Nuklearen Entsorgungszentrum Gorleben vorgesehen. Es verblieb nur noch ein »geringer« Rest an radioaktiven Abfällen auf dem Papier unentsorgt. Dies waren sperrige Abfälle aus der Nachrüstung und dem Umbau von Atomkraftwerken, wie beispielsweise Rohrleitungen und Dampferzeuger. Ohne aufwendige Zerlegung können diese Teile nur in ein Bergwerk mit großem Schachtdurchmesser und entsprechend großen untertägigen Einrichtungen gebracht werden. Für diesen Rest wurde Schacht Konrad als Endlager vorgesehen.
Die ehemalige Eisenerzgrube Konrad in Salzgitter wurde nach ihrer Stillegung im Jahr 1976 vom Bund gekauft und — wie die Asse — dem Institut für Tieflagerung der Gesellschaft für Strahlen- und Umweltfoschung als Experimentierfeld übergeben.
Die aus Atomkraftwerken ausgebauten Großkomponenten sollten in dem nicht vollständig ausgebeuteten Eisenerzlager in 1100 bis 1200 Meter Tiefe untergebracht werden. Das sollte ursprünglich bis zum Jahr 2000 nur eine relativ geringe Menge sein; es war die Rede von etwa 80 000 Kubikmetern Müll aus der Stillegung von zwölf Reaktoren.
Nahezu unter Ausschluß der Öffentlichkeit — ein Interesse an

Schacht Konrad entstand erst 1981/82 — wurden von der GSF verschiedene Verfahren zur Einlagerung in der Eisenerzformation entwickelt und ausprobiert. Eine »Versuchseinlagerung« wie in der Asse wurde dabei allerdings nicht unternommen.
Hinzu kamen nicht sehr systematisch angelegte Untersuchungen der Bedingungen innerhalb der Grube. So fehlten Untersuchungen, die über die Standfestigkeit der Grube hätten eindeutige Auskunft geben können. Die durchgeführten Laboruntersuchungen über die Eigenschaften der Gesteine konnten das nicht leisten. Versuchsergebnisse zur Zug- und Druckfestigkeit, an kleinen Stücken im Labor gewonnen, können nicht auf das Verhalten des gesamten Gesteinsverbandes übertragen werden.
Eine Bilanz der Wasserzu- und -abflüsse aus der Grube war nicht vollständig. Mögliche Wasserwege waren nicht erforscht. Damit waren Aussagen über die langfristige Sicherheit gegen Wassereinbrüche nicht möglich. Auch das Schrumpfen der Hohlräume, durch das radioaktiv verseuchtes Wasser aus der Grube herausgepreßt würde, war nicht eindeutig beschreibbar. Vorstellungen über das Verhalten des Erzes und der Grube über lange Zeiträume waren überhaupt nicht entwickelt worden.
Insgesamt lag also nur eine unvollständige und ungeordnete Ansammlung von Untersuchungen ohne inneren Zusammenhang vor. Die Ergebnisse dieses Sammelsuriums von Arbeiten wurden dann 1982 zu einer Untersuchung der Eignung der Schachtanlage für die Endlagerung umgedeutet.
Noch im Jahre 1978 schien die Durchführung der Endlagerung nahezu geklärt. Dieser Eindruck hatte jedoch ein wesentliches Manko: Er beruhte auf Planungen auf dem Papier und dem Ignorieren des Versuchscharakters bei der Asse. Zwischen Ende 1978 und Anfang 1984 wurden diese Planspiele zum ersten Mal einer Realitätsprüfung unterzogen.
Das Hauptproblem für die Sicherheit des seit 1967 genutzten »Versuchsendlagers« Asse II war von Anfang an seine Lage im Kalisalz. Daraus resultierte eine relativ hohe Wahrscheinlichkeit für das Absaufen der Grube. Hinzu kamen massive Zweifel an der Standfestigkeit des Grubengebäudes. Ein Zusammenbruch des Grubengebäudes führt aber mit großer Sicherheit zu einem Wassereinbruch und damit zu einer Freisetzung des radioaktiven Inventars. Schon 1976 hatte die GSF zugestehen müssen, daß die

Standsicherheit des Grubengebäudes nicht berechenbar war. Damit hatte das Ende des Endlagers Asse begonnen.
Eine Dauergenehmigung für die Einlagerung von Atommüll in der Asse war nie ausgesprochen worden; die Genehmigungen wurden jeweils befristet erteilt — in einem Verfahren, das die Öffentlichkeit ausschloß. Nach der Novellierung des Atomgesetzes 1976 war jedoch für Endlager ein anderes Genehmigungsverfahren — nach Paragraph 9a Atomgesetz — vorgeschrieben, bei dem die Öffentlichkeit beteiligt werden mußte. Außerdem mußte im Gegensatz zur bisherigen Praxis zur Erlangung der Genehmigung ein Nachweis der langfristigen Sicherheit geführt werden. Angesichts der mangelhaften Standfestigkeit der Grube war es der GSF nicht möglich, einen Sicherheitsnachweis zu erbringen, der der öffentlichen Diskussion hätte standhalten können. Daraufhin war die Genehmigungsbehörde 1978 nicht mehr bereit, die Einlagerungsgenehmigung zu erneuern. Die Nutzung der Asse als Endlager für weitere Abfälle war damit zu Beginn 1979 vorläufig zu Ende. Für die Betreiber von Atomanlagen gab es ab diesem Zeitpunkt keine Möglichkeit mehr, ihre radioaktiven Betriebsabfälle loszuwerden.
Die Eignungsuntersuchung des Salzstocks Gorleben wurde auch nach jener Regierungserklärung des niedersächsischen Ministerpräsidenten Ernst Albrecht vom Mai 1979 weitergeführt, in der er auf die Wiederaufarbeitungsanlage am Standort Gorleben verzichtet hatte. Zum Teil wird bei Albrechts Entscheidung auch der Gedanke eine Rolle gespielt haben, daß der Wegfall der Wiederaufarbeitungsanlage die Durchsetzung eines Endlagers in Gorleben erleichtern würde.
Ab 1980 wurden in Gorleben Probebohrungen durchgeführt:

- vier Tiefbohrungen (Go 1002—1005) bis etwa 2000 Meter Tiefe zur Untersuchung des geologischen Aufbaus des Salzstocks,
- eine Vielzahl von flacheren Bohrungen bis in den oberen Salzstockbereich zur Untersuchung des Deckgebirges und des Grenzbereichs zwischen Salzstock und Deckgebirge,
- zwei Bohrungen (Go 5001/5002) zur Festlegung der Schachtstandorte.

Die Bohrstelle Go 1004 wurde im Sommer 1980 von mehreren tausend Leuten besetzt. Wochen später wurde die dort ausgeru-

fene »Republik Freies Wendland« mit einem bis dahin nicht dagewesenen Polizeieinsatz geräumt.
Die bis Ende 1983 erzielten Ergebnisse des Standortuntersuchungsprogramms können in drei Punkten zusammengefaßt werden:
1. Der Innenaufbau des Salzstocks ist wesentlich komplizierter und ungünstiger, als ursprünglich erwartet; es sind ungewöhnlich zahlreiche Gas- und Laugeneinschlüsse vorhanden. Der Hauptanhydrit, der eine mögliche Wasserwegsamkeit in den Salzstock darstellt, wird entgegen den ursprünglichen Hoffnungen noch in der Einlagerungstiefe angetroffen. Damit liegt dort kein ausreichend großes Volumen an älterem Steinsalz (Na_2) vor; es muß auch im jüngeren Steinsalz (Na_3) eingelagert werden. Der Hauptanhydrit, der zwischen diesen beiden Formationen liegt, muß also bei der Einrichtung des Endlagers durchstoßen werden.
Dies bedeutet aber, daß über den Hauptanhydrit eine Wasserwegsamkeit von der Salzstockoberfläche mitten in den Endlagerbereich erwartet werden muß. Damit sind Wassereinbrüche in das Endlager über diesen Weg ein durchaus realistisches Ereignis.
2. Trotz der nun vorgesehenen Einlagerung sowohl im älteren wie auch im jüngeren Steinsalz ist zu erwarten, daß das zur Verfügung stehende Endlagervolumen kleiner ausfallen könnte, als ursprünglich vermutet wurde. Damit aber sinkt auch die Menge an radioaktiven Abfällen, die in ein Endlager Gorleben gebracht werden könnten. Es muß davon ausgegangen werden, daß nicht mehr alle radioaktiven Abfälle aus der Bundesrepublik in Gorleben zur Lagerung kommen könnten.
Damit ist bei Beibehaltung des derzeitigen Kernenergieprogramms mit einiger Sicherheit zusätzliche Endlagerkapazität über Gorleben hinaus erforderlich.
3. Im Bereich des Hutgesteins existiert keine geschlossene abschließende Schicht zwischen dem Salzstock und den Grundwasserleitern. Dies liegt vor allem an der Existenz der »Gorlebener Rinne« im Gipshut des Salzstockes. Dort waren während der Elster-Eiszeit (vor etwa 400 000 Jahren) große Teile des Gipshuts von Gletschern weggehobelt worden. Direkte Kontakte zwischen dem Salzstock und grundwasserführenden Schichten sind nach-

gewiesen. Den erwarteten geschlossenen und den Salzstock gegen Grundwassereinwirkung abschirmenden Gipshut gibt es in dieser Form also nicht.
Damit gibt es einen Transportweg zwischen der Oberkante des Salzstocks und dem Grundwasser; die ursprünglich geforderte Isolationsfunktion des Deckgebirges ist nicht mehr gegeben.
Schon 1983 lagen also Befunde sowohl über das Deckgebirge wie auch über den Innenaufbau des Salzstockes vor, die zu massiven Zweifeln an der Sicherheit des Standortes Anlaß gaben.
In deutlichem Zusammenhang mit den negativen Ergebnissen der Standorterkundung hat Ende des Jahres 1983 die RSK der Bundesregierung empfohlen, die Bewertung der Eignung eines Endlagerstandortes im wesentlichen auf eine ingenieurtechnische Sicherheitsanalyse zu stützen. Damit nahm die RSK implizit Abstand von den ursprünglich formulierten geologischen Kriterien für einen zur Endlagerung geeigneten Salzstock. Als solche Kriterien waren beispielsweise 1977 von der niedersächsischen Landesregierung eine ausreichende Größe der Endlagerformation und die Isolation des Salzstocks gegenüber Grundwasser gefordert worden.
Diese aus Sicherheitsgründen absurde, in Anbetracht der Bohrergebnisse zur Rettung des politisch gewollten Standorts Gorleben jedoch erforderliche Empfehlung der RSK wurde dann auch prompt von der Bundesregierung zur Richtschnur gemacht.
Mit dem Ende der Asse als Endlager und den ungünstigen Ergebnissen der Standorterkundung in Gorleben waren die Planungen für die Endlagerung in zentralen Punkten ihrer Grundlage beraubt. Es gab keine Lagermöglichkeit mehr für die aktuell anfallenden Abfälle; das geplante Endlager Gorleben konnte nicht mehr allein als »Nachweis der Entsorgungsvorsorge« für alle zukünftig anfallenden Abfälle herangezogen werden. Damit fehlte ein wesentlicher und für die weitere Nutzung der Atomenergie lebenswichtiger Teilbereich der Entsorgung. Versuche zur Neustrukturierung der Entsorgung waren bitter notwendig.
Das war in zwei Richtungen möglich: Zum ersten mußte der Druck zur Entsorgung gemildert werden, der von den bereits vorhandenen Abfällen und von Abfällen aus umstrittenen Projekten wie beispielsweise der Wiederaufarbeitungsanlage ausging. Dies war auf dem Papier durch ein »Umdirigieren« der Ab-

fälle in ein Endlager leistbar, das in naher Zukunft betriebsbereit sein sollte. Zum zweiten lag die Suche nach Alternativstandorten für ein Endlager in einem anderen Salzstock nahe.
Beide Wege wurden in den Jahren 1982 bis 1984 zumindest ansatzweise versucht.
Zeitlich parallel zum Auftauchen der Schwierigkeiten und zu den ungünstigen Untersuchungsergebnissen für den Salzstock Gorleben gewann die Lagerstätte Schacht Konrad zunehmend an Bedeutung. Die Menge der für die Endlagerung in Schacht Konrad vorgesehenen Abfälle wurde kräftig erweitert; zum Schluß sollte der größte Teil der Abfälle nach Konrad statt nach Gorleben gebracht werden. Allerdings wurde die Öffentlichkeit lange Zeit von der Betreiberseite über das Ausmaß der Abfälle getäuscht, die nach Konrad sollten.
Ursprünglich war die Grube nur zur Endlagerung von Abfällen aus dem Umbau und der Stillegung von Atomanlagen vorgesehen worden. Als dann im Juni 1982 ein Bericht der Gesellschaft für Strahlen- und Umweltforschung (GSF) — der damaligen Betreiberin von Schacht Konrad — die Eignung der Eisenerzgrube als Endlager feststellte, war dort auf einmal ganz allgemein von schwachaktiven Abfällen und Stillegungsabfällen aus Kernkraftwerken die Rede. Schwachaktive Abfälle aus Kernkraftwerken waren ja bis Ende 1978 in der Asse gelagert worden. Die Kurzfassung dieses Berichts, die breit verteilt wurde, las sich so, als sollte diese Funktion nun von Schacht Konrad übernommen werden.
Damit wären die akuten Probleme, die sich für die Betreiber von Atomanlagen aus der Schließung der Asse ergaben, gelöst gewesen.
Auch aus der für die Öffentlichkeit weniger gut zugänglichen Langfassung des Eignungsberichts der GSF von 1982 konnte man schließen, daß andere Abfälle im Zentrum der Planung standen. Hier war nämlich von Stillegungsabfällen nur noch sehr am Rande die Rede; insgesamt wurde deren Menge, die bis zum Jahr 2000 anfallen sollte, nur noch mit ganzen 3000 Kubikmetern angegeben. Aber die Gesamtmenge der Einlagerungen sollte ab 1988 pro Jahr bis zu 25 000 Kubikmeter betragen. Auch von der möglichen Einlagerung von Abfällen aus der Wiederaufarbeitung war bereits — allerdings noch undeutlich — die Rede.

Das war eine wesentliche Abweichung vom ursprünglichen Konzept. Offensichtlich war es von der GSF jedoch gewollt, daß Mitte 1982 noch kein klares Bild davon entstehen konnte, was an Abfällen alles in Schacht Konrad endgelagert werden sollte.
In Wirklichkeit waren die Planungen allerdings schon viel konkreter. Anfang September 1982 wurde von der Physikalisch-Technischen Bundesanstalt erstmalig ein nach Atomgesetz vorgeschriebener Antrag auf Planfeststellung für ein Endlager Schacht Konrad bei der Genehmigungsbehörde, damals dem Niedersächsischen Sozialministerium, eingereicht. Der Antrag war auf Drängen der Bundesregierung in größter Eile zusammengestellt worden. In diesem Plan war nach späteren Aussagen der PTB bereits die Endlagerung von Abfällen auch aus der Wiederaufarbeitung enthalten.
Im Januar 1983 wurde schließlich die Öffentlichkeit darüber informiert, welche Änderungen anstanden: Auf einer Pressekonferenz in Salzgitter teilte die PTB mit, daß die Liste der Abfälle, die in Schacht Konrad endgelagert werden sollten, überarbeitet würde. Als Ergebnis dieser Überarbeitung sei zu erwarten, daß ein erheblich höherer Anteil des Atommülls in Schacht Konrad zur Endlagerung gelangen könnte.
Neu war, daß die bisherige Unterscheidung nach schwach-, mittel- und hochradioaktiven Abfällen aufgegeben wurde. Statt dessen führte die PTB als wesentliches Kriterium die Wärmeentwicklung der Abfälle ein. Als Abgrenzung wurde eine maximal zulässige Erhöhung der Temperatur an der Wandung des Grubengebäudes von 1 ^{0}C genannt. Alle Abfälle, die zu geringeren Erwärmungen der Wände führten, sollten in Schacht Konrad gelagert werden dürfen. Dagegen sollte der Inhalt an radioaktiven Stoffen nur noch eine untergeordnete Rolle spielen. Nach diesem Kriterium der Wärmefreisetzung wäre nun für einen beträchtlichen Teil aller radioaktiven Abfälle in der Bundesrepublik — auch der erst zukünftig anfallenden — die Endlagerung in Schacht Konrad möglich geworden.
Als Begründung wurde angegeben, daß Abfälle, die in nennenswertem Maße Wärme freisetzten, aufgrund der Eigenschaften des Erzkörpers nicht in Schacht Konrad gelagert werden könnten. Die durch die Wärmefreisetzung erzeugte Ausdehnung des Gesteins hätte wegen seiner Sprödigkeit zur Bildung von Klüften

und damit von Wasserwegsamkeiten geführt. Damit wären Verbindungen und Transportwege für radioaktive Stoffe zwischen dem Endlager und der Umgebung entstanden.

Aber selbst auf dieser Pressekonferenz wurde von der PTB — gegenüber der Öffentlichkeit — immer noch von der Endlagerung von Stillegungsabfällen als Hauptaufgabe für Schacht Konrad gesprochen.

Es war sicher kein Zufall, daß genau in dem Augenblick, wo Bohrergebnisse aus Gorleben deutlich machten, daß — wenn überhaupt — dort viel weniger Abfälle zur Einlagerung kommen konnten, auf dem Papier die Zweckbestimmung von Schacht Konrad geändert wurde. Die Idee, alle nichtwärmeproduzierenden Abfälle in Schacht Konrad unterzubringen, war der entscheidende Schritt, das Problem der Eignung des Salzstocks Gorleben zu entschärfen. Denn mit dieser Umwidmung war es möglich, auch einen großen Teil der erst in Zukunft entstehenden Abfälle aus der Wiederaufarbeitung aus der Endlagerung im Salz herauszunehmen. Für ein Endlager im Salz — in Gorleben oder anderswo — blieben nur noch die wesentlich geringeren Mengen an hochradioaktiven und wärmeproduzierenden Abfällen, für die im Konzept ohnehin eine lange oberirdische Zwischenlagerung vorgesehen war. Schacht Konrad war damit in den Planungen zum Hauptgleis geworden, über das der größte Teil der »Entsorgung« rollen sollte. Außerdem hoffte man wohl, es sei der Öffentlichkeit leichter glaubhaft zu machen, daß Schacht Konrad in naher Zukunft in Betrieb gehen könnte. Für Gorleben war das sicherlich nicht zu vermitteln.

Der erste mögliche Ausweg aus der verfahrenen Situation in Gorleben wird mit der Umwidmung von Schacht Konrad bis heute beschritten. Der zweite mögliche Ausweg wurde nur kurzzeitig versucht.

In den Jahren 1982/83 wurde ein Anlauf gemacht, zusätzliche Untersuchungen von Alternativstandorten einzuleiten. In einem »Zusammenfassenden Zwischenbericht über bisherige Ergebnisse der Standorterkundung in Gorleben« vom Frühjahr 1983 mußte die Physikalisch-Technische Bundesanstalt, die nach der Rechtslage Betreiberin eines Endlagers wäre, eingestehen, daß das Deckgebirge über dem Salzstock Gorleben seine Funktion als Barriere nicht erfüllen kann. Durch den unvollständigen

Gipshut liegen grundwasserführende Schichten, die zudem in Verbindung mit den oberen Grundwasserleitern stehen, direkt auf dem Salzstock auf.
Der Kieler Geologe Duphorn, bis dahin als Gutachter von der PTB herangezogen, hatte schon in einem Zwischenbericht 1981 daraus den Schluß gezogen, daß unter diesen Bedingungen die Aufgabe der Endlagerpläne für Gorleben und die Suche und Erkundung anderer Standorte angezeigt seien. Er blieb damit nicht alleine.
Auch innerhalb der PTB gab es Stimmen, die zur Erkundung von Alternativstandorten rieten. Im Frühjahr 1983 wurde eine Empfehlung an die Bundesregierung erarbeitet, in der angesichts der Unsicherheiten zur oberirdischen Erkundung von weiteren Standorten für Endlager geraten wurde. Damit sollte das Risiko verringert werden, daß bei ungünstigem Ausgang der weiteren Untersuchungen in Gorleben plötzlich kein Endlagerstandort mehr als »Entsorgungsvorsorgenachweis« zur Verfügung stehen könnte. Außerdem hoffte man seitens der PTB, mit dem Untersuchungsprogramm auf höhere Akzeptanz zu stoßen. Immerhin hatte es ja in Gorleben eine Vielzahl von Aktionen gegen das Bohrprogramm gegeben. Ein weiterer Grund mag gewesen sein, daß die weitsichtigeren Leute in der PTB sahen, wie mit dem Festhalten an Gorleben unter dem vorhandenen Entsorgungsdruck der Zwang entstand, Gorleben geeignet zu rechnen.
Allerdings hatte sich die Standortwahl Gorleben bei Politikern und Entscheidungsträgern bereits so verfestigt, daß eine Korrektur sich als unmöglich erwies.
Ursprünglich sollte eine Entscheidung über die Errichtung eines Bergwerks zur weiteren Erkundung des Salzstockes sowie über die Punkte, an denen die Schächte dieses Bergwerkes niedergebracht werden sollten, erst nach Abschluß der Bohrungen und nach einer Bewertung der Ergebnisse herbeigeführt werden. Sollten die Ergebnisse dann negativ ausfallen, war noch im Jahre 1980 die Erkundung anderer Standorte vorgesehen. Von dieser Vorgehensweise ist die Bundesregierung bereits drei Jahre später, im Juli 1983, abgewichen. Die Entscheidung fiel — eineinhalb Jahre, bevor die Bohrungen abgeschlossen waren —, und zwar für die weitere unterirdische Erkundung von Gorleben und gegen die Untersuchung von Alternativstandorten, da »die bis-

herigen Ergebnisse der Standorterkundung nicht im Widerspruch zu den Erwartungen stehen«. (Umwelt 97/1983, S.32)
Damit war die Propagandaformel gefunden, die die weitere Geschichte des Standorts Gorleben begleiten sollte.
Entsprechend wurde die nächste Veranstaltung für die örtliche Bevölkerung im Rahmen des »Bürgerdialogs Kernenergie« nicht mehr als offene Diskussion, sondern als »Informationsveranstaltung des Bundes vor dem Schachtabteufen« durchgeführt.
Mit der Nichtbefolgung der Empfehlung der PTB hat die Bundesregierung einen Sachzwang geschaffen, der die Feststellung der Nichteignung des Salzstockes Gorleben eigentlich nicht mehr zuläßt. Man kann darüber hinaus vermuten, daß die Schaffung dieses Sachzwangs politisch gewollt war, um mit dem Standort Gorleben auch das ins Schlingern geratene Programm Atomenergienutzung zu retten. Gorleben hatte mittlerweile einen so starken Symbolcharakter angenommen, daß ein Verzicht auf diesen Standort für die Öffentlichkeit wie der Anfang vom Ende der Atomenergienutzung ausgesehen hätte.
Im Zuge der Entscheidung der Bundesregierung mußten auch noch die fachkundigen Kritiker, soweit möglich, ruhiggestellt werden. Dies betraf in erster Linie die PTB und den Gutachter Duphorn.
Da die PTB keine selbständige, sondern eine nachgeordnete Behörde ist, die vom Bundesminister des Innern beaufsichtigt wird, hatte die Bundesregierung die Möglichkeit, Anweisungen an die PTB auszusprechen. Um die Diskussion abzuwürgen, erteilte Bundesinnenminister Zimmermann die Weisung, Aussagen, die zu Zweifeln an der Eignung des Salzstockes Gorleben Anlaß geben könnten, nicht mehr öffentlich zu machen. Die Empfehlungen zur Erkundung von Alternativen waren die letzte öffentliche kritische Äußerung zu Gorleben seitens der PTB.
Das Vorgehen gegen den unabhängigen Gutachter Duphorn war nicht so einfach. Er war nicht bereit, seine wissenschaftliche Meinung wegen politischer Forderungen zu ändern. Also wurde sein Vertrag Ende 1981 entgegen vorherigen Zusagen nicht verlängert. Außerdem wurde vom Bundesministerium für Forschung und Technologie eine Diffamierungskampagne gegen den international renommierten Wissenschaftler gestartet. Seinen Bericht durfte Duphorn selbst nicht veröffentlichen; ein

Passus seines Vertrages mit der PTB hinderte ihn daran. Veröffentlicht wurde hingegen ein anonymer Vermerk aus dem Ministerium, der eine scharfe Kritik seines Berichts und insbesondere seiner Schlußfolgerungen enthielt, wobei wichtige Punkte schief dargestellt waren. Da Duphorn nicht veröffentlichen durfte, war er gegen diese Kritik wehrlos. Außerdem wurde ihm vorgeworfen, mit der Empfehlung zur Aufgabe des Standorts über sein Fachgebiet und seinen Auftrag hinausgegangen zu sein. Er sei kein Salzgeologe und habe in Gorleben auch nur die Formationen des Quartärs (im wesentlichen das Deckgebirge) und nicht den Salzstock selbst beurteilen sollen. Daß er gerade wegen seiner Beurteilung des Deckgebirges zu der Empfehlung kam, Gorleben aufzugeben, wurde dabei unterschlagen.
Allerdings war die Kampagne gegen Duphorn letztlich nicht erfolgreich. Es gibt mittlerweile mehrere Veröffentlichungen Duphorns, in denen er die Erkenntnisse seines Gutachtens zusammenfaßte. Nur das Gutachten selbst liegt immer noch in der Schublade.
Ende 1983 war die Standortwahl Gorleben endgültig politisch festgeklopft und damit — aus Sicht der Bundesregierung und der Atomlobby — die kritische Situation der Entsorgung bereinigt. Die Endlagerungspläne konzentrierten sich für die kommende Zeit auf Schacht Konrad und für die fernere Zukunft auf Gorleben. Die Asse spielt seit 1978 als Endlagerstandort nur noch eine Nebenrolle.
Bis heute hat die Asse II keine Genehmigung für die weitere Einlagerung von radioaktiven Abfällen mehr erhalten. Sie wird aber — weitgehend unbemerkt — trotz der Sicherheitsbedenken als Versuchslabor für die Weiterentwicklung der Endlagerung im Salz genutzt. Damit spielt die Asse die Rolle des Pilotprojekts für das geplante Endlager im Salzstock Gorleben.
So wurde in der Vergangenheit beispielsweise mittels Heizspiralen der Einfluß von Wärme auf das Salzgestein erforscht. Bei diesen Versuchen werden mit der freigesetzten Wärme jedoch Störungen in das Bergwerk getragen, die Unfälle, die zu Freisetzungen des radioaktiven Inventars führen können, geradezu provozieren.
Daneben gehen allerdings auch die Standortuntersuchungen weiter. Die Option für ein Endlager Asse soll um jeden Preis

offengehalten werden. Nach Aussage des Entsorgungsberichts 1988 wird die Nutzung dieser Option von den Ergebnissen der Standortuntersuchungen für Schacht Konrad abhängig gemacht. Dies kann nur bedeuten, daß bei weiteren Verzögerungen mit der Inbetriebnahme von Schacht Konrad gegen alle Vernunft die Wiederinbetriebnahme der Asse als Ersatzlösung vorgesehen ist. Damit muß eine weitere technische Fehlentscheidung nach dem Muster Gorleben befürchtet werden, die nun mit einem politischen Gewaltakt durchgesetzt werden soll.
Schacht Konrad soll für die nächsten Jahrzehnte die Hauptlast der Entsorgung tragen. Der größte Teil aller radioaktiven Abfälle soll dort eingelagert werden. Dabei ist der Zeitdruck für Schacht Konrad größer als für Gorleben.
Der Antrag der PTB von September 1982 für ein Endlager im Schacht Konrad war auf Drängen der Bundesregierung in großer Eile zusammengestellt worden. Die PTB konnte lediglich zwei Aktenordner an Unterlagen vorlegen; bei vergleichbaren Projekten umfassen die Antragsunterlagen ein Vielfaches. Insbesondere fehlte ein geschlossenes Konzept für das Endlager Schacht Konrad. Die Anlage war weder betriebstechnisch noch sicherheitstechnisch, noch geologisch durchdacht. Da die PTB keine eigenen Untersuchungen durchgeführt hatte, konnten sich die 1982 eingereichten Unterlagen nur auf den Eignungsbericht der GSF beziehen.
Die Standortgemeinde, die Stadt Salzgitter, hatte Ende 1982 eine kritische Bewertung des GSF-Eignungsberichts in Auftrag gegeben. Dabei kam eine Vielzahl von Schwachpunkten und ungeklärten Fragen — vor allem im geologischen und sicherheitsanalytischen Teil — zutage.
Insgesamt waren die Untersuchungen nicht sehr systematisch angelegt. Der Eignungsbericht gab — wie oben bereits erwähnt — keine eindeutigen Auskünfte über die Standfestigkeit der Grube, sondern umfaßte lediglich Laboruntersuchungen zu den Eigenschaften der Gesteine. Mögliche Wasserwegsamkeiten aus der Umgebung in das Erzlager waren nicht erforscht. Die Ansätze zu einer Langzeitsicherheitsanalyse waren in ihrer Methodik fehlerhaft und in ihren Annahmen optimistisch. Vorstellungen vom Verhalten des Erzes und der Grube über geologische Zeiträume hinweg waren überhaupt nicht entwickelt worden. Eine eindeu-

tige Beschreibung der einzulagernden Abfälle, für die die Eignungsaussage gelten sollte, war nicht vorhanden. Der Nachweis der Eignung — das Ziel des GSF-Berichts — konnte so nicht geführt werden. Erst recht war mit diesen Unterlagen die Genehmigung des geplanten Endlagers unmöglich.
Dies war offensichtlich auch der PTB klar; sie sprach von Anfang an davon, daß die Antragsunterlagen erst gegen Ende 1984 vollständig vorliegen könnten. Es dauerte dann jedoch doppelt so lange wie geplant.
Im Jahre 1986 waren die Unterlagen so weit vervollständigt, daß nach Auffassung der Genehmigungsbehörde die vorgeschriebene Beteiligung der Behörden, die normalerweise der Auslegung des Sicherheitsberichts für die Öffentlichkeit vorausgeht, beginnen konnte. Auch die Stadt Salzgitter erhielt im Rahmen der Behördenbeteiligung Einsicht in die Unterlagen.
Das führte wieder zu Verzögerungen. Eine unabhängige Sichtung und Bewertung der Unterlagen warf erneut eine Fülle von Fragen zu den geologischen und sicherheitsanalytischen Teilen auf. Wiederum von der Stadt Salzgitter waren drei Gutachten in Auftrag gegeben worden: bei dem als Atombefürworter eingestuften Battelle-Institut, bei dem als unabhängig geltenden Ingenieurbüro Pieles und Gronemeyer in Kiel und bei der atomkritischen Gruppe Ökologie in Hannover.
Die vorgelegten Antragsunterlagen wurden von allen Gutachtern als unzulänglich bewertet. Die härtesten Aussagen kamen interessanterweise von dem Ingenieurbüro aus Kiel. Hauptpunkt der Kritik waren Fehler beim Versuch eines Nachweises für die Langzeitsicherheit nach Abschluß der Einlagerung. Damit war ein Kernstück des — auch von der Genehmigungsbehörde geforderten — Sicherheitsnachweises betroffen.
Innerhalb eines Nachweises der Langzeitsicherheit ist nämlich im Modell durchzurechnen, welche Freisetzungen aus dem Endlager im Falle eines Wassereinbruchs zu erwarten sind. Außerdem ist zu untersuchen, wie sich diese Freisetzungen in der Umgebung des Endlagers im Grundwasser ausbreiten. Das von der PTB für diese Untersuchungen eingesetzte Rechenprogramm vereinfachte wesentliche Zusammenhänge derart, daß verläßliche Aussagen über das Verhalten der radioaktiven Stoffe nicht zu bekommen waren. Der verwendeten Modellierung wurde daher von den

Gutachtern bescheinigt, daß sie nicht dem internationalen Standard entspreche, der an solche Untersuchungen anzulegen ist. Bessere Rechenprogramme stehen indes zur Verfügung.
Auch die Genehmigungsbehörde konnte sich diesen Auffassungen nicht verschließen: Sie gab den Antragstellern 1987 einen wesentlichen Teil der Unterlagen als nicht ausreichend zurück. Seither sitzt die PTB wieder an der Vervollständigung der Unterlagen.
Obwohl das Genehmigungsverfahren bis heute nicht in das Stadium der öffentlichen Auslegung eines Sicherheitsbericht gekommen ist, wurde Schacht Konrad dennoch in mehreren Genehmigungen für Atomkraftwerke als Entsorgungsnachweis aufgeführt. So wurde bereits in der Betriebsgenehmigung für das Atomkraftwerk Grafenrheinfeld 1982 Schacht Konrad als Endlager genannt. Auch in der Genehmigung zum Abriß des Atomkraftwerks Niederaichbach wurde 1986 festgelegt, daß Schacht Konrad die radioaktiven Abfälle aufnehmen soll.
Der Ausgang des Verfahrens ist ungewiß. Noch Anfang 1983 wurde als voraussichtliches Inbetriebnahmedatum für Schacht Konrad das Jahr 1988 angegeben, heute (1988) ist von nicht vor 1992 die Rede. Geeignete Alternativen stehen aber auch nicht bereit, weder zur Untersuchung noch gar zur Einlagerung.
Für die Bundesregierung gibt es allerdings keine Probleme. Der Entsorgungsbericht 1988 stellt lapidar fest:
»Für das Endlager Konrad, ... wird erstmals ein Planfeststellungsverfahren nach § 9b AtG durchgeführt. Die Unterlagen hierfür wurden der Planfeststellungsbehörde übergeben. Mit dem Planfeststellungsbeschluß wird für Ende des Jahres 1989 gerechnet.«
Die Zurückweisung der Planunterlagen für die Langzeitsicherheitsanalyse wird mit keinem Wort erwähnt. Wieder einmal wird die Eignung eines Standorts gegen die vorhandenen Fakten festgeschrieben. Der Sachzwang »Endlager Schacht Konrad« ist programmiert.
Nachdem Gorleben 1983 seitens der Politik als Endlagerstandort festgezurrt worden war, nahmen die weiteren Untersuchungsschritte zur nachträglichen Feststellung der »Eignung« nahezu wie ursprünglich geplant ihren Lauf. Die Schächte zur untertägigen Untersuchung des Salzstocks werden direkt an den Stand-

orten der beiden Schachtvorbohrungen (Go 5001 und Go 5002) gegraben. Im September 1986 wurde mit dem Abteufen des ersten Schachtes, später auch mit dem Abteufen des zweiten Schachtes begonnen. Die Schächte dienen offiziell der Erkundung des Salzstocks und sollen mit der Einlagerung nichts zu tun haben.
Zum Abteufen wurde der Bereich der beiden Schächte mit großen Kältemaschinen eingefroren. Erst dadurch sollte der Untergrund so weit verhärtet werden, daß der im Bau befindliche Schacht auch mit einer provisorischen Auskleidung stabil bleibt. Beide Schächte wurden in der Nähe des »Steilen Zahns« an relativ ungünstigen Stellen angesetzt. Bei Schacht 1 befinden sich in der Übergangszone zwischen Gipshut und Deckgebirge schrägliegende tonige Schichten, die gut aufeinanderrutschen können. Dadurch kommt es in diesem Bereich zu einem hohen einseitigen Druck auf die Schachtwandung. Dies war schon aus den Schachtvorbohrungen bekannt; es wurden daher, zusätzlich zu dem provisorischen Schachtausbau mit Betonformsteinen, verstärkende Stabilisierungsringe aus Stahl eingesetzt. Schacht 2 wurde an der mit einem Winkel von bis zu 52 abfallenden Flanke des »Steilen Zahns« angesetzt. Die auftretenden Winkel sind noch größer als beim Schacht 1. Es kann leicht sein, daß die Schwierigkeiten (und damit auch die Sicherheitsrisiken) noch größer werden als bei Schacht 1. Da der Ausbau von Schacht 2 derzeit bei 39 Meter Tiefe stagniert, ist die kritische Region bislang noch nicht erreicht.
Am 12. Mai 1987 kam es in Schacht 1 zu einem schweren Unfall. Ein Stabilisierungsring (Gewicht 1,5 Tonnen) war geplatzt und stürzte ab; ein Arbeiter wurde dabei getötet. Der Unfall kam nicht überraschend. Schon einen Monat vorher waren »Verbeulungen« der Schachtwand um fast 40 Zentimeter gemessen worden; Konsequenzen daraus wurden nicht gezogen. Um den Einsturz des Schachtes zu vermeiden, mußte er im unteren Teil mit Beton ausgegossen werden. Selbst wenn es durch Einsatz technischer Mittel gelingen sollte, den Ausbau von Schacht 1 weiterzuführen, bleibt diese Zone ein Sicherheitsrisiko. Die einseitigen Drücke auf die Schachtwandung werden weiterhin auftreten. Sie können zum Einsturz des Schachtes während der Betriebszeit führen. Da die Schichten im kritischen Bereich stark wasserfüh-

rend sind, kann ein Schachteinsturz einen Wassereinbruch in das nichtverfüllte Endlager nach sich ziehen.
Seit dem Unfall vom Mai 1987 ruhen die Erkundungsarbeiten. Von der Bundesregierung werden der Unfall und seine Konsequenzen nur als »rein bergmännisches Problem« behandelt. Mögliche sicherheitstechnische Folgen der Wahl der Schachtansatzpunkte werden geleugnet. Damit wird die Methode des »Augen-zu-und-durch«, die schon 1983 bei der Entscheidung für die weitere Erkundung ausschlaggebend war, ein weiteres Mal angewendet.
Im übrigen spielt das Abschieben in den »rein bergmännischen« Bereich auch noch an anderer Stelle eine Rolle: Das Abteufen der Schächte und das Errichten eines Erkundungsbergwerkes sowie das Aufschütten des geförderten Salzes zu einer Salzhalde wurden lediglich nach dem Bergrecht und nicht nach dem eigentlich anzuwendenden Atomrecht genehmigt. Dieses Vorgehen hat für die Betreiber und die Genehmigungsbehörde den Vorteil, daß die Einspruchsrechte der Nachbarn und der Öffentlichkeit sehr gering sind und daß die Prüfanforderungen gegenüber dem Atomrecht wesentlich weniger scharf sind. Dieses Verfahren nach Bergrecht ist allerdings nur zur Gewinnung von Bodenschätzen vorgesehen. Welche Bodenschätze in Gorleben wohl gewonnen werden sollen, konnte jedoch noch niemand sagen.
Durch die Festlegung der Standorte der beiden Schächte und den Beginn des Abteufens haben sich die begründeten Zweifel an der Eignung des Salzstocks natürlich in keiner Weise verändert. Die Probleme mit dem zu erwartenden verfügbaren Endlagervolumen und mit der mangelhaften Isolation des Salzstocks durch das Deckgebirge wurden ja schon beschrieben. In beiden Bereichen stellt sich die Situation heute eher noch kritischer dar.
Nach der Auswertung neuerer Ergebnisse muß mit noch kürzeren Fließzeiten für Wasser zwischen der Salzstockoberkante und der Erdoberfläche gerechnet werden, als man zunächst angenommen hatte. Für die Grundwässer in der Gorlebener Rinne (dem Bereich, wo keine Isolation des Salzstocks vorhanden ist) wurden relativ hohe Fließgeschwindigkeiten von mehreren Dutzend Metern pro Jahr gemessen. Daraus wurden Fließzeiten zwischen 770 und 2540 Jahren von der Gorlebener Rinne bis zur Erdoberfläche errechnet. Derartig kurze Zeiten im Bereich von

maximal einigen tausend Jahren ergaben sich auch aus den Ergebnissen von Isotopenanalysen (mit Kohlenstoff-14) des Grundwassers direkt oberhalb der Salzstockoberfläche. Diese Zeiten sind kurz im Vergleich zu den Halbwertszeiten wichtiger Radionuklide; die radioaktiven Stoffe würden daher entgegen ursprünglichen Hoffnungen nicht bis zum weitgehenden Zerfall auf ihrem Weg ins Grundwasser festgehalten.

Darüber hinaus wurde in diesen Wässern mehrfach Tritium (Halbwertszeit 12,3 Jahre) nachgewiesen, das in Grundwässern auch natürlich vorkommt. Normalerweise können jedoch Tiefenwässer, die seit Jahrhunderten oder Jahrtausenden abgeschlossen sind, keine nachweisbaren Tritiumkonzentrationen mehr enthalten. Der Fund von Tritium in den Tiefenwässern der Gorlebener Rinne bedeutet also, daß es Fließwege gibt, auf denen Wasser binnen etwa hundert Jahren von der Erdoberfläche bis zur Salzstockoberfläche gelangen kann. Die Zeitspanne für den Weg der dann kontaminierten Wässer an die Erdoberfläche zurück kann also auch nicht viel größer sein. Dies bedeutet insgesamt, daß Radionuklide binnen relativ kurzer Zeiten von der Salzstockoberfläche an die Erdoberfläche gelangen können.

Eine weitere Hiobsbotschft war der Nachweis von Wassereinwirkungen bis tief in den Salzstock hinein. Der Nachweis ist möglich, da sich ein in Salzstöcken vorhandenes Mineral, der Carnallit, unter Einfluß von Wasser verändert. Auf diese Weise konnte das Eindringen von Wasser, vermutlich vor etwa 400 000 Jahren, 140 bis 170 Meter unterhalb der Oberkante des Salzstocks — des Salzspiegels — bewiesen werden. Damit schrumpft der reale Sicherheitsabstand an nichtwasserführendem Gestein zwischen dem Endlagerbereich und möglichen grundwasserführenden Schichten im Salzstock an dieser Stelle auf 400 Meter. Das sind nur noch hundert Meter mehr als der geplante minimale Sicherheitsabstand. Die Existenz weiterer solcher Stellen ist zu erwarten, da vergleichbare Verhältnisse am Salzspiegel, die das Eindringen möglich gemacht haben, an drei verschiedenen Strängen mit jeweils mindestens vier Kilometern Länge auftreten. Dort könnten sogar noch geringere Sicherheitsabstände vorliegen, so daß es notwendig werden könnte, die Oberkante des Endlagerbereichs tiefer zu legen. Ein nochmals verringertes Endlagervolumen wäre die Folge.

Zudem ist damit, zusätzlich zum bereits erwähnten Wassereinbruch über den Hauptanhydrit, eine weitere Möglichkeit für Wassereinbrüche durch den Carnallitit in den Endlagerbereich gegeben.
In der Zusammenfassung der bisherigen Untersuchungsergebnisse kann dem Deckgebirge infolge der vorhandenen Wasserwegsamkeiten keine Barrierenwirksamkeit zugeschrieben werden. Die Rückhaltung der endgelagerten Radionuklide kann sich also nur noch auf die Eigenschaften des Salzstocks selbst und auf die im Grubengebäude zu errichtenden technischen Barrieren (zum Beispiel Dämme) stützen. Auch den einzulagernden Abfallgebinden ist wegen ihrer geringen Standfestigkeit gegen Salzlaugen keine wesentliche Barrierenwirkung zuzuschreiben. Damit ist man vom ursprünglich verfolgten Mehrbarrierenkonzept (Abfallmatrix und -behälter, Salzstock, Deckgebirge) de facto abgekommen und zu einem Einbarrierenkonzept übergegangen. Die Wirksamkeit der verbliebenen Barriere Salzstock ist allerdings mit wachsendem Kenntnisstand auch immer fragwürdiger geworden. Durch die Entdeckung möglicher Wasserwegsamkeiten müssen Transportwege in den Endlagerbereich hinein und auch wieder heraus befürchtet werden. Über diese Wege kann es zu Freisetzungen mit erheblichen Auswirkungen für die gesamte Region kommen.
Bei unvoreingenommener Wertung dieser Ergebnisse kann man von einer Eignung des Salzstockes Gorleben als Endlager vernünftigerweise nicht mehr sprechen. Es ist schwer nachvollziehbar, daß in dieser Situation der Standort Gorleben nicht aufgegeben wird und keine anderen Standorte gesucht werden.

6. Wackersdorf — Rangierbahnhof für Atommüll

In der Bundesrepublik hat die Wiederaufarbeitung von Brennelementen schon immer Vorrang gehabt. Zunächst wurde sie in Mol (Belgien), dann in Karlsruhe, in La Hague (Frankreich) und Windscale/Sellafield (Großbritannien) vorgenommen. Später sollte eine große deutsche Anlage alle einheimischen Brennelemente »entsorgen«. Der von den Regierungschefs von Bund und Ländern formulierte »Entsorgungsvorsorgenachweis« fordert, neben dem Nachweis des Verbleibs der abgebrannten Brennelemente für jeweils sechs Jahre im voraus, Fortschritte bei der Verwirklichung des »Integrierten Entsorgungskonzepts« und die möglichst zügige Errichtung einer Wiederaufarbeitungsanlage. Demgegenüber war die direkte Endlagerung, das heißt die Endlagerung ohne vorherige Wiederaufarbeitung, immer ein Stiefkind der bundesdeutschen Entsorgungspolitik.
Durch jahrelange Propaganda und die Verbreitung unzutreffender Behauptungen existieren hinsichtlich der Wiederaufarbeitung eine Menge falscher Vorstellungen. So werden die gefährlicheren der radioaktiven Stoffe durch die Wiederaufarbeitung nicht etwa abgetrennt und wiederverwertet, sondern sie müssen weiterhin zwischen- und später endgelagert werden. Auch ihre Lagerung wird nicht unproblematischer. Im Gegenteil: Der größte Teil der radioaktiven Stoffe fällt als Flüssigkeit an, die — selbst nach ihrer Verglasung — für eine Endlagerung weniger geeignet ist als die ursprünglichen Brennelemente. Durch die vielen Verarbeitungsschritte wird außerdem das Volumen der zu beseitigenden Abfälle wesentlich größer.
Die Anlagen, die normalerweise als Wiederaufarbeitungsanlagen bezeichnet werden, können sehr unterschiedlich sein. Der Grund dafür liegt in den vielen weiteren Anlagen, die ein Wiederaufarbeitungskomplex für die Behandlung und Lagerung der ra-

dioaktiven Abfälle benötigt. Daher sind in eine Betrachtung der von einer solchen Anlage ausgehenden Gefährdung alle neben dem eigentlichen Wiederaufarbeitungsteil noch vorhandenen Anlagen zur Behandlung und Lagerung einzubeziehen.
Zur Beurteilung eines Wiederaufarbeitungskomplexes ist nicht nur die Betrachtung der Betriebszeit für die reine Wiederaufarbeitungsanlage von maximal dreißig oder vierzig Jahren von Bedeutung. Es sind vielmehr auch die Abfallager zu berücksichtigen, in denen Abfälle auch dann noch aufbewahrt werden müssen, wenn die Wiederaufarbeitung selbst bereits eingestellt ist. Die Nutzung des Geländes und die von ihm ausgehende Gefahr erstrecken sich damit bis an die hundert Jahre in die Zukunft.
Trotz dieser offenkundigen Schwächen wird im »Entsorgungsbericht« der Bundesregierung von 1988 die Wiederaufarbeitung nach wie vor als »unverändert unverzichtbarer Bestandteil des Entsorgungskonzepts« bezeichnet.
Die eigentliche Wiederaufarbeitungsanlage dient der Trennung von Uran und Plutonium von den Spaltprodukten. Uran, Plutonium und Spaltprodukte sind im »Brennstoff« enthalten, der von »Hüllrohren« umgeben ist (»Brennstäbe«) und zu »Brennelementen« gebündelt wird. Je nach Reaktortyp werden etwa 50 bis 300 Brennstäbe zu einem Brennelement zusammengefaßt. Der Durchmesser eines Brennstabs beträgt üblicherweise etwa einen Zentimeter, ein Stab ist mehr als vier Meter lang.
Die Brennelemente müssen vor der Wiederaufarbeitung zunächst in ihre einzelnen Brennstäbe zerlegt werden. Diese werden anschließend in etwa zwei bis fünf Zentimeter lange Stücke zerschnitten. Die Stücke fallen über einen Trichter in den sogenannten Auflöser, und dort wird in siedender Salpetersäure der enthaltene Brennstoff aufgelöst.
Als Folge des Zerschneidens und Auflösens werden die gasförmigen und flüchtigen Spaltprodukte als Gase oder staubförmige und in feinen Tröpfchen vorliegende Partikel frei. Vollständig freigesetzt wird zum Beispiel das radioaktive Isotop Krypton-85 des Edelgases Krypton. Sehr leicht wird auch Jod freigesetzt, weniger leicht beispielsweise Plutonium. Ein Teil der freigesetzten radioaktiven Stoffe kann in den Filtern des Auflöserabgassystems zurückgehalten werden.
Bei der Auflösung werden die Brennstabhülsen, die im Reaktor

ebenfalls radioaktiv geworden sind, von der Salpetersäure nicht angegriffen. Deshalb bleiben Hülsenstücke als radioaktiver Abfall zurück.
Die entstehende Brennstofflösung wird durch Filtern und Zentrifugieren von unlöslichen Rückständen befreit und in einem sogenannten Puffertank gelagert. Der dabei anfallende Schlamm ist ebenfalls radioaktiver Abfall.
Im nächsten Schritt der Wiederaufarbeitung erfolgt die Trennung von Uran, Plutonium und radioaktiven Abfällen. Dazu wird der PUREX(Plutonium and Uranium Extraction)-Prozeß benutzt. Als Extraktionsmittel wird ein Gemisch aus 30 Prozent Tributylphosphat (TBP) und 70 Prozent Kerosin, dem bekannten Flugzeugtreibstoff, verwendet. Tributylphosphat bildet mit Uran und Plutonium einen »Komplex«. Mit Hilfe dieser chemischen Verbindung können die beiden Schwermetalle aus der salpetersauren Lösung extrahiert werden. Die Mischung aus Kerosin und Tributylphosphat wird auch als organisches Lösungsmittel bezeichnet. Die Extraktion erfordert eine gründliche Vermischung der salpetersauren Lösung mit dem organischen Lösungsmittel. Wenn sich die beiden Flüssigkeiten wieder trennen, sind Uran und Plutonium im wesentlichen im organischen Lösungsmittel gebunden, während die radioaktiven Abfälle sich nach wie vor in der salpetersauren Lösung befinden.
Im ersten Extraktionsschritt gerät jedoch mit dem Uran und Plutonium auch ein kleiner Teil der Spaltprodukte in den Produktstrom, das heißt in den Uran- und Plutoniumstrom. Diese sollen durch eine Wäsche mit Salpetersäure wieder entfernt werden. Da neben den Spaltprodukten auch Uran und Plutonium teilweise ausgewaschen werden, führt man die Lösungen mehrmals im Kreis.
Uran und Plutonium sind nun noch nicht voneinander getrennt. Dies geschieht in der nächsten Stufe, in der das Plutonium aus dem organischen Lösungsmittel wieder in eine — nun spaltproduktfreie — salpetersaure Lösung überführt wird. Das Uran bleibt dabei im organischen Lösungsmittel zurück.
Da Uran und Plutonium trotz wiederholten Waschens nicht wirklich sauber von den Spaltprodukten getrennt werden können, schließen sich für diese Stoffe noch zwei Reinigungszyklen, die sogenannte Feinreinigung, an.

Die großen Mengen der bei Auflösung und Extraktion verwendeten Chemikalien werden im Kreis geführt. Nach einer gewissen Zeit sind sie aber den radioaktiven Abfällen zuzurechnen und müssen als solche weiterbehandelt und gelagert werden.
Bei der Wiederaufarbeitung entsteht also neben den offiziellen Produktströmen Uran, Plutonium und der hochradioaktiven Abfallösung eine Vielzahl von hoch-, mittel- und schwachaktiven Abfällen. Aus 500 Tonnen durchgesetzten Brennelementen — dem geplanten Jahresdurchsatz der Wackersdorfer Anlage — werden 5,7 Tonnen Plutonium und 460 Tonnen Uran abgetrennt. Übrig bleiben bis zu 15 000 Kubikmeter radioaktive Abfälle. Außerdem werden radioaktive Abgase und Abwässer frei.
Wie in jeder anderen chemischen Anlage auch, sind an den vielen Behältern, Rohrleitungen, Rührwerken, Ventilen etc. häufig Reparaturen notwendig. Wegen der hohen Strahlung der Apparaturen ist aber ein Eingreifen von Hand ausgeschlossen. Eingriffe und Reparaturen können daher normalerweise nur nach einer gründlichen und sehr zeitaufwendigen Dekontamination vorgenommen werden. In der kleinen Wiederaufarbeitungsanlage in Karlsruhe hat zum Beispiel der Austausch eines durchgerosteten Auflösers wegen der umfangreichen Dekontaminationsarbeiten insgesamt fast zweieinhalb Jahre gedauert.
Diese Schwierigkeit soll in Wackersdorf umgangen werden, indem Eingriffe komplett fernbedient ermöglicht werden sollen. Das Zauberwort heißt FEMO und steht für Fernbedienbare Modultechnik. Allerdings bringt diese Technik neue Probleme mit sich. Die Apparaturen müssen in Modulgestellen eingebaut werden, und die Verbindungen der einzelnen Module dürfen nicht, wie üblich, geschweißt sein, sie müssen vielmehr mit lösbaren Flanschen verbunden werden. Die vielen lösbaren Verbindungen und Dichtungsringe werden aber zu einer erhöhten Undichtigkeit und damit zu einer erhöhten Freisetzung radioaktiver Stoffe beitragen. Eine lückenlose Kontrolle mit automatischen Kameras zur Aufspürung von Leckagen wird nicht möglich sein.
Die Gefährlichkeit einer Wiederaufarbeitungsanlage beruht im wesentlichen auf der Menge der in ihr enthaltenen radioaktiven Stoffe. Alleine im Eingangslager würden in Wackersdorf mehr als 10^{19} Becquerel liegen, in den Abfallagern nach einigen Jahren mehr als das Zehnfache. Durch den Reaktorunfall in Tscherno-

byl sind über der Bundesrepublik insgesamt etwas mehr als 10^{14} Becquerel an Cäsium-137 niedergegangen, in der Wackersdorfer Anlage kann das Zehntausendfache dieser Menge lagern. Die in einem Monat im Auflöser durchgesetzte Menge radioaktiver Stoffe würde etwa 10^{18} Becquerel enthalten, die in einem Jahr durchgesetzte Menge etwa 10^{19} Becquerel.

Aus diesen Zahlen ist ersichtlich, wie effektiv die Rückhaltung der radioaktiven Stoffe sein müßte, um gravierende Auswirkungen auf die Umgebung zu vermeiden. Bereits Freisetzungen im Promillebereich hätten katastrophale Folgen. Die Rückhaltung muß also um viele Größenordnungen besser sein.

Eine hundertprozentige Rückhaltung ist aber auch im Normalbetrieb nicht zu erreichen. Grundsätzlich ist das Austreten radioaktiver Stoffe auf drei Wegen möglich: durch Leckagen in den Untergrund, über Abgas und Abluft sowie über das Abwasser.

Durch Leckagen aus Apparaturen, durch die Bodenwannen und durch das Gebäude hindurch gelangen radioaktive Stoffe in den Untergrund und damit in das Grundwasser, denn die Anlage kann aus technischen Gründen nie absolut dicht sein. Leckagen in das Grundwasser sind ein langwieriger Prozeß, der auch nach der Stillegung der Anlage andauern würde. Dies ist insbesondere für den Standort bei Wackersdorf wichtig, da er innerhalb eines bedeutenden Trinkwasserreservoirs — der Bodenwöhrer Senke — liegt.

Die Verbindungsleitungen der einzelnen Module sind besondere Schwachstellen des von der DWK vorgesehenen FEMO-Konzepts, da sie anfällig für Undichtigkeiten sind. Austretende radioaktive Flüssigkeit gelangt dann auch an Bereiche der Stahlauskleidung der FEMO-Zellen, wo Risse oder andere Undichtigkeiten, beispielsweise durch Korrosion, bereits vorhanden sind oder durch die herabtropfende Flüssigkeit erzeugt werden. Durch die Stahlauskleidung hindurch kann die radioaktive Flüssigkeit auf den Beton der Fundamentplatte sickern. Diese Grundplatte kann durch Risse oder an Dehnfugen undicht sein, so daß die Flüssigkeit dann in den Untergrund gelangt.

Die Grundwasserabdichtung, die das Fundament von außen umschließen soll, hat in einem solchen Fall keine Rückhaltewirkung, wenn sie in der Bauausführung nicht einwandfrei gefertigt wurde. Fehler dieser Art sind bei Großbauten in der Vergangen-

heit aber schon öfter bekannt geworden. Reparaturen der Grundwasserabdichtung sind technisch nicht möglich.
Die Freisetzung dauert an, bis aus den Rissen, Ritzen und Poren des Betons keine radioaktiven Stoffe mehr in den Untergrund übertreten. Ein — möglicherweise nur kurzfristiger — Störfall kann so zu einer Dauerbelastung des Grundwassers über sehr lange Zeiträume führen.
Von seiten der Betreiber wird immer wieder betont, daß die Wackersdorfer Anlage in einem vom Rest der Bodenwöhrer Senke durch Wasserscheiden abgeschlossenen Gebiet errichtet werden solle. Aus den Daten des durchgeführten hydrologischen Untersuchungsprogramms ergibt sich dies aber nicht. Vielmehr wurde bei genauerer Untersuchung deutlich, daß die von Betreiberseite unterstellten, deutlich getrennten Grundwasserstockwerke unterhalb der Anlage nicht vorliegen können und daß von undurchlässigen Wasserscheiden nicht ausgegangen werden kann. Die aufgrund theoretischer Untersuchungen unterstellten Wasserscheiden beruhen auf einer Fehlinterpretation von Meßergebnissen und sind in einem Fall sogar darauf zurückzuführen, daß die Lage einer Bohrung in den Unterlagen um einige hundert Meter verschoben wurde. Die radioaktiven Stoffe werden sich, wenn sie in das Grundwasser vorgedrungen sind, daher auch weiter ausbreiten.
Leckagen radioaktiver Flüssigkeiten mit Kontaminationen im Untergrund sind in der Vergangenheit im übrigen schon öfter in Wiederaufarbeitungsanlagen vorgekommen.
Neben den Freisetzungen in den Untergrund sind aber mit Leckagen auch höhere radioaktive Abgaben mit der Abluft verbunden. Gelangt radioaktive Lösung durch eine Leckage in eine Zelle des Gebäudes, so werden aus dem radioaktiven See durch Verdunstung und Verdampfen radioaktive Aerosole frei. Auch durch Verspritzen und Herabtropfen entstehen radioaktive Aerosole. Die damit radioaktiv verseuchte Luft gelangt entweder über die Abluftanlage und den Kamin oder über andere Gebäudeöffnungen nach draußen.
Der zweite Weg, auf dem radioaktive Stoffe aus der Anlage in die Umgebung kommen, führt über die Abgase und das Abwasser. Hier sind Freisetzungen schon im Normalbetrieb unvermeidbar und von der DWK daher auch beantragt.

Eine wichtige Quelle für radioaktive Abgase ist das Zerschneiden und Auflösen der Brennstäbe, bei dem radioaktive Edelgase freigesetzt werden. Mit der herkömmlichen Filtertechnik können diese Edelgase — relevant ist das Krypton-85 mit einer Halbwertszeit von etwa zehn Jahren — nicht zurückgehalten werden. Deshalb hat die DWK beantragt, daß in Wackersdorf sämtliche radioaktiven Edelgase mit der Abluft in die Umgebung geleitet werden dürfen.
Im Hinblick auf die Strahlenbelastung in der Umgebung der geplanten Wiederaufarbeitungsanlage ist zunächst das leichtflüchtige Jod-129 zu nennen. Es darf hinsichtlich seiner Halbwertszeit nicht mit dem Jod-131, das durch den Unfall in Tschernobyl bekannt wurde, verwechselt werden. Während das Jod-131 aus Tschernobyl eine Halbwertszeit von etwa acht Tagen hat und daher innerhalb weniger Monate durch radioaktiven Zerfall praktisch wieder verschwunden war, beträgt die Halbwertszeit des Jod-129 15,7 Millionen Jahre. Jod-129 wird sich daher im Laufe des geplanten jahrzehntelangen Betriebs in der Umgebung nur ansammeln, es wird aber nicht wieder verschwinden.
Die gefährlichen Eigenschaften des Jod-131 weist aber auch das Jod-129 auf: Es erzeugt Krebs, wenn es in den Körper gelangt. Es wird von Pflanzen relativ gut aufgenommen, von Kühen mit den Pfanzen verzehrt und über die Milch ausgeschieden. Bei der Aufnahme in den menschlichen Körper reichert es sich in der strahlensensiblen Schilddrüse an. Durch seine lange Halbwertszeit ist die Strahlenbelastung durch Jod-129, bezogen auf ein Becquerel, sehr viel größer als beim Jod-131.
Mit den zu erwartenden Abgaben von Jod-129 über die Abluft werden in Wackersdorf die Dosisgrenzwerte der Strahlenschutzverordnung nur schwer einzuhalten sein. Die DWK muß daher eine nahezu vollständige Rückhaltung des Jods in der Anlage behaupten. Das Herausfiltern von Jod aus der Abluft ist aber schwierig. Die Effektivität hängt zum Beispiel sehr stark davon ab, wie weit das Jod vor seiner Freisetzung im Wiederaufarbeitungsprozeß verschleppt wird.
Weiterhin hat die DWK beantragt, in Wackersdorf jährlich 7,9 Milliarden Becquerel Strontium-90, 13 Milliarden Becquerel Cäsium-137 und 15 Millionen Becquerel Plutonium-239 über verschiedene Kamine in die Umgebung abzugeben. Strontium-90

und Plutonium-239 werden nach der Aufnahme in den menschlichen Körper in die Knochen, Plutonium ebenso in die Leber eingelagert. Dort führen sie über Jahrzehnte zu Strahlenbelastungen. Das Einatmen eines einzigen Becquerel Plutonium-239 genügt zum Beispiel zur Überschreitung der von der Strahlenschutzverordnung für die Bevölkerung zugelassenen jährlichen Knochendosis.

Um auch bei den hohen Radioaktivitätsabgaben einer Wiederaufarbeitungsanlage die Dosisgrenzwerte der Strahlenschutzverordnung zumindest rechnerisch einzuhalten, wurden bereits für die vor der Wackersdorfer Anlage geplanten Wiederaufarbeitungsanlagen — zum Beispiel in Gorleben — bis zu 400 Meter hohe Kamine geplant. Bei anderen deutschen Atomanlagen sind die Kamine höchstens halb so hoch.

Die Grenzwerteinhaltung über die Kaminhöhe ist möglich, da die Strahlenschutzverordnung nur die Strahlenbelastung einer Einzelperson begrenzt. Bei einem hohen Kamin wird die Radioaktivität räumlich weiter und damit auch auf eine größere Anzahl von Personen verteilt. Während die Belastung einer Einzelperson dann geringer wird, bleibt die Gesamtbelastung der Bevölkerung etwa gleich. Entsprechend unverändert bleibt die Anzahl der zu erwartenden Folgeschäden. Sie wird nur auf eine größere Zahl von Personen aufgeteilt.

In Wackersorf hat man sich mittlerweile entschlossen, die Kaminhöhe auf 200 Meter zu reduzieren. Statt dessen wird mit anderen rechnerischen Tricks versucht zu zeigen, daß die Dosisgrenzwerte einzuhalten seien.

Die Abgaben von radioaktiven Stoffen über das Abwasser sollen bei der Wackersdorfer Anlage, verglichen mit den Abgaben über deren Kamine, gering sein. Ein Vergleich mit den Wiederaufarbeitungsanlagen in La Hague und Windscale/Sellafield zeigt, daß die DWK für Wackersdorf relativ niedrige Abgaben radioaktiver Stoffe mit dem Abwasser beantragt hat. In Wackersdorf sollen die Abwässer aber auch in die Naab, einen Fluß mit recht geringer Wasserführung, eingeleitet werden, während in La Hague und Windscale/Sellafield das Meer die radioaktiven Abwässer aufnimmt. Es bleibt abzuwarten, ob die DWK beim Betrieb der Anlage die beantragten Werte auch tatsächlich einhalten kann. Positive Erfahrungen mit entsprechender Rückhalte-

technik liegen jedenfalls aus den anderen großen europäischen Wiederaufarbeitungsanlagen nicht vor.
Auch durch Unfälle wie beispielsweise nukleare Kettenreaktionen, Brände oder Explosionen werden radioaktive Stoffe — in noch größerem Umfang als beim normalen Betrieb — in die Umgebung freigesetzt. Das Unfallrisiko kann in der Anlage aufgrund ihrer Funktionsweise und ihrer Konstruktion nicht vermieden werden.
Ein wesentlicher Unfallfaktor ist das »menschliche Versagen«. Für die Steuerung und Überwachung der komplizierten Prozesse in der Wiederaufarbeitung sind menschliche Eingriffe unentbehrlich. Fehler oder Fehleinschätzungen des Bedienungspersonals sind daher, neben rein technischen Ursachen, als Auslöser für Unfälle wahrscheinlich. Aus der bisherigen Betriebserfahrung mit den Anlagen läßt sich der Einfluß von menschlichen Fehlern auf Eintritt und Ablauf von Unfällen gut nachweisen. So sind nukleare Kettenreaktionen besonders häufig von Fehlhandlungen wie Weiterbetrieb der Anlage ohne funktionsfähige Überwachungsinstrumente, verspätete oder vergessene Probenentnahmen beziehungsweise Analysen, Ignorieren von Vorschriften oder Hektik bei Betriebsschwierigkeiten ausgelöst worden.
Eine Wiederaufarbeitungsanlage soll spaltbares Material — Uran und Plutonium — aus einem Gemisch abtrennen. Dabei treten in Teilströmen notwendigerweise spaltbare Stoffe in gereinigter und konzentrierter Form auf. Wenn eine bestimmte Menge (»kritische Masse«) Plutonium oder Uran auf engem Raum zusammengebracht wird, kann eine nukleare Kettenreaktion (»Kritikalität«) eintreten. Solche Kettenreaktionen laufen ungeregelt bei der Explosion einer Atombombe und in geregelter Weise in einem Atomkraftwerk ab. Wenn also zum Beispiel die Plutoniumkonzentration in einer Lösung zu groß wird oder zuviel plutoniumhaltige Lösung in einen Behälter gefüllt wird, ist eine nukleare Kettenreaktion die Folge. Bei ihr wird eine hohe Energie in Form von Explosionswirkung, Wärme und Strahlung frei. Die direkte Strahlung allein kann schon Personen in der Nähe töten. Durch die Kernspaltung werden außerdem viele flüchtige und gasförmige Spaltprodukte gebildet, die in die Umgebung gelangen können und dort Folgeschäden anrichten. Die Explosi-

onswirkung kann schließlich zur Zerstörung der betroffenen Apparatur führen, und durch gleichzeitige Beschädigungen an Gebäuden können radioaktive Stoffe schnell ins Freie gelangen. Die Explosion kann bei der Kritikalität die Wirkung einer Handgranate oder auch die Wirkung einer konventionellen Bombe haben.

Eine Kritikalität ist ein typischer Unfall für eine Wiederaufarbeitungsanlage. Auf vielfältige Weise wird daher versucht, einen solchen Unfall zu verhindern. So werden beispielsweise Behälter so dimensioniert, daß eine »kritische Masse« in sie nicht eingefüllt werden kann. In Lagerpositionen werden die Abstände so vorgeschrieben, daß eine Kettenreaktion nicht möglich sein soll. In der Vergangenheit hat es aber dennoch in einigen Fällen nukleare Kettenreaktionen in Wiederaufarbeitungsanlagen gegeben. Seit den fünfziger Jahren sind acht solcher Fälle bekannt. Sie sind beim Umfüllen von Flüssigkeiten in — durch ihr Volumen und ihre Form — nicht kritikalitätssichere Behälter eingetreten, oder sie waren die Folge vorangegangener Betriebsstörungen: So ist zum Beispiel bei einer Leckage ausgetretene Flüssigkeit einmal anschließend in einen nicht kritikalitätssicheren Behälter gepumpt worden.

Eine weitere Unfallgefahr stellen Brände dar. Der Trennprozeß von Uran, Plutonium und Spaltprodukten wird mit einem Gemisch aus Tributylphosphat und Kerosin durchgeführt. Dieses organische Lösungsmittel ist brennbar, und seine Dämpfe sind explosiv. Bei einem Lösungsmittelbrand werden die in der Lösung enthaltenen radioaktiven Stoffe freigesetzt. Sie gelangen dann, besonders bei gleichzeitiger Beschädigung der Filteranlage, in die Umgebung. Darüber hinaus kann der Brand auf weitere Apparaturen und Bereiche der Anlage übergreifen.

Ein weiteres gut brennbares Material sind die bei der Auflösung als Abfall übrigbleibenden Hülsen und die Schlämme aus der Filterung und Zentrifugierung der Auflöserlösung. Sie bestehen aus Zircaloy, einer Zirkoniumlegierung. Da auf ihnen immer noch Reste des Brennstoffs haften, die Strahlung und Wärme aussenden, können sie sich auch selbst auf ihre Entzündungstemperatur erhitzen. Entzünden sie sich, so brennen sie durch ihren Zirkoniumgehalt ähnlich gut wie Magnesiumfackeln. Die Zircaloystücke müssen daher zur Kühlung immer unter Wasser gelagert werden. Entfällt die Überdeckung mit Wasser, so heizen sie sich bis zur Selbstentzündung auf. Trotz der Sicherheitsmaßnahmen ist es beispielsweise im August 1984 in der Versuchswiederaufarbeitungsanlage Karlsruhe zu einem solchen Brand gekommen.

Im Jahr 1980 fiel durch einen Brand in der Wiederaufarbeitungsanlage in La Hague die gesamte Stromversorgung aus. Mit viel Mühe konnte sie so schnell wiederhergestellt werden, daß der Ausfall von Kühlungseinrichtungen zu keinen erheblichen Freisetzungen in die Umgebung führte.

Eine weitere Unfallkategorie sind Explosionen. Explosionen sind unter anderem durch Reaktion von Wasserstoff mit dem Sauerstoff der Luft (»Knallgasexplosion«) möglich, da sich in Wiederaufarbeitungsanlagen Wasserstoff bildet. Durch Einwirkung der radioaktiven Strahlung auf die wäßrigen und organischen radioaktiven Flüssigkeiten werden Zersetzungsreaktionen ausgelöst. Durch diesen Vorgang, die sogenannte Radiolyse, entsteht Wasserstoff. Kommt es in einem Behälter zu einer genügend hohen Wasserstoffkonzentration, so kann eine Explosion den Behälter zerstören und seinen radioaktiven Inhalt freisetzen. Auch Folgewirkungen auf benachbarte Apparate sind möglich. Zur Verhinderung von Wasserstoffexplosionen müssen die gefährdeten Behälter dauernd mit Luft gespült werden, um die Wasserstoffkonzentration gering zu halten. Ein Ausfall dieser Spülluft kann bei bestimmten Behältern binnen weniger als einer Stunde ein explosionsfähiges Gemisch entstehen lassen.

Eine Explosionsgefahr geht außerdem von einer als Red-Oil bezeichneten schweren, öligen und rötlichen Flüssigkeit aus. Sie bildet sich unter den Bedingungen des Wiederaufarbeitungsprozesses aus Salpetersäure, Tributylphosphat und Uran oder Plutonium und kann sich bei höheren Temperaturen spontan explosionsartig zersetzen. Ihre Entstehungsbedingungen und genaue Zusammensetzung sind trotz langjähriger Forschung noch nicht bekannt. Die Auswirkungen sind ähnlich wie bei einer Wasserstoffexplosion. Und schließlich stellen die bereits erwähnten Dämpfe des verwendeten organischen Lösungsmittels eine weitere Möglichkeit für Explosionen in Wiederaufarbeitungsanlagen dar.

Ein häufig vernachlässigter Beitrag zur Gefährdung von Wiederaufarbeitungsanlagen sind Krieg und Sabotage sowie die Abhängigkeit von stabilen gesellschaftlichen Verhältnissen. Auch der Physiker und Philosoph Carl Friedrich v. Weizsäcker rät vom Bau der Wiederaufarbeitungsanlage in Wackersdorf ab, solange ein Kriegsrisiko besteht. Die gesamte Anlage ist zu ihrer Sicherheit auf Ressourcen wie ausgebildetes Personal und ausreichende Finanzmittel und auf eine stetige Versorgung mit Energie, Ersatzteilen und Verbrauchsmaterial angewiesen. All dies mag unter den heutigen gesellschaftlichen Bedingungen vorhanden sein; ob das in Krisensituationen auch noch gewährleistet werden kann, ist zumindest zweifelhaft.
Nachdem wir die eigentliche Wiederaufarbeitungsanlage und ihre Risiken näher betrachtet haben, wollen wir uns nun den anderen, in Wackersdorf noch geplanten Anlagen zuwenden.
Im Gegensatz zur ehemaligen Wiederaufarbeitungsanlage in Mol, der Wiederaufarbeitungsanlage in Karlsruhe und auch der Anlage in La Hague sind in Wackersdorf eine umfangreiche Weiterbehandlung und Lagerung der anfallenden Abfälle geplant. Der Wackersdorfer Anlagenkomplex schließt sogar eine Brennelementfabrik zur Weiterverarbeitung von Plutonium ein. Insgesamt sollen bei Wackersdorf mehr als ein Dutzend verschiedener Anlagen errichtet und betrieben werden.
Zum Wackersdorfer Anlagenkomplex zählt zunächst das bereits in Bau befindliche Brennelementeingangslager, in dem 420 Transport- und Lagerbehälter abgestellt werden sollen. Technisch entspricht es den Zwischenlagern für abgebrannte Brennelemente in Gorleben und Ahaus. Auch sein Fassungsvermögen ist das gleiche: Es beläuft sich auf 1500 Tonnen Brennstoff und entspricht damit dem 45fachen der Menge, die jährlich aus einem üblichen 1300-Megawatt-Reaktor entladen wird.
In diesem Eingangslager sollen die abgebrannten Brennelemente in Transportbehältern vom Typ CASTOR oder TN 1300 bis zu ihrer Wiederaufarbeitung gelagert werden. Die Kühlung der Behälter erfolgt durch Luft im Naturzug, das heißt ohne Zwangsluftführung. Daher können auch keine Filter zur Rückhaltung von radioaktiven Stoffen aus der Kühlluft verwendet werden. Als Barrieren gegen eine Freisetzung stehen nur die Brennelemente selber und die Behälter zur Verfügung.

Als weiteres Zwischenlager für abgebrannte Brennelemente schließt sich das sogenannte Brennelementbereitstellungslager an. Dieses Lager hat ein Fassungsvermögen von 200 Tonnen Brennstoff. Sein Zweck geht aus den von der DWK vorgelegten Unterlagen nicht eindeutig hervor. Vermutlich sollen darin Brennelemente in ihren Transport- oder Lagerbehältern hin- und hergeschoben werden, um geeignete Chargen für die Wiederaufarbeitung zusammenzustellen.

Die Lagerung abgebrannter Brennelemente stellt ein großes Gefahrenpotential dar. Durch die hohe Wärmeentwicklung treten im Innern der Behälter Temperaturen von über 400°C auf. Eine solche Temperatureinwirkung, insbesondere über einen langen Zeitraum, führt zu einer Beschädigung der Brennstäbe. Gasförmige radioaktive Stoffe werden dann innerhalb der Lagerbehälter freigesetzt.

Dadurch ist die Dichtigkeit der Behälter in Frage gestellt, denn die freigesetzten Stoffe sind teilweise chemisch sehr aggressiv. Sie können in Verbindung mit dem in den Behältern enthaltenen Wasserresten die Dichtungen der Behälter durch Korrosion zerstören. Verlieren die Behälter ihre Dichtigkeit, so werden die radioaktiven Gase in die Umgebung freigesetzt. Eine Undichtigkeit der Behälter kann auch infolge äußerer Einwirkungen wie Flugzeugabsturz, Erdbeben oder dem Absturz des Gebäudekrans auftreten.

Bereits ein verschwindend kleiner Bruchteil der radioaktiven Stoffe des Eingangslagers verursacht deutliche Strahlenbelastungen, wenn er in die Umgebung gelangen kann. Entweicht beispielsweise nur aus einem der insgesamt 420 Behälter ein Hundertstel des Gehalts an Jod-129, so sind die Dosisgrenzwerte der Strahlenschutzverordnung in der Umgebung der Anlage bereits überschritten.

Der Lagerung und Bereitstellung der abgebrannten Brennelemente schließt sich die eigentliche Wiederaufarbeitungsanlage an, die bereits oben näher beschrieben wurde. Sie soll in der Lage sein, jährlich 500 Tonnen Brennstoff aus den genannten Lagern für abgebrannte Brennelemente aufzuarbeiten. Technisch sind ihre Apparate allerdings so ausgelegt, daß auch ein Jahresdurchsatz von über 700 Tonnen Brennstoff erreicht werden kann.

Während das in der Wiederaufarbeitung abgetrennte Uran als

Uranylnitratlösung an nicht näher bezeichnete Weiterverarbeiter abgegeben werden soll, ist für die Weiterverarbeitung des Plutoniums zu neuen Brennelementen eine spezielle Fabrik auf dem Wackersdorfer Gelände beantragt. In dieser Fabrik sollen etwa 6,7 Tonnen Plutonium pro Jahr zu sogenannten Mischoxid(MOX)-Brennelementen verarbeitet werden. Technisch entspricht die Fabrik der Anlage der Alkem in Hanau, sie ist allerdings auf den knapp doppelten Durchsatz an Plutonium hin ausgelegt. Verarbeitet werden soll sowohl Plutonium aus der Wiederaufarbeitungsanlage Wackersdorf als auch von anderen Anlagen angeliefertes Plutonium.
Das in Wackersdorf abgetrennte Plutonium soll als Plutoniumnitratlösung in die Brennelementfabrik gelangen. Es muß dann mit Uranylnitratlösung gemischt werden, so daß mittels des Ammonium-Uranyl-Plutonyl-Carbonat(AUPuC)-Verfahrens Mischkristalle aus Plutonyl- und Uranylcarbonat ausgefällt werden können. Diese können dann im Kalzinator zu pulverförmigem Mischoxid kalziniert werden.
Für die Verarbeitung von angeliefertem Plutoniumdioxidpulver müssen Plutoniumdioxid- und Urandioxidpulver sehr fein miteinander vermahlen werden. Durch Zufügen von reinem Urandioxidpulver wird dann der Plutoniumgehalt auf etwa vier Prozent eingestellt. Aus diesem Pulver werden anschließend Tabletten gepreßt, die in einem Sinterofen gesintert werden. Die Tabletten werden in Hüllrohre gefüllt und bilden so die Brennstäbe, die dann zu MOX-Brennelementen gebündelt werden.
Zum Komplex der Brennelementfabrik zählen in der derzeitigen Planung auch mehrere große Plutoniumlager, in denen bis zu 8000 Liter Plutoniumnitratlösung mit einem Gehalt von zwei Tonnen Plutonium, Plutoniumoxidpulver mit bis zu 1,6 Tonnen Plutonium sowie fertige Brennelemente mit bis zu etwa 1,3 Tonnen Plutonium gelagert werden könnten. Die Fabrik soll jährlich über sechs Tonnen Plutonium durchsetzen.
Typische Unfälle in plutoniumverarbeitenden Fabriken sind Brände und nukleare Kettenreaktionen. Brände können im Produktionsprozeß auftreten, aber auch bei der Abfallagerung und -behandlung. In den festen brennbaren Abfällen aus der Brennstoffverarbeitung werden von der DWK jährlich 60 Gramm Plutonium erwartet. Wird bei einem Brand das Plutonium freige-

setzt, so genügt das Einatmen von weit weniger als einem Milliardstel dieser Menge, um eine unzulässige Strahlenbelastung hervorzurufen. Eine nukleare Kettenreaktion hat dieselben Folgen für Personen in der Anlage und in der Umgebung wie der entsprechende Unfall in der eigentlichen Wiederaufarbeitungsanlage. Auch die möglichen Ursachen sind ähnlich.

Neben der Brennelementfabrik sind eine Fülle von Weiterverabeitungsanlagen und Lagern für die radioaktiven Abfälle aus dem Wiederaufarbeitungsprozeß und aus der Plutoniumverarbeitung auf dem Wackersdorfer Gelände geplant. Die Lager sollen teilweise über sehr große Radioaktivitätsinventare verfügen. Auch in diesen weiteren Bestandteilen des Wackersdorfer Komplexes sind Stör- und Unfälle möglich.

Zur Weiterbehandlung der bei der Wiederaufarbeitung anfallenden hochradioaktiven salpetersauren Spaltproduktlösung sollen im Wackersdorfer Komplex zwei Verglasungsanlagen errichtet werden. Die Spaltproduktlösung soll in einem Verdampfer konzentriert und die Salpetersäure weitgehend aus ihr entfernt werden (Denitrierung). Die Verglasung selbst soll nach einem von der DWK in Mol derzeit erprobten Verfahren erfolgen. Dabei wird das Konzentrat zusammen mit Glaspulver in einem keramischen Ofen eingeschmolzen und schließlich in Behälter von 150 Litern Fassungsvermögen abgefüllt. Pro Jahr sollen auf diese Weise etwa 450 Behälter (»Glaskokillen«) erzeugt werden. Die produzierten Glaskokillen weisen eine starke Wärmeentwicklung auf. Diese bedingt, daß die Glaskokillen noch mindestens dreißig Jahre oberirdisch gelagert und gekühlt werden müssen, denn ein Endlager würde sich durch sie zu sehr aufheizen.

Von diesem Problem einmal abgesehen, ist das Einschmelzen der hochradioaktiven Stoffe in Glas allerdings keine sehr sinnvolle Behandlung. Glas ist naturgemäß sehr instabil. Das in der Römerzeit hergestellte Glas ist heute bereits trüb, teilweise kristallisiert und schon im Boden ausgelaugt. Flaschenscherben sind nach einem Jahr im Boden bereits so weit abgestumpft, daß die Gefahr einer Schnittverletzung gering geworden ist. Glas ist daher nicht geeignet, die radioaktiven Stoffe über mehrere Jahrhunderte einzuschließen.

Die mangelnde Eignung von Glas zeigt sich bereits bei der Verarbeitung: Durch die Wärme und die Strahlung der radioaktiven

Stoffe springt das Glas schon bei der Herstellung der Kokillen. Die DWK geht davon aus, daß durch die Rißbildung gleich nach der Verarbeitung eine Oberfläche der Glaskörper entsteht, die zwanzigmal größer ist als die geometrische Oberfläche aus Bodenteilen und Zylindermantel. Einerseits ist also Glas an sich nicht geeignet, andererseits sind die geplanten Herstellungsbedingungen der Glaskokillen nicht optimal.
Neben der Anlage zur Verglasung hochradioaktiver Abfälle sind in Wackersdorf auch Anlagen zur Behandlung mittelaktiver Abfälle geplant. In ihnen sollen Abfälle aus dem Wiederaufarbeitungsprozeß wie auch aus Atomkraftwerken angelieferte Abfälle chemisch und physikalisch weiterbehandelt (»konditioniert«) werden. Geplant ist die jährliche Behandlung von etwa 2000 Fässern mit je 400 Litern Inhalt.
Bei der Wiederaufarbeitung und Mischoxid-Brennelement-Herstellung und der Abfallbehandlung fallen aber auch große Mengen schwachradioaktiver Abfälle an. Um deren Volumen zu reduzieren, sind ebenfalls verschiedene Anlagen vorgesehen, unter anderem eine Pyrolyseanlage zur Behandlung organischer radioaktiver Abfälle, je eine Verbrennungsanlage für feste und für flüssige radioaktive Abfälle und eine Hochdruckverpressungsanlage. Diese Anlagen sollen pro Jahr insgesamt etwa 1200 große Behälter mit einem Volumen von bis zu 2400 Liter je Behälter mit radioaktiven Abfällen füllen. Anlagen, wie sie beispielsweise in Mol zur Abfallbehandlung betrieben werden, sollen also ebenfalls in Wackersorf errichtet werden.
In den Verbrennungsanlagen soll neben festen radioaktiven Abfällen auch das verbrauchte Gemisch aus Tributylphosphat und Kerosin verbrannt werden, das bei der Wiederaufarbeitung anfällt. In dieser Flüssigkeit sind aber auch Plutonium, Uran und radioaktive Spaltprodukte enthalten. Bei der Verbrennung gelangt ein Teil dieser Stoffe über den Kamin in die Umgebung. Wie bei den vom Prinzip her ähnlichen Sondermüllverbrennungsanlagen kann es zu zusätzlichen Störungen kommen, die mit explosionsartigen Freisetzungen verbunden sind.
Einer speziellen Behandlung sollen die tritiumhaltigen Abwässer unterliegen. Tritium ist ein Isotop des Wasserstoffs und wird daher auch in Wassermoleküle eingebaut (»tritiiertes Wasser«). Bei der Wiederaufarbeitung wird beim Auflösen des Brennstoffs

sehr viel Tritium frei und gelangt so in praktisch alle wäßrigen Flüssigkeiten. Aus diesen kann es auf chemischem Wege nicht abgetrennt werden. Die Menge dieser tritiumhaltigen Wässer soll sich auf etwa 1000 Kubikmeter pro Jahr belaufen. Sie sollen entweder an »geeigneten Standorten«, die bisher allerdings nicht bekannt sind, tief in den Boden verpreßt oder auf dem Wackersdorfer Gelände durch Zementieren verfestigt werden.
Die radioaktiven Abfälle sollen aber nicht nur in speziellen Anlagen behandelt, sondern auch sämtlich auf dem Gelände gelagert werden. Bei den verglasten Abfällen ist dies schon wegen der Wärmeproduktion erforderlich. Bei allen Abfällen ist aber darüber hinaus unklar, ob zum erforderlichen Zeitpunkt eine »Endlagerstätte« existieren wird. Die Errichtung mehrerer großer Abfallager ist daher unumgänglich.
Die Abfallager werden »Pufferlager« genannt. Im Glaskokillenlager sollen die verglasten hochradioaktiven Abfälle aus zunächst einem elfjährigen Betrieb mit dem Nenndurchsatz von 500 Tonnen im Jahr gelagert werden. Eine Verdopplung der Kapazität ist bereits vorgesehen. Das geplante Lager für konditionierte mittelaktive Abfälle soll für einen Betrieb von $2\frac{1}{2}$ Jahren (vorgesehen ist die Erweiterung auf zehn Jahre), das Lager für konditionierte schwachaktive Abfälle für einen Betrieb von $1\frac{1}{2}$ Jahren (Erweiterung auf sechs Jahre vorgesehen) und das eventuell zu errichtende Lager für zementierte tritiumhaltige Abwässer für einen Betrieb von $2\frac{1}{2}$ Jahren (Erweiterung auf $7\frac{1}{2}$ Jahre vorgesehen) Lagerkapazität bieten. Verzögert sich der Abtransport, ist mit der Errichtung weiterer Lager zu rechnen. Der Platz dafür ist von der DWK auf dem Wackersdorfer Gelände bereits freigehalten.
Weiterhin ist damit zu rechnen, daß ab 1993 aus der Wiederaufarbeitung im Ausland zurückgenommene verglaste Abfälle, die ebenfalls noch abklingen müssen, auf dem Wackersdorfer Gelände eingelagert werden. Deren Menge dürfte noch einmal derjenigen entsprechen, die durch einen siebenjährigen Betrieb der Wackersdorfer Wiederaufarbeitungsanlage produziert wird. In den Abfallagern und den beiden Eingangslagern würden gewaltige Mengen radioaktiver Stoffe gelagert werden, auch wenn die eigentliche Wiederaufarbeitungsanlage nicht planmäßig läuft oder bereits wieder stillgelegt ist. Die im Glaskokillenlager gela-

gerte Menge wird dem Inventar an radioaktiven Stoffen langer Halbwertszeit von bis zu etwa 70 beziehungsweise 140 Reaktoren entsprechen. Die Eingangslager werden maximal die gleiche Menge an abgebrannten Brennelementen enthalten, wie beim Betrieb von etwa 50 großen Leichtwasserreaktoren jährlich entladen werden. Insgesamt befindet sich damit der größte Teil der gesamten Radioaktivitätsmenge in den Lagern auf dem Gelände des Wiederaufarbeitungskomplexes.

Das Lager mit dem weitaus größten Radioaktivitätsinventar wäre dabei das Glaskokillenlager. Hier werden die radioaktiven Stoffe zwar in Glas eingegossen gelagert, sie können aber dennoch teilweise freigesetzt werden. Das wesentliche Problem ist die Wärmeentwicklung der verglasten Abfälle. Da die Glasblöcke in Stahlbehältern in acht Lagen übereinandergestapelt werden sollen, heizen sie sich rasch auf und erreichen Temperaturen von mehr als 300 °C . Um eine unzulässige Aufheizung zu verhindern, muß das Lager gekühlt werden, indem Luft von außen, über einen Filter angesaugt, auf gewundenen Wegen durch die Lagerhalle geleitet und über einen Kamin wieder in die Umgebung abgegeben wird.

Die Filter für die angesaugte Luft müssen etwa alle zwei Wochen gewechselt werden, da ihr Durchsatz dann durch Verstopfung zu sehr eingeschränkt ist. Werden die Filter nicht rechtzeitig gewechselt, so heizt sich das Gebäude so weit auf, daß ein Wechsel gar nicht mehr möglich ist. Die Glaskokillen können sich dann bis auf Temperaturen aufheizen, bei denen radioaktive Stoffe nicht mehr im Glas zurückgehalten werden.

Insgesamt ist festzustellen, daß viele der genannten Einrichtungen und Anlagen auch für Material benutzt werden können, das nicht bei der Wiederaufarbeitung in Wackersdorf anfällt, sondern von außerhalb angeliefert wird. Die Abfallager könnten zur Lagerung von Atommüll aus Kernkraftwerken dienen oder zur Lagerung des Mülls, der in den neunziger Jahren aus Frankreich zurückgenommen werden muß. Auch die verschiedenen Konditionierungsanlagen können für die Behandlung von Atommüll von außerhalb eingesetzt werden. Schon jetzt ist die Lagerung und Behandlung von Strukturteilen aus dem Reaktorkern von Atomkraftwerken auf dem Wackersdorfer Gelände beantragt.

Selbst wenn also die Wackersdorfer Wiederaufarbeitungsanlage

nicht den angestrebten Brennelementdurchsatz erreichen sollte, können die Anlagen zur Abfallbehandlung und -lagerung ausgenutzt werden. Einige Anlagen haben sogar dann noch freie Kapazitäten, wenn der geplante Durchsatz der Wiederaufarbeitungsanlage erreicht würde. Die Verbrennung radioaktiver Abfälle ist beispielsweise für jährlich 3600 Stunden vorgesehen. Da das Jahr 8760 Stunden hat, können trotz gelegentlicher Wartungsarbeiten auch Abfälle von außerhalb verbrannt werden.
Die Anlage in Wackersdorf soll also über die reine Wiederaufarbeitung von abgebrannten Brennelementen hinaus eine Vielzahl von Aufgaben in der Atomwirtschaft übernehmen. Sie hat die Funktion eines Rangierbahnhofs, auf dem die Abfallströme aus verschiedenen Anlagen zusammenlaufen, neu zusammengestellt und sortiert werden, eine Weile auf einem Abstellgleis warten und schließlich in verschiedene Richtungen wieder davonrollen.
In den Eingangslagern wird radioaktives Inventar langer Halbwertszeit angesammelt sein, das etwa jenem von 23 großen Atomkraftwerken entspricht. Im Glaskokillenlager wird das entsprechende Inventar von etwa 70 beziehungsweise 140 solcher Reaktoren lagern. Die allein im Eingangslager vorhandene Menge an Cäsium-137 ist mit mehr als 10^{18} Becquerel über hundertmal so groß wie die beim Unfall von Tschernobyl freigewordene Menge, die wahrscheinlich etwas mehr als 10^{16} Becquerel betragen hat und von der etwa ein Hundertstel über der Bundesrepublik niedergegangen sein dürfte.
Es wird also zu einer gefährlichen Anhäufung von großen Mengen radioaktiver Stoffe kommen. Die damit verbundenen Gefahren sind wesentlich größer und vielschichtiger, als dies bei einer reinen Wiederaufarbeitungsanlage, wie beispielsweise der kleinen Versuchsanlage in Karlsruhe, der Fall ist.
Die Dimensionierung des Wackersdorfer Komplexes hat sicherlich auch etwas mit dem Drang zur Perfektion zu tun: Wenn schon eine Anlage in die Landschaft gestellt wird, dann soll sie auch alles können, was mit ihrem Zweck in irgendeinem Zusammenhang steht. Aber es gibt noch weitere Gründe, die die Massierung vieler Anlagen an einem Ort attraktiv machen. Politikern kann man den gesamten Anlagenkomplex als »Integriertes Entsorgungskonzept« verkaufen und damit vergessen machen, daß die eigentliche Entsorgung ohne ein Endlager völlig in der

Luft hängt. Das wurde besonders wichtig, nachdem das Nukleare Entsorgungszentrum (von den Politikern auch »Integriertes Entsorgungszentrum« genannt) abgelehnt worden war. Nun kam dieselbe Sache in leicht veränderter Verpackung als »Integriertes Entsorgungskonzept« wieder in die Planung. Der rege Gebrauch dieses Begriffs im politischen Raum zeigt, daß die Rechnung zunächst aufgegangen ist.
Für die Betreiber hat die Konzentration der Anlagen bei Wackersdorf den weiteren Vorteil, daß sie die unangenehme öffentliche Auseinandersetzung nur einmal durchstehen müssen. Es stellt sich allerdings mit Blick auf die Verfahren auf den verschiedenen Rechtsgrundlagen — vom Baurecht bis zum Atomrecht — die Frage, ob sie sich damit nicht zu viel zugetraut haben. Wenn sie aber nicht einmal das Genehmigungsverfahren in den Griff bekommen, wie wollen sie dann später diese extrem gefährliche Anlage unter Beachtung aller für den Schutz von Beschäftigten und Bevölkerung geschaffenen Vorschriften ordnungsgemäß betreiben?
Angesichts des enormen Gefährdungspotentials bleibt die Kernfrage, warum eine solche Anlage überhaupt geplant wurde.

7. Die WAA-Geschichte

Die Liste der technischen Schwierigkeiten bei der Wiederaufarbeitung und der Probleme mit der Sicherheit von Wiederaufarbeitungsanlagen ist lang. Das war natürlich auch den Planern der Wiederaufarbeitungsanlage bekannt, und deshalb wäre zu erwarten gewesen, daß die Planung sehr sorgfältig und mit entsprechend langen Fristen durchgeführt werden würde. Die Wahl der technischen Verfahren für die einzelnen Schritte der Wiederaufarbeitung und ihre Umsetzung in die apparative Ausstattung hätten, ebenso wie die Wahl des Standorts für eine solche Anlage, nach einer sorgfältigen Abwägung aller Einflußfaktoren auf die Sicherheit entschieden werden müssen. Aber es kam anders.
Die erste WAA in der Bundesrepublik, die kleine Versuchswiederaufarbeitungsanlage Karlsruhe (WAK), ging im September 1971 in Betrieb. Das Kernforschungszentrum Karlsruhe ist bis heute formal Eigentümer dieser Anlage. Sie wurde von der chemischen Industrie geplant und ursprünglich von einer gemeinsamen Tochtergesellschaft der Chemiefirmen Hoechst, Gelsenberg und Nukem — der Gesellschaft zur Wiederaufarbeitung von Kernbrennstoffen mbH (GWK) — betrieben. Die GWK wurde Anfang der achtziger Jahre von der Deutschen Gesellschaft zur Wiederaufarbeitung von Kernbrennstoffen mbH (DWK) aufgekauft. Maßgeblich dafür waren zwei Gründe: der Rückzug der Chemieindustrie aus der Wiederaufarbeitung und der Wunsch der DWK, sich »langjährige Betriebserfahrung« zu erwerben.
Die WAK sollte als Pilotanlage für die großtechnische Wiederaufarbeitung dienen. Sie kann mit einem Durchsatz von maximal 35 Tonnen Brennelementen pro Jahr rein rechnerisch im günstigsten Fall die jährliche Entladung an abgebrannten Brennelementen aus einem einzigen großen Leichtwasserreaktor verarbeiten.

Eine große Wiederaufarbeitungsanlage aber war das eigentliche Ziel der Planer. Sie sollte von der Firma Kernbrennstoff-Wiederaufarbeitungs-Gesellschaft mbH (KEWA) geplant, gebaut und betrieben werden; so jedenfalls war es noch 1975 von allen Beteiligten vorgesehen. Auch die KEWA war eine Gründung der chemischen Industrie: Bayer, Hoechst, Gelsenberg und Nukem waren die Gesellschafter. Die Chemieindustrie wandte sich aber von der Entwicklung ab. Die KEWA wurde schon wenige Jahre später als Planungsgesellschaft von der DWK aufgekauft und blieb von da an bedeutungslos.
Seit 1974 untersuchte die KEWA mögliche Standorte für das »Nukleare Entsorgungszentrum«, zunächst im gesamten Bundesgebiet. Dieses Zentrum sollte ein großes Lager für abgebrannte Brennelemente, eine Wiederaufarbeitungsanlage mit einem Durchsatz von 1400 Tonnen pro Jahr, eine MOX-Brennelementfabrik, ein Endlager in einem Salzstock und die erforderlichen Hilfsanlagen umfassen.
Im Laufe des Jahres 1975 konzentrierte sich die Standortsuche auf das Bundesland Niedersachsen. Die von den Planungen betroffene Bevölkerung wurde zunächst nicht darüber informiert, was Techniker und Politiker mit ihren Dörfern vorhatten. Anfang 1976 wurden drei Standorte bekannt, an denen genauere Untersuchungen stattfanden: Wippingen im Kreis Aschendorf-Hümmling (Emsland), Unterlüß in der südlichen Lüneburger Heide und Lichtenmoor bei Nienburg. An allen drei vorgeschlagenen Standorten entwickelte sich ein heftiger örtlicher Widerstand. Er wurde von den kommunalen Entscheidungsgremien wie der örtlichen Bevölkerung — insbesondere den Landwirten — gestützt.
In Wippingen waren schon 1975 unter dem Vorwand der Suche nach Erdöl und Erdgas erste Probebohrungen durchgeführt worden. Erst im Januar 1976 wurde der Bevölkerung klar, daß es in Wahrheit um die Lagerung von Atommüll ging. Es gab spontanen Protest. Im Februar 1976 blockierten einheimische Bauern die angerückten Bohrfahrzeuge. Die Bohrungen mußten nach kurzer Zeit endgültig abgebrochen werden. Als der niedersächsische Ministerpräsident Albrecht Ende November 1976 zu Besuch kam, wurde er von den Bauern aus der Gegend mit einem Demonstrationszug von 800 Traktoren empfangen.

Der Widerstand konnte sich auf ein breites Bündnis aus Lokalpolitikern, örtlichen Parteien und dem Landvolkverband stützen. Auch der Kreistag Aschendorf-Hümmling votierte einstimmig gegen das geplante Entsorgungszentrum. Sehr schnell bildete sich eine Bürgerinitiative. Sie war mit 1700 Mitgliedern damals eine der größten Antiatom-Initiativen in der Bundesrepublik.
In Unterlüß wurden die Pläne im Frühjahr 1976 durch eine Rundfunksendung und eine Informationsveranstaltung des Bundesforschungsministeriums, der KEWA und der Atomkraftwerkbetreiber bekannt. Im Mai gründete sich eine örtliche Bürgerinitiative, die eine rege Informationstätigkeit entfaltete. In kurzer Zeit kamen etwa 15 000 Unterschriften gegen die Pläne zusammen. Eine erste Probebohrung blieb noch unbehindert, aber schon der zweite Versuch mußte abgebrochen werden, nachdem Tausende von Menschen aus der Gegend vor die Bohrstelle gezogen waren. Die örtlichen Initiativen blieben auch nach dem Abbruch der Bohrungen aktiv; sie sorgten später für die ersten Informationsveranstaltungen für die Bevölkerung in Gorleben.
In Lichtenmoor gab es schon vor der offiziellen Standortbekanntgabe Aktionen, nachdem Gerüchte durchgesickert waren. Auch hier entstand schnell eine Bürgerinitiative. Als Mitte 1976 Vermessungen auf dem vorgesehenen Gelände stattfinden sollten, wurden sie durch Blockaden verhindert. Kurz danach bauten Gegner der geplanten Anlage in der Nachbarschaft ein »Wachlager«, das bis zum Winter aufrechterhalten wurde. Als später »Bohrungen nach Grundwasser« in der Gegend durchgeführt werden sollten, zogen auch sie das Mißtrauen der Bürgerinitiative auf sich und mußten ebenfalls nach wenigen Tagen abgebrochen werden.
Unter dem Druck der örtlichen Bevölkerung mußte die niedersächsische Landesregierung 1977 die drei Standorte aufgeben. Gegen den Willen der Bundesregierung, die die ursprünglichen Standorte aus technischen Gründen für geeigneter hielt, benannte die Landesregierung im Februar 1977 Gorleben im abgelegenen Landkreis Lüchow-Dannenberg als neuen Standort für das »Nukleare Entsorgungszentrum«. Dort hoffte sie auf ruhigere Verhältnisse und geringere Probleme mit der Bevölkerung.
In Gorleben trat erstmals die Firma auf, die in Zukunft die Wie-

deraufarbeitungsplanung weiterbetreiben wird: die »Deutsche Gesellschaft zur Wiederaufarbeitung von Kernbrennstoffen mit beschränkter Haftung«, abgekürzt DWK. Sie war eine Neugründung der zwölf Stromerzeuger, die im Atomstromgeschäft engagiert waren. Die DWK übernahm die Antragstellung und die volle Verantwortung für die Weiterführung der Planungen; die Chemieindustrietochter KEWA war nur noch für Ingenieursarbeiten »im Auftrag« tätig.
Inzwischen war die Realisierung des »Nuklearen Entsorgungszentrums« längst zu einer Frage der nationalen Politik geworden. Parteitage der Bonner Regierungsparteien SPD und FDP zerstritten sich über die Frage der Atomenergie, insbesondere über die Entsorgung und über den Standort Gorleben. Auch innerhalb des Deutschen Gewerkschaftsbundes rumorte es; ein wesentlicher Punkt der Auseinandersetzung war die Frage der Sicherheit der geplanten großen Wiederaufarbeitungsanlage.
Aber auch in Gorleben und im Landkreis Lüchow-Dannenberg formierte sich sehr schnell der Widerstand, in dem sich auch ein Teil der örtlichen Honoratioren und der Kommunalpolitiker engagierte. Schon kurz nach der Standortbekanntgabe organisierte die Bürgerinitiative Lüchow-Dannenberg im März 1977 eine große Demonstration mit 15000 Teilnehmern auf dem Baugelände.
Unter dem Druck der wachsenden Auseinandersetzung wurde ein Vorschlag des Grafen Bernsdorff aus dem Landkreis Lüchow-Dannenberg vom niedersächsischen Ministerpräsidenten Albrecht aufgegriffen. In einem bislang einmaligen Verfahren wurde einer Gruppe von internationalen und nationalen Kritikern der Anlage von der Landesregierung der Auftrag erteilt, eine sicherheitstechnische Bewertung der Anlagen des Nuklearen Entsorgungszentrums durchzuführen. Die Ergebnisse wurden in einer umfangreichen Studie — der »Gorleben International Rewiew« — veröffentlicht.
Durch diese Untersuchung geriet das gesamte Anlagenkonzept — vom Eingangslager bis zum Endlager im Salzstock — ins wissenschaftliche Kreuzfeuer. Besonders umstritten waren die vorgesehenen Lagerbecken für die abgebrannten Brennelemente, die zur Wasserkühlung erforderlich waren und die 3000 Tonnen fassen sollten. Ein weiterer Schwerpunkt der Diskussion waren die großen Lagertanks für die konzentrierte hochradioaktive

Abfallflüssigkeit mit 7000 Kubikmetern Fassungsvermögen. Auch die Lagertanks bedurften laufender Kühlung. In beiden Lagern sollten ungeheure Mengen radioaktiver Stoffe gelagert werden; die geplante Menge entsprach insgesamt dem langlebigen radioaktiven Inventar von knapp 100 Atomkraftwerken. Bei einem Ausfall der Kühlung hätten sich die gelagerten Brennelemente oder die Abfallösungen innerhalb weniger Tage so erhitzt, daß das noch vorhandene Kühlwasser verdampft wäre. Ähnlich wie bei einer Kernschmelze in einem Atomkraftwerk wären die radioaktiven Stoffe dann in die Umgebung freigesetzt worden. Berechnungen ergaben, daß die Freisetzungen über viele Hunderte von Kilometern hinweg zu extrem hohen Strahlenbelastungen führen würden. Alle betroffenen Gebiete wären nach einem solchen Unfall auf Dauer unbewohnbar.
Die erarbeiteten Studien der »Gorleben International Review« sollten auf einem mehrtägigen Hearing vorgestellt und mit den Planern des Nuklearen Entsorgungszentrums — die dazu eine Gruppe von Befürwortern, »Gegenkritiker« genannt, zusammenstellten — diskutiert werden.
Die Anhörung, später Gorleben-Hearing genannt, fand vom 28. März bis 3. April 1979 auf dem Messegelände in der Landeshauptstadt Hannover statt. Am zweiten Tag der Anhörung ereignete sich im amerikanischen Atomkraftwerk Three Mile Island II bei Harrisburg ein Unfall, der zu einer Kernschmelze führte. Der bis dahin von den Atombefürwortern für unwahrscheinlich und hypothetisch erklärte Fall war Realität geworden. In Hannover steigerte die Meldung vom Unfall die ohnehin vorhandene Spannung bis zur Hektik. Kritiker wie Befürworter versuchten, über Telefon die neuesten Nachrichten aus den USA zu bekommen. Weil in Three Mile Island die Verhältnisse erst nach einigen Tagen so weit unter Kontrolle waren, daß eine katastrophale Freisetzung von Radioaktivität vorerst ausgeschlossen werden konnte, blieb die Atmosphäre gespannt. Zeitweise war das Interesse an den Ereignissen in den USA weit größer als das Interesse am eigentlichen Thema der Anhörung.
Wie üblich wollten die »Gegenkritiker« mit dem Abwehrargument antreten, daß katastrophale Ereignisse wie der Kühlungsausfall extrem unwahrscheinlich seien. Unter den gegebenen Umständen hätte das nicht gerade einleuchtend geklungen. Ei-

ner der »Gegenkritiker«, Walter Schüller, Geschäftsführer der Wiederaufarbeitungsanlage Karlsruhe, baute deshalb noch während des Hearings eine neue Verteidigungslinie auf. Er gab am dritten Tag freimütig zu, daß eine Anlage mit diesem Katastrophenpotential weder sicherheitstechnisch noch politisch vertretbar sei. Man könne aber darauf verzichten, das radioaktive Material in dieser Form zu lagern. Die Brennelemente könnten auch in trockenen Behältern gelagert werden, die keine spezielle Wasserkühlung benötigten. Auf die riesigen Lagertanks für die radioaktive Abfallflüssigkeit könne bei einer Änderung der Betriebsweise ohnehin verzichtet werden.

Dieser überraschende technische Schwenk war nicht Schüllers ureigenste Erfindung: Er bezog sich ausdrücklich auf ausgearbeitete Pläne aus den Schubladen der Atomindustrie. Damit hatte Schüller öffentlich Abstand genommen von der technischen Konzeption des Nuklearen Entsorgungszentrums und war seinen Kollegen in den Rücken gefallen. Entsprechend heftig waren deren Reaktionen. Eine Flut von Dementis ergoß sich über die erstaunte Öffentlichkeit.

Ministerpräsident Albrecht hatte allerdings Herrn Schüller sehr genau zugehört und den Ausweg erkannt, der sich ihm bot. Albrecht stand unter starkem öffentlichem Druck. Ausgehend von einem Treck Gorlebener Bauern in die Landeshauptstadt, waren zum Abschluß des Gorleben-Hearings 150 000 Menschen gegen seine Pläne in Hannover auf die Straße gegangen; diese Demonstration war die bis dahin größte gegen die Atomenergie.

Sechs Wochen später nahm Albrecht in seiner Regierungserklärung vom 16.5.1979 genau jene Punkte, die Schüller angesprochen hatte, wieder auf:

»Die Landesregierung ist deshalb nicht bereit, das Konzept der DWK in seiner jetzigen Fassung zu genehmigen. Sie besteht darauf, daß das Eingangslager für abgebrannte Brennelemente inhärent, d.h. in sich selbst, sicher gemacht wird, so daß die Kühlung nicht vom Funktionieren technischer Apparaturen oder von menschlicher Zuverlässigkeit abhängt. Sie besteht auch darauf, daß hochradioaktive Abfälle in flüssiger Form im Normalbetrieb nicht gelagert werden und eventuelle Puffertanks inhärent sicher gemacht werden... «

Mit der zusätzlichen Feststellung von Albrecht, »daß die politi-

schen Voraussetzungen für die Errichtung einer Wiederaufarbeitungsanlage, zur Zeit wenigstens, nicht gegeben sind«, war das Nukleare Entsorgungszentrum Gorleben gestorben. Lediglich die Planungen für das Endlager im Salzstock liefen weiter.
Nach dem Aus für das Nukleare Entsorgungszentrum Gorleben mußten dringend neue Standorte gefunden werden. Andernfalls drohte die Stillegung von Atomkraftwerken, für die der geforderte Nachweis der Entsorgungsvorsorge nicht mehr geführt werden konnte. Von nun an kamen für die Wiederaufarbeitungsanlage auch Standorte in Frage, bei denen keine Endlagerung möglich war. Allerdings hatte Albrecht »immerhin« die Pläne für ein Zwischenlager (technisch gleichwertig mit dem Eingangslager) und für ein Endlager in Gorleben akzeptiert.
Es begann eine hektische Suche, die beeinflußt wurde vom Gegensatz zwischen CDU-Landesregierungen und der SPD-geführten Bundesregierung. Denn die Bundesregierung unter Helmut Schmidt stand nach der Ablehnung des CDU-regierten Niedersachsens ohne Entsorgung für die von ihr gesponsorten Atomkraftwerke da. SPD-geführte Länder mußten in die Pflicht genommen werden.
1980 erklärte sich Hessen unter Ministerpräsident Börner bereit, eine Wiederaufarbeitungsanlage aufzunehmen. Sie sollte allerdings nur ein Viertel des Durchsatzes des Nuklearen Entsorgungszentrums haben und mit einem Eingangslager nach dem von Schüller vorgeschlagenen Trockenlagerkonzept sowie nur »kleinen« Lagertanks für hochradioaktive flüssige Abfälle ausgestattet werden. In einem bisher nicht dagewesenen Standortpoker standen insgesamt elf hessische Orte zur Debatte.
Es begann mit Volkmarsen, einem Ort in Nordhessen, nahe der westfälischen Grenze. Nach der Kommunalwahl 1980, die der Liste der Gegner der Wiederaufarbeitungsanlage über 40 Prozent der Stimmen brachte, war Volkmarsen wieder vom Tisch. Als nächstes kam im Frühjahr 1981 das kleine Dorf Diemelstadt-Wethen an die Reihe, einige Kilometer nördlich von Volkmarsen gelegen. Bereits im Sommer gab die Landesregierung den Standort wieder auf — mit der offiziellen Begründung, die geologische Stabilität der Standortregion sei nicht gegeben. Die für August geplante Großdemonstration konnte zur Siegesfeier umfunktioniert werden.

Danach war die Situation wieder etwas offener; zu dieser Zeit waren unter anderem Standorte bei Heringen an der Grenze zur DDR, in der Rabenau zwischen Gießen und Marburg, bei Frankenberg, nördlich von Marburg, und in Mehrenberg bei Weilburg/Lahn im Gespräch. Alle Standorte lagen in Nord- oder Mittelhessen, wo die SPD sichere Mehrheiten hatte. Die regionalen SPD-Gliederungen galten als konservativ.
Von der Landesregierung wurden schließlich zwei Alternativen weiterverfolgt: Mehrenberg und Frankenberg-Wangershausen. Da der Widerstand um Frankenberg zunächst etwas geringer erschien, wurde Wangershausen Anfang 1983 als der hessische Standort festgelegt.
In dieser Zeit wurde auch das benachbarte CDU-geführte Rheinland-Pfalz aktiv. Aus ursprünglich drei Standorten wählte die dortige Landesregierung schließlich Hambuch-Illerich bei Kaisersesch aus. Wie immer formierte sich auch dort umgehend eine starke Bürgerinitiative. Die »WAA in Rheinland-Pfalz« sollte jedoch nur eine Episode bleiben, die wohl eher den Sinn hatte, auf das SPD-Land Hessen Druck auszuüben.
Bereits 1980 gab es die ersten Hinweise auf Planungen für eine bayrische Wiederaufarbeitungsanlage. Schon damals war auch der Raum Schwandorf im Gespräch. Von seiten des Freistaats wurden diese Absichten bestritten. Erst nach und nach, im Laufe des Jahres 1981, kam die Staatsregierung um ein Eingeständnis nicht mehr herum. Im Jahre 1982 stellte dann die DWK den offiziellen Antrag für das Zentrum im Taxöldener Forst bei Wackersdorf.
Schon im Laufe des Jahres 1982 spielte Niedersachsen beim Standortpoker wieder mit. Albrecht hatte der DWK in Dragahn, Kreis Lüchow-Dannenberg (etwa 30 Kilometer westlich von Gorleben), das Gelände einer ehemaligen Munitionsfabrik angeboten. Sein öffentliches Versprechen gegenüber den dortigen Bürgern und Bürgerinnen, in ihrem Landkreis keine Wiederaufarbeitungsanlage mehr bauen zu wollen, hielt also gerade zwei Jahre. Gegen Ende des Jahres stellte die DWK auch für Dragahn einen offiziellen Genehmigungsantrag. Damit konkurrierten nun die Regierungen von vier Bundesländern um die nationale Wiederaufarbeitungsanlage.
Die tatsächlichen Planungen der Betreiberfirma DWK konzen-

trierten sich zwischen 1980 und 1982 zunächst auf Hessen. Es wurde ein neues Anlagenkonzept erstellt, das den Wünschen der hessischen Landesregierung nach einer kleineren Anlage in der »Schüller-Version« Rechnung trug. Die Beschreibung dieser Anlage stand im Entwurf des Sicherheitsberichts. Zur Bearbeitung dieser Unterlagen vergrößerte die Landesregierung die atomrechtliche Genehmigungsbehörde erheblich, und sie beauftragte den TÜV Baden mit der Begutachtung der Pläne. Gleichzeitig bemühte sich die Landesregierung, den Widerstand an den beiden Standorten der »engeren Auswahl« durch Angebote zur »Bürgerbeteiligung« zu befrieden. Die »Bürgerbeteiligung« sollte sich aber nur auf eine Mitsprache bei der Gestaltung der Anlage beschränken. Die grundsätzliche Infragestellung des Projekts war in diesem Rahmen nicht möglich. Deswegen und unter dem Eindruck der Börnerschen Betonpolitik an der Startbahn West des Frankfurter Flughafens mußten solche Versuche jedoch kläglich scheitern. Die Bürgerinitiativen verzichteten auf die »Bürgerbeteiligung«. Ähnlich starker Widerstand wie an der umstrittenen Startbahn West zeichnete sich ab.
Im Herbst 1982 änderten sich die politischen Verhältnisse: Die FDP wechselte im Bund zur CDU über, die christliberale Koalition begann. Für die kurz darauf anstehenden hessischen Landtagswahlen hatten sich die bisher mit der SPD regierenden Freidemokraten ebenfalls auf den Koalitionspartner CDU festgelegt. Das Ergebnis der Landtagswahlen war die — allerdings rein rechnerische — rot-grüne Mehrheit.
Der amtierende Ministerpräsident Börner mußte nun nicht mehr für seinen Bundeskanzler Schmidt die Kastanien aus dem Feuer holen. Rücksicht auf den möglichen Partner Grüne war geboten, und außerdem konnte sich die Landesregierung neben der Startbahn West keinen weiteren Brennpunkt mit massiven Auseinandersetzungen leisten. Die Wiederaufarbeitungspläne wurden nicht weiterverfolgt; Antrag und Unterlagen wurden Ende 1982 offiziell zurückgezogen. Gleichzeitig wurden auch die jetzt nicht mehr notwendigen Pläne in Rheinland-Pfalz aufgegeben.
Nach diesem Rückzug verblieben der DWK die Standorte Schwandorf und Dragahn. Die Entscheidung zwischen diesen Alternativen sollte sich als sehr schwierig erweisen. Doch bevor wir diese Entwicklung weiterverfolgen, rücken wir eine andere

Entwicklung ins Blickfeld: Die ständigen Veränderungen der Standortplanungen waren nämlich begleitet von fortwährenden Änderungen des technischen Konzepts und der baulichen Planungen.

Mit dem Verdikt Albrechts und den Forderungen der hessischen Landesregierung nach einer Verkleinerung waren die für Gorleben erstellten Unterlagen unbrauchbar. Neue Anlagen mußten geplant werden.

Die »Hessen-Anlage« wurde zunächst auf einen Jahresdurchsatz von 350 Tonnen abgebrannter Brennelemente geschrumpft, das Eingangslager auf die Hälfte verkleinert und, entsprechend den Vorschlägen Schüllers, als Behältertrockenlager zu Papier gebracht. Die Lagertanks für hochradioaktive Abfallösungen waren von 7000 Kubikmeter auf insgesamt drei Tanks zu je 75 Kubikmeter drastisch verkleinert worden.

Die Brennelemente sollten, statt nur drei Jahre wie beim Gorleben-Konzept, nun mindestens sieben Jahre vor der Wiederaufarbeitung zwischengelagert werden, um die intensive Strahlung der radioaktiven Spaltprodukte etwas zu reduzieren. Dies war eine Reaktion auf die Betriebserfahrung der wenigen anderen Wiederaufarbeitungsanlagen, bei denen durch die hohen Konzentrationen an strahlenden Stoffen eine ganze Reihe technischer Probleme und Störungen aufgetreten waren.

Daß es zwischen der »Hessen-Anlage« und dem »Gorleben-Konzept« viele weitere Detailunterschiede bei den technischen Verfahren und dem Aufbau der einzelnen Apparate gab, lag nicht so sehr an der Verkleinerung der geplanten Anlage, sondern eher an der mangelnden Erfahrung der Konstrukteure. Nur das Prinzip des Gebäudeaufbaus wurde beibehalten. Die geplanten Gebäude waren in viele einzelne, durch dicke Betonwände getrennte Zellen mit jeweils einigen Apparaten aufgeteilt. Die Folgen dieser Bauweise sind lange Stillstandszeiten bei Reparaturen wegen der notwendigen Dekontaminationsarbeiten. Denn für Reparaturen müssen die Arbeiter direkt an die strahlenden Apparate geschickt werden. Ohne gründliche Dekontamination sind die Grenzwerte für die Strahlenbelastung der eingesetzten Arbeiter überhaupt nicht einzuhalten. Weil beim Betrieb eine Zelle nach der anderen durchlaufen wird, bedeutet eine Reparatur immer auch den Stillstand des Betriebs in vielen Zellen.

Eine Mischoxid-Brennelementfabrik war nicht Teil des Hessen-Konzepts. Statt dessen sollte das Plutonium nach Hanau zur Alkem gefahren und dort weiterverarbeitet werden. Auch eine längerfristige Lagerung der verfestigten schwach-, mittel- und hochaktiven Abfälle auf dem Gelände war nicht vorgesehen. Allerdings fehlte es an einer belastbaren Aussage über den Verbleib dieser beim Betrieb dauernd anfallenden strahlenden Materialien.

Die Pläne der »Hessen-Anlage« wurden zunächst praktisch unverändert für Bayern übernommen, ohne die Unterlagen auch nur auf den aktuellen Stand(ort) zu bringen. Noch 1984 fanden sich in den bayrischen Unterlagen deutliche hessische Spuren. So sollten die Abwässer aus der Anlage bei Wackersdorf in die Eder geleitet werden, die durch Frankenberg in Hessen fließt; als Wetterdaten wurden Werte angegeben, die in Fritzlar/Hessen gemessen worden waren.

Eine der ersten Änderungen mit weitreichenderen Auswirkungen war 1983 die Einführung des FEMO-Konzepts, das fernbediente Reparaturen zulassen sollte. Grund dafür war die gewünschte Verringerung der teuren Stillstandszeiten bei Reparaturen. Falls am defekten Anlagenteil nicht ferngesteuert repariert werden konnte, sollten die defekten Module vom Rest der Anlage gelöst und zur Reparatur mit einem Kran in einen Raum oberhalb der FEMO-Zellen transportiert werden. Doch mit dieser Modul-Konzeption sind andere Nachteile verbunden, zum Beispiel die erhöhte Gefahr von Leckagen in das Grundwasser. Das neue FEMO-Konzept verlangte wiederum eine komplette Neuplanung des Wiederaufarbeitungsgebäudes, und wegen der Zusammenfassung der Apparate zu Modulen mußten auch alle chemischen Anlagen neu konzipiert und berechnet werden. Die zweite völlige Neuplanung seit 1979!

Anläßlich dieser Planungsrevision wurde der vorgesehene Durchsatz der Anlage gleich von 350 Tonnen pro Jahr auf 500 Tonnen erhöht. Mit der von der DWK beibehaltenen Bezeichnung »WA-350« sollte allerdings die Vergrößerung Politikern und Journalisten noch lange verborgen bleiben. Und die 500 Tonnen gaben nicht mehr den Jahresdurchsatz an, sondern sie wären bereits nach 250 Tagen Vollast durchgesetzt.

Das »Bayern-Konzept« umfaßte wieder mehr Anlagen. Die

MOX-Brennelementfabrik zur Verarbeitung des angefallenen Plutoniums wurde erneut eingeführt. Die bayrische Landesregierung mußte ja auch keine Rücksicht auf hessische Arbeitsplätze beim MOX-Brennelement-Hersteller Alkem in Hanau nehmen.
Die neue Planung ging davon aus, daß die anfallenden schwach-, mittel- und hochaktiven Abfälle wohl — zumindest für längere Zeit — nicht vom Gelände wegtransportiert werden können. Endlager oder auswärtige Zwischenlager stehen ja ersichtlich nicht zur Verfügung. Deswegen wurden große Lagerhallen für diese Abfälle auf dem Gelände eingeplant, vorsorglich für den Müll aus neun bis zwanzig Betriebsjahren. Zudem wurde auf dem Gelände genügend Platz für zusätzliche Erweiterungen der Lager freigehalten.
Die neue Planversion wurde nahezu identisch für Wackersdorf und Dragahn bei den Genehmigungsbehörden des jeweiligen Bundeslandes eingereicht. Unterschiedlich war nur die Größe des Eingangslagers für abgebrannte Brennelemente. Hier waren für Dragahn statt 1500 Tonnen nur 500 Tonnen vorgesehen, vermutlich, weil das ansonsten baugleiche Zwischenlager Gorleben nur 30 Kilometer entfernt liegt. Beide Zeichnungssätze enthielten — auf dem anschließenden Gelände gestrichelt eingezeichnet — sogar ein komplettes zweites Zentrum mit einer weiteren Wiederaufarbeitungsanlage für 500 Tonnen Durchsatz als »spätere Erweiterungsmöglichkeit«.
Die DWK konnte mal wieder nicht die Unterlagen beider Standorte auseinanderhalten. Die im Herbst 1983 öffentlich ausgelegten Unterlagen für Dragahn enthielten die feierliche Versicherung, die Gebäude würden streng nach den Vorschriften der Bayerischen Bauordnung errichtet. Unter dem Spott der Öffentlichkeit mußte die Auslegung noch einmal von vorne beginnen, diesmal unter Bezug auf die Niedersächsische Bauordnung.
In Wackersdorf wurden die Unterlagen fast gleichzeitig öffentlich ausgelegt. Diesem in der atomrechtlichen Verfahrensverordnung vorgeschriebenen Schritt folgten im Frühjahr 1984 die erforderlichen Erörterungstermine mit den Einwendern und Einwenderinnen, sowohl im Norden wie auch im Süden. Bis zu diesem Schritt im Formalismus des Genehmigungsverfahrens war es bei den vorangegangenen Projekten nie gekommen. Die DWK

betrieb also das Verfahren an beiden Standorten mit gleicher Intensität. Sie konnte aber sicherlich nur eine Anlage bauen, entweder in Wackersdorf oder in Dragahn. Die spannende Frage war für Beteiligte auf allen Seiten: Welcher Standort wird's?
Für die DWK war dies aber zweitrangig, sie steckte in noch größeren Schwierigkeiten. Sie hatte an vielen Standorten versucht, Fuß zu fassen, und war in den meisten Fällen kläglich gescheitert. Sie war inzwischen bei der dritten grundlegend unterschiedlichen Version der Planungen, ohne zu wissen, ob diese überhaupt technisch »genehmigungsfähig« war. Eine positiv abgeschlossene Beurteilung durch eine Genehmigungsbehörde gab es nicht. Die fortwährenden Planungsänderungen hatten bereits Hunderte von Millionen Mark verschlungen. Für die Anteilseigner der DWK, die im Atomgeschäft engagierten Stromversorger, hatte die gemeinsame Tochter bisher nichts gebracht — außer Kosten und Imageverlusten. Kein Wunder, daß die Teilhaber der DWK Schwierigkeiten hatten, sich überhaupt positiv zugunsten des technischen, politischen und finanziellen Abenteuers Wiederaufarbeitungsanlage zu entscheiden.
Der Aufsichtsrat der DWK war lange Zeit nahezu beschlußunfähig, da sich drei etwa gleich starke Gruppen gegenseitig blockierten. Eine Gruppe plädierte für die weitere Wiederaufarbeitung in La Hague, da die Franzosen günstigere Preise boten, als eine deutsche Anlage hätte erzielen können. Eine zweite Fraktion trat ebenfalls aus Kostengründen für den Verzicht auf Wiederaufarbeitung und die — voraussichtlich billigere — direkte Endlagerung der abgebrannten Brennelemente als Entsorgungsstrategie ein. Die dritte Gruppe schließlich war für die möglichst schnelle Umsetzung der eigenen Pläne zur Errichtung einer WAA. Die erforderliche Grundsatzentscheidung pro oder contra Wiederaufarbeitung wurde von Aufsichtsratssitzung zu Aufsichtsratssitzung verschoben. Eine Entscheidung für einen Standort konnte natürlich erst recht nicht getroffen werden — ein Zustand, der auch noch Ende 1984 unverändert andauerte.
Indessen wurde die offene Konkurrenzsituation zwischen Bayern und Niedersachsen von den Machern der DWK dazu genutzt, möglichst hohe Subventionen und Vergünstigungen bei der Errichtung der notwendigen Infrastruktur durch die Landesregierungen herauszuschlagen. Die Manager der DWK hatten kein

Interesse, im sich andeutenden Strudel unterzugehen. Hohe Subventionen waren immerhin ein Erfolg, der dem skeptischen Aufsichtsrat vorgezeigt werden konnte.
Schließlich mußte die Bundesregierung eingreifen, die — wie alle ihre Vorgängerinnen — stets öffentlich der Ansicht »keine Entsorgung ohne Wiederaufarbeitung« gehuldigt hatte. Zur Kursfestlegung für die DWK nutzte sie die Ergebnisse des Projekts »Andere Entsorgungstechniken«, das Ende 1984 im Kernforschungszentrum Karlsruhe abgeschlossen wurde. Selbst das Kernforschungszentrum hatte in dieser Studie ermittelt, daß der Weg der »direkten Endlagerung« unter vielen Gesichtspunkten weniger ungünstig sei als der Weg der Endlagerung nach Wiederaufarbeitung.
Die Bundesregierung las jedoch das Gegenteil aus den Ergebnissen der Studie heraus. In einem Kabinettsbeschluß am 23.1.1985 wurde festgestellt, daß die zügige Errichtung einer deutschen Wiederaufarbeitungsanlage geboten sei. Eine direkte Endlagerung käme nur für Brennelemente aus Hochtemperaturreaktoren in Betracht, für die die Entwicklung eines Wiederaufarbeitungsverfahrens wirtschaftlich nicht vertretbar sei. Für die Leichtwasserreaktoren käme die direkte Endlagerung aber nicht in Frage.
Damit wurde den Stromversorgungsunternehmen deutlich gemacht, daß ohne einen baldigen Baubeschluß für eine Wiederaufarbeitungsanlage nach Auffassung der Bundesregierung die Entsorgung gemäß den Grundsätzen der Entsorgungsvorsorge nicht gesichert werden könne. Ohne diesen formalen Nachweis hätte der Weiterbetrieb der Atomkraftwerke von der Bundesregierung in Frage gestellt werden können.
Nur wenige Tage nach diesem Wink mit dem Zaunpfahl war der DWK-Aufsichtsrat plötzlich wieder entscheidungsfähig und legte am 4.2.1985 Wackersdorf als Standort für die Anlage fest. Gerüchten zufolge soll allerdings auch der Verkauf eines knappen Fünftels der Beteiligung des RWE an der verlustträchtigen DWK an das Bayernwerk zur Wiedergewinnung der Entscheidungsfähigkeit beigetragen haben.
Der Antrag für Dragahn wurde zurückgezogen. Nur noch Wackersdorf stand zur Weiterverfolgung an. Die DWK wartete sehnlichst auf die erste Teilgenehmigung. Davor aber steht im

formellen Gang des atomrechtlichen Genehmigungsverfahrens noch ein Gutachten des Technischen Überwachungs-Vereins, das sogenannte Konzeptgutachten, in dem alle vorgelegten Unterlagen geprüft werden. Die Gutachter müssen entscheiden, ob alle notwendigen Pläne und Beschreibungen vorhanden sind. Außerdem ist zu prüfen, ob die Anlage, wie sie in den vollständigen Unterlagen beschrieben ist, auch funktionsfähig ist und unter Einhaltung aller geltenden Vorschriften betrieben werden kann.
Der TÜV Bayern war im Sommer 1985 mit seinem Konzeptgutachten fertig. Für Techniker liest sich dieses Gutachten wie ein vollständiges Verwerfen der DWK-Planung. Zur Prüfung hatte der TÜV die Anlage unter verschiedenen Gesichtspunkten beurteilt, zum Beispiel Brandschutz, Kritikalitätssicherheit oder Funktionsfähigkeit der Anlagensteuerung.
In der Wertung der einzelnen Prüfkomplexe finden sich im TÜV-Gutachten eigentlich nur zwei Argumentationsmuster. Bei einem Teil der Prüfkomplexe stellte der TÜV Bayern fest, daß die vorliegenden Unterlagen nicht ausreichten, um eine Anlage danach zu konstruieren. Bei einem anderen Teil kam er zu dem Ergebnis, daß die Unterlagen so fehlerhaft seien, daß die Anlage so nicht konstruiert werden könne. Beispielsweise seien viele Brandschutzvorschriften nicht eingehalten. Bei den Berechnungen zur Kritikalitätssicherheit seien der DWK Fehler unterlaufen, die die Rechnungen unbrauchbar machten. Im Bereich der Anlagensteuerung mußte der TÜV gar feststellen, daß es mit dem vorgesehenen Konzept nicht möglich sei, bei Störfällen zu erkennen, was in der Anlage vorgehe.
Eigentlich wäre bei diesem Sachverhalt zu erwarten gewesen, daß der TÜV in seiner Gesamtbeurteilung die Anlage für nicht genehmigungsfähig erklärt hätte. Statt dessen schloß der TÜV jede seiner Mängelrügen mit der Bemerkung, die Anlage wäre dann genehmigungsfähig, wenn man die entsprechenden Vorschriften einhalten oder nach den entsprechenden Richtlinien vorgehen würde. Bei diesem völlig ungewöhnlichen Stil der Bewertung überraschte es nicht, daß in der Zusammenfassung des Gutachtens nicht mehr von den vielen Mängeln die Rede war. Vielmehr wurde pauschal festgestellt, das Konzept der Anlage sei bei Beachtung und Einhaltung der gültigen Regeln prinzipiell in Ordnung.

Abgestützt auf dieses Konzeptgutachten, erteilte das Bayerische Staatsministerium für Landesentwicklung und Umweltfragen im September 1985 die erste Teilerrichtungsgenehmigung für den Anlagenkomplex in Wackersdorf. Die Teilerrichtungsgenehmigung umfaßte unter anderem die Errichtung des Zaunes und des Eingangslagers sowie die Aushebung der Baugrube für das Hauptprozeßgebäude — jenes Gebäude, in dem die eigentliche Wiederaufarbeitung stattfinden soll.
Die DWK begann sofort mit den Bauarbeiten im Taxöldener Forst. Die weiteren Detailplanungen für die Anlagen kamen allerdings nicht so recht voran.
Die breite Öffentlichkeit erfuhr von den neuerlichen Schwierigkeiten nichts. Erst im März 1987 waren die ersten Auswirkungen zu bemerken. Die DWK zog — für Außenstehende völlig überraschend — den Antrag für einen Teil ihrer Genehmigung zurück; sie verzichtete auf die Erlaubnis zum Aushub der Baugrube für das Hauptprozeßgebäude. Das Umweltministerium mußte gezwungenermaßen einen »Teilrücknahmebescheid« erlassen, ein Novum in der Geschichte des Atomrechts. Als Grund für den Verzicht gab die DWK lapidar an, die Maße des Gebäudes hätten sich in der Planung etwas verändert.
Um die Tragweite dieser zunächst harmlos klingenden Änderung zu begreifen, ist ein Blick hinter die Kulissen notwendig. Schon vor dem für Techniker absehbaren Verriß im TÜV-Gutachten war der DWK klar, daß die Planung und die bisherigen Unterlagen unzureichend waren. Auch hatten verschiedene Ingenieure, die an der Planung beteiligt waren, längst darauf hingewiesen, daß das unzureichende Planungskonzept durch bloße Detailänderungen nicht verbessert werden könne. Die DWK-Führung erzwang dennoch ein Festhalten am Konzept, weil das Genehmigungsverfahren nun einmal mit diesen Unterlagen lief. Im Winter 1986/87 aber wurde ein Verwerfen des bisherigen Konzepts unausweichlich. Die Anlage mußte von Grund auf neu geplant werden. Eine der ersten Folgen war, daß für das Hauptprozeßgebäude erheblich mehr Platz gebraucht wurde, weil es einfach größer werden mußte. Deshalb also der Verzicht auf die Baugrubengenehmigung zu Beginn des Jahres 1987.
Im Frühjahr 1987 forderte die DWK alle bisher an das Umweltministerium gelieferten technischen Unterlagen — etwa 450 Ak-

tenordner — zurück und kündigte den Austausch gegen neue Unterlagen an. Im Herbst 1987 wurden die ersten neuen Unterlagen geliefert.
Der Unterschied zwischen dem alten und dem neuen Konzept war so groß, daß sich das bayerische Umweltministerium gezwungen sah, eine neue öffentliche Auslegung der Unterlagen vorzunehmen. Damit gab es eine neue Einspruchsfrist gegen die Pläne und einen neuen Erörterungstermin. Ein solches Vorgehen schreibt die atomrechtliche Verfahrensverordnung immer dann vor, wenn wesentliche sicherheitstechnische Änderungen während eines bereits laufenden Teilgenehmigungsverfahrens auftreten.
Die Änderungen listete das Umweltministerium in der amtlichen Bekanntmachung zur erneuten Auslegung auf:

Standortparameter
Auslegungsmerkmale
Bauanlagen
Brennelementeingangslagerung
Eingangsbereich Wiederaufarbeitung
Extraktion von Uran und Plutonium
Uranreinigung
Plutoniumreinigung
Brennstoffverarbeitung
Behandlung hoch- und mittelradioaktiver Abfälle
Behandlung schwachradioaktiver Abfälle
Nebenprozesse
Servicebereich
Wasserver- und -entsorgung
Druckluftversorgung
Elektrotechnik
Kühlung
Strahlen- und Umweltschutz
Störfälle
radioaktive Abfälle

Fast jeder Teil des Anlagenkomplexes war von den Änderung betroffen. Im Frühjahr 1988 sind etwa 880 000 Einsprüche fristgerecht eingereicht worden; unter den Einwendern befinden sich viele Städte und Gemeinden.
Das nunmehr vierte Konzept unterscheidet sich wiederum be-

trächtlich von allem, was bis dahin vorgelegt wurde. So sind beispielsweise einige Teilschritte des PUREX-Prozesses geändert worden. Es hat sich auch gezeigt, daß vorher viel zuwenig an doppelt ausgelegte Aggregate gedacht worden war. Ein neues Verfahren zur Reparatur von FEMO-Modulen ist geplant worden. Die Reparaturwerkstatt wurde in ein eigenes Gebäude neben der Wiederaufarbeitungsanlage verlegt. Defekte Module sollen jetzt nicht mehr mit einem Kran in die Werkstatt gezogen werden, sondern auf einem Wagen durch einen Transportkanal in das Reparaturgebäude gelangen. Dies soll die offensichtlich geringe Sicherheit beim Transport verbessern. Außerdem hat die Erweiterung sicher auch damit zu tun, daß der DWK inzwischen klargeworden ist, daß für jedes Modul in der erhofften Betriebszeit von 40 Jahren doch mehr als nur — wie ursprünglich vorgesehen — eine Großreparatur notwendig werden wird.
Die Lagerbehälter für die hochradioaktive Abfallösung sind ein weiteres Mal — diesmal auf 25 Kubikmeter — verkleinert worden. Die behauptete inhärente Sicherheit der alten Behälter war selbst den Konstrukteuren doch wohl nicht groß genug. Bei anderen Anlagenteilen, den Lagern oder den Anlagen zur Verarbeitung von Abfällen oder Plutonium, sieht es nicht anders aus.
Unter dem Tarnmantel der »sicherheitstechnischen Änderungen« sind übrigens in den verschiedenen Teilschritten der Plutoniumverarbeitung die Lager für den Spaltstoff wesentlich vergrößert worden. Jetzt sollen gleichzeitig mehrere Tonnen Plutonium in leicht zugriffsfähiger Form in der geplanten Anlage gelagert werden können.
Die Engpässe für den Durchsatz der Anlage — beispielsweise der Auflöser — sind ebenfalls erweitert worden. Im alten FEMO-Konzept waren diese auf zwei Tonnen Durchsatz pro 24 Stunden ausgelegt. Im neuen Konzept kann dieser Durchsatz bereits in 18 Stunden erreicht werden. Der mögliche Durchsatz hat sich also um ein Viertel erhöht.
Zwischen 1976 und 1988 hat die DWK also in vier Bundesländern an gut zwei Dutzend Orten diverse Anstrengungen unternommen, um ihren Wiederaufarbeitungskomplex unterzubringen. In derselben Zeit hat sie vier völlig verschiedene technische Konzepte verfolgt, von denen drei nicht realisierbar waren. Für das vierte — aktuelle — ist das gleiche zu erwarten. Die laufend not-

wendigen Neuplanungen lassen an den Fähigkeiten der Ingenieure der DWK zweifeln. Sie lassen auch daran zweifeln, daß den für Laien so technisch klingenden Beteuerungen, die Anlage sei sicher und große Unfälle seien auszuschließen, vertraut werden kann.
Darüber hinaus kosten Neuplanungen natürlich auch Zeit. So ist leicht ersichtlich, warum sich der geplante Inbetriebnahmetermin für die WAA von ursprünglich 1992 (verkündet 1983) auf mittlerweile 1997 (verkündet 1988) verschoben hat.

8. Es gibt keine vernünftige Begründung für Plutoniumnutzung und Wiederaufarbeitung

Die Wiederaufarbeitung abgebrannter Brennelemente wird immer wieder in Zusammenhang mit der »Entsorgung« dieser Brennelemente erwähnt. In ihrem »Entsorgungsbericht« hat die Bundesregierung im Januar 1988 ausgeführt:
»Die Wiederaufarbeitung abgebrannter Brennelemente aus Leichtwasserreaktoren und die Verwertung der hierbei zurückgewonnenen Kernbrennstoffe durch deren Wiedereinsatz in den Kernkraftwerken (Rückführung) sind für die Bundesregierung unverändert unverzichtbare Bestandteile des Entsorgungskonzepts.«
Brennelemente aus bundesdeutschen Reaktoren werden im allgemeinen — bislang vor allem im Ausland — aufgearbeitet. Dadurch hat sich der Eindruck verfestigt, es gäbe zur Wiederaufarbeitung keine Alternative.
In Wahrheit ist die Wiederaufarbeitung aber kein sinnvoller Schritt, um die mit den Brennelementen verbundenen Risiken oder die Probleme mit radioaktiven Abfällen zu mindern. Sie ist nichts anderes als eine spezielle Art der Behandlung abgebrannter Brennelemente, denn radioaktive Stoffe können durch sie nicht vernichtet werden. Eine alternative Möglichkeit der Behandlung wäre die Konditionierung der Brennelemente zur sogenannten Direkten Endlagerung.
Bei der Entsorgung durch Direkte Endlagerung würden die Brennelemente, im Gegensatz zur Entsorgung nach Wiederaufarbeitung, als radioaktiver Abfall angesehen. Die Brennelemente sollen zur Direkten Endlagerung komplett oder nach teilweiser Zerlegung in einen Behälter verpackt und dieser dann gasdicht verschweißt werden. Das so entstandene Endlagergebinde könnte dann beispielsweise in ein Endlager gebracht und dort abgelegt werden.

Die Direkte Endlagerung ist nach heutigem Kenntnisstand im Vergleich zur Entsorgung nach Wiederaufarbeitung auch mit weniger Nachteilen behaftet. So werden durch den Verzicht auf das Zerschneiden der Brennelemente wesentlich weniger radioaktive Abgase frei. Wenn der chemische Prozeß der Wiederaufarbeitung entfällt, entstehen außerdem wesentlich weniger schwach- und mittelradioaktive Abfälle. Schließlich haben Untersuchungen des Projekts »Andere Entsorgungstechniken« gezeigt, daß die Brennelemente bei Wassereinbrüchen im geplanten Endlager wesentlich langsamer aufgelöst werden, als dies bei den Glaskokillen aus der Wiederaufarbeitung der Fall ist. Nach diesen Untersuchungen würden die Glaskokillen der Salzlauge nur maximal 100 Jahre widerstehen können, während für abgebrannte Brennelemente eine Widerstandsdauer von rund 2000 Jahren ermittelt wurde.
Bei der Konditionierung für die Direkte Endlagerung sind keine Techniken erforderlich, die neu entwickelt werden müßten oder die nicht ebenso für die Wiederaufarbeitung beherrscht werden müssen wie die Handhabung von Brennelementen und die Verladung in Behälter. Auch die Schweißtechnik zum Verschließen der Behälter wird bei Wiederaufarbeitung für die Glaskokillen benötigt. Entweder stehen diese Techniken also bereit, oder der Entwicklungsbedarf gilt für Wiederaufarbeitung und Konditionierung gleichermaßen.
Das einzige Problem der Direkten Endlagerung, für das eine Lösung bislang noch nicht existiert, ist die Entwicklung eines Förderkorbs und einer Fördermaschine, die Behälter mit Gewichten von 60 Tonnen im Schacht des Endlagers transportieren kann. Entsprechende Fördermaschinen und Förderkörbe sind aber auch für den konventionellen Bergbau in naher Zukunft geplant.
Bei der Bewertung von Direkter Endlagerung und Wiederaufarbeitung im Vergleich muß außerdem bedacht werden, daß ein Endlager noch nicht vorhanden ist. In beiden Fällen bleibt das Ende also gleichermaßen offen.
Im übrigen gibt es Brennelemente, die nicht wiederaufgearbeitet werden können und für die daher ohnehin die Direkte Endlagerung entwickelt werden muß. Dies sind zum Beispiel die alten MOX-Brennelemente, die im Rahmen eines Brennelementtauschs nach Schweden abgegeben wurden, und die Brennele-

mente aus den Hochtemperaturreaktoren in Hamm-Uentrop und Jülich.

Trotzdem wird in der Bundesrepublik immer wieder von interessierter Seite behauptet, die Wiederaufarbeitung habe gegenüber der direkten Endlagerung keine sicherheitstechnischen Nachteile. Außerdem sei die Direkte Endlagerung zuwenig entwickelt, und man müsse deshalb zumindest derzeit auf die Wiederaufarbeitung setzen. Auch die Bundesregierung hat sich in ihrem schon erwähnten Kabinettbeschluß vom 23.1.1985 wie auch in ihrem Entsorgungsbericht von 1988 auf diesen Standpunkt gestellt.

Es muß also andere Gründe geben, die die Wiederaufarbeitung für die Bundesregierung zum »unverzichtbaren Bestandteil der Entsorgung« machen. Diese Gründe können in der historischen Entwicklung, in Einzelinteressen und in vermeintlichen »Sachzwängen«, beispielsweise dem Zwang zur (fast) unbegrenzten Energieerzeugung mit Schnellen Brütern, gesehen werden.

Die Wiederaufarbeitung ist bereits entwickelt worden, als die ersten Reaktoren in Betrieb gingen. Allerdings handelte es sich dabei auch um militärisch genutzte Reaktoren zur Produktion von Plutonium für Atomwaffen. Das Plutonium läßt sich nur durch die Wiederaufarbeitung aus den Brennelementen gewinnen, sie war also zunächst für das angestrebte militärische Ziel unabdingbar.

Zu Beginn der sogenannten friedlichen Nutzung der Atomenergie hätte von Grund auf neu durchdacht werden müssen, ob eine Wiederaufarbeitung der Brennelemente aus den »friedlichen« Reaktoren ebenfalls notwendig oder wirtschaftlich ist. Ein solches gründliches Überdenken hat aber nicht stattgefunden, da der Blick durch verschiedene Interessen getrübt wurde.

Zu Beginn der Atomenergienutzung in der Bundesrepublik, als das Interesse der Stromversorgungsunternehmen an Atomkraftwerken noch gering war, waren die maßgebenden Techniker, Wissenschaftler und Politiker auf eine möglichst schnelle und umfangreiche Produktion von Plutonium aus. Die entwickelten Reaktoren waren dann auch ganz für einen solchen Zweck ausgelegt: schwerwassermoderierte Natururanreaktoren, in denen nach dem Prinzip der militärischen Reaktoren die Brennelemente während des Betriebs ausgetauscht werden konnten. Es wurde praktisch die Entwicklung nachvollzogen, die auch bei den Atommächten aus militärischen Gründen stattgefunden hatte. In den USA wurden für die kommerzielle Stromproduktion völlig andere Reaktoren entwickelt. Bezeichnenderweise wurde der erste stromerzeugende Reaktor in der Bundesrepublik, das Versuchsatomkraftwerk Kahl, nach US-amerikanischem Vorbild gebaut, während sich für den dreifach leistungsstärkeren, aber für die Plutoniumproduktion konzipierten Mehrzweckforschungsreaktor — eine deutsche Entwicklung — kein Käufer fand; er wurde schließlich im Kernforschungszentrum Karlsruhe gebaut.

Eine Reihe von Argumenten wurde für den Bau schwerwassermoderierter Natururanreaktoren ins Feld geführt: So sollte die Unabhängigkeit von ausländischen Lieferungen angereicherten Urans gewährleistet werden. Die Furcht vor einer baldigen Knappheit von Uran wurde als weiteres Motiv der Plutoniumnutzung genannt. Dabei hätte — nach den schlechten Erfahrungen mit den militärischen Anlagen in den USA — die Wiederaufarbeitung in der dichtbesiedelten Bundesrepublik eigentlich auf große Skepsis unter den Wissenschaftlern, Technikern und Politikern stoßen müssen.

Waren es wirtschaftliche Interessen, die die Planung der Plutoniumproduktion und Wiederaufarbeitung vorantrieben? Ursprünglich bestand seitens der chemischen Industrie sehr wohl ein Interesse an der Wiederaufarbeitung, von der vermutet wurde, daß damit Geld zu verdienen sei. Schließlich lassen sich durch die Wiederaufarbeitung energiehaltige Stoffe, nämlich Uran und Plutonium, gewinnen. Als Betreiber der ersten deutschen Wiederaufarbeitungsanlage in Karlsruhe fungierte dann auch zunächst eine gemeinsame Tochtergesellschaft der Firmen Hoechst, Gelsenberg und Nukem, die wiederum eine Tochter der Degussa war.

Die Erfahrungen haben aber gezeigt, daß die Kosten für die Wiederaufarbeitung stets stiegen. Wesentliche Ursache dafür waren die immer sichtbarer werdenden Schwierigkeiten mit der Technik der Wiederaufarbeitung, die durch teure Verbesserungen behoben werden mußten. Als Folge dieser Entwicklung gibt es bis heute weltweit mehr stillgelegte oder schon in der Planung aufgegebene Wiederaufarbeitungsanlagen als solche, die laufen. In den USA wurde nach sechs Jahren Betrieb die Anlage bei West Valley geschlossen, die Anlage bei Barnwell gar nicht erst in Betrieb genommen. Zur Zeit gibt es in den USA, dem Land mit den meisten stromerzeugenden Atomreaktoren, keine Pläne für die Wiederaufarbeitung von Brennelementen. Wiederaufarbeitung ist dort vielmehr wieder zu einer rein militärischen Angelegenheit geworden.

Uran aus dem Bergwerk steht in Konkurrenz zu Uran und Plutonium aus der Wiederaufarbeitungsanlage. Während die Kosten der Wiederaufarbeitung immer weiter gestiegen sind, ist frisch gewonnenes Uran dagegen praktisch nicht teurer geworden. Nach wirtschaftlichen Überlegungen dürfen Uran und Plutonium aus der Wiederaufarbeitungsanlage nur soviel kosten wie eine Menge Uran aus dem Bergwerk mit demselben »Brennwert«. Der klafft aber heute weit auseinander, von den Problemen im Umgang mit dem stärker strahlenden, verunreinigten Uran aus der Wiederaufarbeitung einmal ganz abgesehen.

Es stellte sich also bald heraus, daß mit der Wiederaufarbeitung kein Geld zu verdienen ist. In den Jahren 1974 und 1975 zogen sich die deutschen Chemiefirmen konsequenterweise aus dem Betrieb von Wiederaufarbeitungsanlagen zurück. Daher mußten die Energieversorgungsunternehmen in das »Geschäft« der Entsorgung ihrer Abfälle eintreten, und so gründeten sie 1975 die DWK. Diese hundertprozentige Tochter der Energieversorgungsunternehmen, die Atomkraftwerke betreiben, kaufte später auch die Betriebsgesellschaft der WAK auf.

Heute lohnt sich bei der Wiederaufarbeitung nur noch die Anlagenplanung und die Anlagenerrichtung. Nicht ohne Grund zählt zum Errichtungskonsortium der WAA Wackersdorf — über ihre hundertprozentige Tochter Uhde — auch die Firma Hoechst; sie plant zusammen mit der Firma Lurgi die eigentliche Wiederaufarbeitungsanlage. An der Betreibergesellschaft, die die Rechnung zu zahlen hat, ist Hoechst dagegen nicht beteiligt.

Interessanterweise hat sich auch die Firma Siemens über ihren Unternehmensbereich KWU, mit dem sie bis dahin nur im Reaktorgeschäft engagiert war, dem Errichtungskonsortium angeschlossen, um ihre Nuklearingenieure weiterbeschäftigen zu können. Die Firma Nukem hat sich rechtzeitig einen Standort im bayrischen Alzenau, unweit vom hessischen Hanau, gesichert,

auf dem sie ebenfalls technische Planungen in Zusammenhang mit der Wackersdorfer WAA vornimmt.
Dennoch: Im Rahmen des bundesdeutschen Wirtschaftssystems kann sich eine vollkommen unwirtschaftliche Technik nicht etablieren. Sie bedarf erheblicher ideologischer Stützung. So gibt es eine ganze Reihe von Scheinargumenten, die die Wiederaufarbeitung nicht nur als unverzichtbar, sondern sogar als besonders verantwortungsvoll gegenüber kommenden Generationen hinstellen.
So soll die Wiederaufarbeitung vornehmlich der Gewinnung von Plutonium dienen, das zu einer der Grundlagen der bundesdeutschen Energieerzeugung gemacht werden soll. Die Energieprobleme sollen mit Schnellen Brütern, in denen mehr Plutonium erzeugt wird, als sie selbst benötigen, endgültig gelöst werden. Für die Übergangszeit bis zur Brüternutzung soll Plutonium in Leichtwasserreaktoren wiederverwertet werden. Während die einen die Uraneinsparung als Vorteil dieses Systems nennen, geht es anderen um die Erhaltung des Know-how in der Plutoniumverarbeitung, und die dritten behaupten gar, das Plutonium würde »verbrannt« und unschädlich gemacht oder sei zumindest in einem Reaktor immer noch am sichersten aufgehoben.
Sehen wir uns diese Argumente einmal näher an. Mit Hilfe des Schnellen Brüters soll auch das Uran-238, das in herkömmlichen Reaktoren nicht wirklich genutzt werden kann, für die Energieerzeugung verfügbar gemacht werden. Aus Uran-238 soll unter dem intensiven Neutronenbeschuß spaltbares Plutonium »erbrütet« werden. Dieses Plutonium steht nach der Wiederaufarbeitung der Brutelemente zur Verfügung und kann wiederum als Brennstoff eingesetzt werden. Erbrütet der Reaktor mehr Plutonium, als er verbraucht, so entsteht ein »Gewinn« an spaltbaren Stoffen. Auf dem Papier ergab sich so eine sechzigfach bessere Ausnutzung des Urans durch die Verwendung in Schnellen Brütern. Dabei wurden allerdings sehr ideale Bedingungen zugrunde gelegt.
Für die Plutoniumerzeugung in Schnellen Brütern stellt die sogenannte Verdopplungszeit eine wesentliche Größe dar. Die Verdopplungszeit gibt den Zeitraum an, der benötigt wird, um eine vorhandene Menge an Plutonium durch Verarbeitung zu Brennelementen und Einsatz in einem Schnellen Brüter zu verdoppeln.

Diese Zeitspanne ist in erster Linie vom Nettobrutgewinn abhängig und von der Zeit, die zwischen der Entladung aus dem Schnellen Brüter und dem Wiedereinsatz der neuen Brennelemente mit erbrütetem Plutonium verstreicht (Zykluszeit).
Der (Brutto-)Brutgewinn beträgt etwa zehn Prozent. Daraus errechnet sich der Nettobrutgewinn durch Abziehen aller Verluste — bei der Wiederaufarbeitung, der Weiterverarbeitung und aus sonstigen Gründen. In der Praxis liegen diese Verluste bei etwa zwei bis zehn Prozent des insgesamt durchgesetzten Plutoniums. Der Nettobrutgewinn beträgt damit noch maximal acht Prozent; in ungünstigen Fällen bleibt kein Gewinn mehr übrig.
Die Zykluszeit setzt sich aus der Einsatzzeit im Schnellen Brüter, der Abkling- und Kühlzeit der bestrahlten Brennelemente sowie der Zeit für die Wiederaufarbeitung und Fertigung neuer Brennelemente zusammen. Schon theoretisch ist daher von einer Zykluszeit von mindestens drei Jahren auszugehen. Bei der Wiederverwertung von Plutonium in Leichtwasserreaktoren nach Wiederaufarbeitung in der geplanten Wackersdorfer Anlage wird derzeit von etwa zehn Jahren bis zur nächsten Rückführung ausgegangen. Dies ist im wesentlichen durch technische Schwierigkeiten bei der Wiederaufarbeitung von Brennelementen mit kurzer Kühlzeit begründet. Daher sind Zykluszeiten für Schnelle Brüter von drei Jahren nach heutigem Stand illusorisch.
Der tatsächlich erzeugte Plutoniumüberschuß ist also nicht besonders hoch und steht auch nicht sehr bald zur Verfügung. Betrachten wir als Beispiel einen — sehr hohen — Nettobrutgewinn von zehn Prozent, so errechnet sich eine Verdopplungszeit von etwa acht Zykluszeiten. Bei einer Zykluszeit von drei Jahren wären dies 24 Jahre; realistischerweise sind aber eher 40 bis 80 Jahre anzusetzen. Liegt der Nettobrutgewinn bei fünf Prozent, so ergeben sich als Verdopplungszeit bereits 14 Zyklen; dies wären realistische Verdopplungszeiten von 70 beziehungsweise 140 Jahren. Der Brüter heißt also nicht deswegen Schneller Brüter, weil der Brutprozeß besonders schnell abliefe, sondern weil der Brutprozeß — physikalisch gesprochen — mit »schnellen« Neutronen abläuft. In der Realität büßen die Schnellen Brüter daher — ungeachtet ihrer Sicherheitsprobleme — schnell ihre vermeintlichen Vorteile ein. Die in Kalkar im Bau befindliche Anlage verdient den Namen Brüter schon gar nicht mehr, da sie im Laufe

ihrer langen Errichtung so umkonstruiert wurde, daß sie nicht mehr Plutonium erbrütet, als sie selbst verbraucht.
Ob der Brüter in Kalkar jemals in Betrieb gehen wird, ist heute ungewiß. Ein Bedarf für diesen Reaktortyp besteht jedenfalls in den nächsten 30 bis 40 Jahren nicht, wie Bundesregierung und Atomwirtschaft bereits eingestehen. Somit dürfte auch die Planung für den SNR-2, die bundesdeutsche Nachfolgeanlage, vom Tisch sein.
International gesehen, ist die Brüterentwicklung ebenfalls am Ende. In den USA wurde sie Anfang der achtziger Jahre aufgegeben, als die Planungen zum Clinch-River-Projekt eingestellt wurden. Neuerdings hat auch die britische Regierung die Mittel für die Brutreaktorprojekte drastisch gekürzt. Von den Atommächten Sowjetunion und Frankreich wurde den Schnellen Brütern zunächst große Bedeutung zugemessen, weil das dort erbrütete Plutonium sich besonders gut für Atomwaffen eignet. Nach den schlechten Erfahrungen mit dem Brüter Super-Phénix in Creys-Malville ist aber auch Frankreich im Begriff, sich aus der Brütertechnologie zurückzuziehen. Derzeit ist Japan als einziger Nichtatomwaffenstaat noch an Schnellen Brütern interessiert.
Da in der Bundesrepublik das bereits vorhandene abgetrennte Plutonium nicht in Brutreaktoren eingesetzt werden kann, wird es zu plutoniumhaltigen Brennelementen verarbeitet. Diese sogenannten MOX-Brennelemente finden in den herkömmlichen Leichtwasserreaktoren Verwendung. Ein Teil des spaltbaren Urans ist in diesen Brennelementen durch Plutonium ersetzt. Auch dies soll nach den Aussagen der Verteidiger der Wiederaufarbeitung zur Ressourcenschonung beitragen. So behauptet die Bundesregierung in ihrem »Entsorgungsbericht« von 1988:
»Die bei der Wiederaufarbeitung zurückgewonnenen Kernbrennstoffe führen bereits bei Recyclierung in Leichtwasserreaktoren heutiger Bauart zur Einsparung von Rohstoffen (bis zu 40 % Natururan).«
Bei dieser angeblichen Einsparung handelt es sich um einen theoretischen Maximalwert. In der Praxis liegt die Uranersparnis dagegen eher bei etwa zehn bis 20 Prozent. Dies ist wiederum durch Verluste und den notwendigen Aufbau eines Plutoniuminventars über viele Zykluszeiten begründet. In der Tat könnte der Uranverbrauch sinken, wenn der spaltbare Anteil des Urans in

den Anreicherungsanlagen besser ausgenutzt und der Anteil spaltbaren Urans im »Abfalluran« damit geringer würde. Dies wäre zudem kostengünstiger als die Wiederaufarbeitung und Plutoniumrückführung.

Die Nutzung von Plutonium in Schnellen Brütern oder herkömmlichen Reaktoren kann also mit der erzielbaren Ressourcenschonung rational nur schwerlich begründet werden.

Auch der noch vor zehn Jahren prognostizierte Uranmangel ist nicht eingetreten. Zum einen waren die Schätzungen des Bedarfs an Uran, der sich am geplanten Zubau vieler neuer Atomkraftwerke in der Welt orientierte, stark überhöht — nur ein geringer Teil der Atomkraftwerkprojekte wurde auch wirklich realisiert. Zum anderen war die Suche nach neuen Uranerzlagern in den letzten Jahren sehr erfolgreich. Derzeit übersteigt die Kapazität der kostengünstig abbaubaren Uranerzlager den realen mittelfristigen Verbrauch um das Dreifache. Dies hat zur Folge, daß auch in den nächsten Jahrzehnten der Uranpreis nicht steigen wird.

Der Markt ist vielmehr übersättigt, und die Ausnutzung des spaltbaren Anteils im Natururan bei der Anreicherung ist seit Jahren rückläufig. Während 1980 noch knapp zwei Drittel des spaltbaren Anteils ausgenutzt wurden und ein Drittel im sogenannten Abfalluran verblieb, blieb 1985 bereits die Hälfte des spaltbaren Anteils ungenutzt. Es wird also immer mehr spaltbares Uran im Abfalluran belassen, da der Kauf einer größeren Menge an Natururan billiger kommt als die bessere Ausnutzung des spaltbaren Anteils. Um so widersinniger ist das Argument der Bundesregierung, die — teure — Abtrennung von Plutonium bei der Wiederaufarbeitung helfe Uran sparen.

Eine Uranknappheit ist auch für die fernere Zukunft, zumindest für die nächsten 200 Jahre, nicht zu erwarten. Für Plutonium aus einer Wiederaufarbeitungsanlage besteht daher kein Bedarf; dieser Spaltstoff hat unter wirtschaftlichen Gesichtspunkten keine Chance in der Konkurrenz mit frischem Uran aus dem Bergwerk.

Neben Plutonium wird bei der Wiederaufarbeitung auch Uran abgetrennt, das nach erneuter Anreicherung wiederverwertet werden könnte. Das Problem ist aber, daß der Umgang mit diesem wiederaufgearbeiteten Uran, radiologisch gesehen, wesentlich gefährlicher ist als der Umgang mit »jungfräulichem« Uran. Das wiederaufgearbeitete Uran enthält stark strahlende Uran-

isotope, die im Natururan nicht vorkommen. Außerdem sind in ihm immer Reste von strahlenden Spaltprodukten und Aktivierungsprodukten enthalten. Ohne Umbauten an den existierenden Anlagen ist dessen Verarbeitung in der Regel nicht möglich. Das Interesse an seiner Verarbeitung ist daher gering.
Dies zeigt sich auch am derzeitigen Planungsstand der Wiederaufarbeitungsanlage und der angegliederten Brennelementfabrik bei Wackersdorf: Das abgetrennte Uran soll dort nicht weiterverarbeitet, sondern abtransportiert werden, obwohl die Brennelementfabrik große Mengen Uran benötigt. Ihr eigenes wiederaufgearbeitetes Uran ist den Betreibern offenbar nicht gut genug.
Die Abtrennung von Plutonium und Uran durch Wiederaufarbeitung ist mit so vielen Kosten, zusätzlichen Gefahren für die Umwelt und für die damit Beschäftigten verbunden, daß sie für die Gesellschaft keinen Nutzen bringt. Plutoniumnutzung ist also ungefähr so sinnvoll wie die Umstellung aller Kühlschränke der Welt von Strom- oder Gasantrieb auf Kühlung mit Eis aus der Antarktis, das bekanntlich dort, wo es liegt, auch kostenlos vorhanden ist.
Es gibt aber auch das Argument, die Abtrennung des Plutoniums sei zur Verhinderung von dessen Entwendung und »nichtfriedlicher Nutzung« geradezu geboten. Es wird ernsthaft behauptet, daß bei Direkter Endlagerung der abgebrannten Brennelemente nach Schließung der Endlagerstätte jemand das Endlager wieder öffnen, die schon etwas weiter abgekühlten Brennelemente bergen und durch deren Wiederaufarbeitung das Plutonium zurückgewinnen könnte. Die Endlager sind in dieser Vorstellung also regelrechte Plutoniumbergwerke.
Professor Häfele, einer der vehementesten Vertreter von Wiederaufarbeitung und Schnellem Brüter in der Bundesrepublik, drückt es so aus:
»Das Endlager wäre also gleichermaßen Deponie für spaltbares Material wie für radioaktive Abfälle. Nach etwa 100 bis 150 Jahren ist die Aktivität der Spaltprodukte stark abgeklungen, und das verbleibende Plutonium wird damit leicht zugänglich, es kommt also einer künstlich angelegten Plutonium-Bergwerksmine gleich.« (atw, Mai 1988, S. 251 f.)
Solche Vorstellungen sind aber fernab jeder Realität. Nach 100

bis 150 Jahren ist die Aktivität der Cäsium- und Strontiumisotope lediglich auf etwa ein Dreißigstel der Ausgangsaktivität abgeklungen. Die Brennelemente sind damit alles andere als ungefährlich. Weiterhin ist etwa zu diesem Zeitpunkt die Temperatur infolge der Wärmefreisetzung aus den abgebrannten Brennelementen im Bereich des Endlagers mit etwa 80 bis 100 ^{0}C viel zu hoch, als daß sich Menschen dort aufhalten könnten. Da zur Abtrennung des Plutoniums aus den Brennelementen ohnehin eine Wiederaufarbeitungsanlage erforderlich wäre, bietet es sich eher an, in einem einfachen Plutoniumproduktionsreaktor das gewünschte Plutonium-239 hochrein und in guter Waffenqualität zu erzeugen. Häfeles Argument ist, obwohl nicht selten vorgetragen, nicht ernst zu nehmen.

Es gibt auch skurrile Argumente für die Weiterverarbeitung von Plutonium, die beispielsweise in der Feststellung bestehen, mit dem bereits vorhandenen Plutonium müsse etwas geschehen. Häufig wird behauptet, Plutonium könne in Reaktoren »verbrannt« werden, oder es sei in den Reaktoren noch am sichersten aufgehoben.

In Wahrheit wird beim Reaktorbetrieb neues Plutonium erzeugt. Eine Bilanz von Spaltung und Neuproduktion zeigt deutlich, daß mit dem Einsatz von MOX-Brennelementen im Leichtwasserreaktor kein Plutonium vernichtet werden kann, sondern daß sich die abgebauten und neugebildeten Plutoniummengen in etwa die Waage halten. Eine »Plutoniumverbrennung« findet auf diese Weise per saldo also nicht statt.

Für die Aufbewahrung von Plutonium in Reaktoren gibt es gleichfalls kein vernünftiges Argument. Das Problem, Plutonium sicher zu verwahren, stellt sich erst gar nicht, wenn es nicht in einer Wiederaufarbeitungsanlage abgetrennt wird. Am Einsatz von Plutonium in Reaktoren hat jedoch derjenige Betrieb Interesse, der die entsprechenden plutoniumhaltigen Brennelemente fertigt. Dies ist in der Bundesrepublik die Firma Alkem in Hanau. Die Alkem, die die Allgemeinheit viel Geld kostet, wird so ideologisch abgesichert. Nicht ohne Grund ist die Behauptung, das bereits angefallene Plutonium müsse in Hanau verarbeitet oder sicher verwahrt werden, selbst unter der rot-grünen Regierung in Hessen von seiten der Genehmigungsbehörde vertreten worden.

Die MOX-Brennelemente sind wesentlich teurer als normale Brennelemente, weil zum einen der Plutoniumpreis den Uranpreis weit übertrifft und zum anderen die MOX-Brennelemente in Handarbeit bei der Firma Alkem gefertigt werden. Die normalen Brennelemente werden dagegen weitgehend automatisiert und damit kostengünstiger hergestellt. Es stellt sich daher die Frage, warum Energieversorgungsunternehmen der Alkem teure MOX-Brennelemente abkaufen. Dies hat verschiedene Gründe.

Zunächst mußten die Energieversorgungsunternehmen diese Brennelemente nicht selbst bezahlen. Als die ersten Versuche mit MOX-Brennelementen in Kahl, Gundremmingen, Lingen, Obrigheim und im Mehrzweckforschungsreaktor in Karlsruhe gefahren wurden, finanzierte vielmehr das Bundesforschungsministerium diese Brennelemente. Als dann deren Serienproduktion begann, zog sich das Ministerium schrittweise aus der Finanzierung zurück. Den Energieversorgungsunternehmem wurde aber noch beträchtliche Zeit ein hoher Zuschuß zu den Kosten gewährt.

Heute nehmen die Energieversorgungsunternehmen der Alkem jährlich immer noch eine gewisse Zahl von Brennelementen ab, da sie sich in einer Art Vertrag dazu bereit erklärt haben. Offizieller Grund ist die »Erhaltung des Know-how der Plutoniumbearbeitung«.

Im übrigen sind auch in die Anlage der Alkem erhebliche Steuergelder geflossen. Bis Ende 1983 wurden ihr insgesamt 261 Millionen Mark vom Bundesforschungsministerium zugewendet. Auch für die neue Fertigungsanlage in Hanau, die der Plutoniumverarbeitung in einer Wellblechhalle ein Ende setzen soll, hat das Bundesforschungsministerium mehr als 33 Millionen Mark zugesagt.

Der Einsatz von MOX-Brennelementen muß also stark subventioniert werden. Dies geschieht neben der direkten Subvention aus Steuermitteln auch über den Strompreis. Die Elektrizitätsunternehmen, die MOX-Brennelemente einsetzen, setzen die Kosten dafür in die Kalkulation des Gesamtstrompreises ein. Der Preis, der sich daraus errechnet, wird nach der Genehmigung durch den zuständigen Landeswirtschaftsminister beim Stromkunden kassiert.

Ein Rückzug aus der bundesdeutschen Plutoniumnutzung wird von vielen als »technologischer Fadenriß« bezeichnet und deswegen abgelehnt. Es ist aber nicht plausibel, wieso ein Verzicht auf die Wiederaufarbeitung und Plutoniumverarbeitung in der Bundesrepublik zu Verlusten an sinnvollem Know-how beitragen könnte. Vorteile durch Nutzbarmachung der bei der Plutoniumverarbeitung entwickelten Technologien sind, auch in anderen Bereichen, nicht ersichtlich. Die Plutoniumverarbeitung ist keine Zukunftstechnologie.

Wenn trotzdem ein düsteres Bild des Ausstiegs aus der Plutoniumwirtschaft gezeichnet wird, so ist dies auf das Interesse derjenigen zurückzuführen, die in diesem Bereich arbeiten. Auf der einen Seite ist es nachvollziehbar, daß die Physiker, Chemiker, Ingenieure und Techniker, die sich bereits seit langem beruflich in den Kernforschungszentren und bei der kerntechnischen Industrie mit der Wiederaufarbeitung und der Plutoniumnutzung auseinandersetzen, nicht in einen anderen Tätigkeitsbereich überwechseln wollen. Andererseits ist es aber nicht einzusehen, daß dieses Interesse durch öffentliche Gelder finanziert wird.

Die Entwicklung der Wiederaufarbeitungstechnologie im Kernforschungszentrum Karlsruhe wurde und wird — genau wie die Brennelementfertigung bei der Alkem — zunächst aus öffentlichen Geldern bezahlt. Auch die erste Wiederaufarbeitungsanlage, die Versuchsanlage in Karlsruhe, wurde aus Steuermitteln finanziert. Mittlerweile ist auch bei der Wiederaufarbeitung ein Teil der Finanzierungslast über die DWK auf die Stromkonzerne übergegangen und von diesen natürlich auf die Strompreise abgewälzt worden.

Als letztes Argument wird stets der »Nachweis der Entsorgungsvorsorge« aufgetischt: Da die Politik die Wiederaufarbeitung zum unverzichtbaren Teil der Entsorgung ernannt habe und als Teil des Entsorgungsvorsorgenachweises die zügige Errichtung einer Wiederaufarbeitungsanlage fordere, seien die Stromproduzenten geradezu gezwungen, in den »sauren Apfel« Wiederaufarbeitung zu beißen. Sonst riskierten sie die Stillegung ihrer Atomkraftwerke und damit große Kapitalverluste. Oder mit den Worten des stellvertretenden Vorstandsvorsitzenden der Bayernwerke, Jochen Holzer, bei einer Veranstaltung im Jahre 1986:

»Der zügige Entsorgungsnachweis ist die entscheidende Voraussetzung für den ungestörten Betrieb der Kernkraftwerke. Die angeblich offene Entsorgungsflanke wird von allen Kernkraftgegnern heftig kritisiert. Welche Wahl hat die Elektrizitätswirtschaft angesichts der klaren politischen und rechtlichen Vorgaben der in § 9a Atomgesetz vorgegebenen Reststoffverwertung, also der Wiederaufarbeitung? Die Direkte Endlagerung kann heute als Entsorgungsnachweis nicht in Anspruch genommen werden. Eine auch nur zeitweise Stillegung der Kernkraftwerke mangels Entsorgungsnachweis hätte einen Schaden von mehreren Milliarden DM pro Jahr zur Folge. Gemessen daran sind die etwaigen Mehrkosten einer WA ein 'Klacks'.«

Dies könnte letztlich der Grund für die Verbissenheit sein, mit der die Wiederaufarbeitungsanlage Wackersdorf — zumindest aus der Sicht der Energieversorgungsunternehmen — gegen den Widerstand der Bevölkerung durchgesetzt werden soll. Ob das aber angesichts der möglichen Folgen eine rationale Begründung ist?

Ein weiterer Grund könnte zum Festhalten an der Wiederaufarbeitung beitragen. Das ist die Angst der Betreiber, daß die Aufgabe einer über Jahrzehnte propagierten Technologie sich negativ auf andere Bereiche auswirken könnte. Wenn immer wieder die Notwendigkeit der Wiederaufarbeitung als Konsequenz des Betriebs von Atomkraftwerken behauptet wurde, so könnte die Aufgabe der Wiederaufarbeitung auch das Ende für weitere Reaktoren bedeuten.

Es sind also keinesfalls technische oder volkswirtschaftliche Gründe, die an der Wiederaufarbeitung festhalten lassen. Eine Bewertung aller ins Feld geführten Argumente läßt vielmehr den Schluß zu, daß sämtliche rationalen Gesichtspunkte gegen die Wiederaufarbeitung und Nutzung von Plutonium sprechen.

9. Die heiße Spur des schwach- und mittelaktiven Mülls

Die Vorstellungen, wie Atmommüll »beseitigt« werden kann, waren Ende der fünfziger Jahre, als mit dem Bau der ersten Reaktoren in der Bundesrepublik begonnen worden war, recht verwegen. Aus dem tausendseitigen Standardwerk »Kerntechnik«, das 1958 von Riezler und Walcher herausgegeben wurde, sollen einige Passagen des 26seitigen Kapitels »Die Behandlung radioaktiver Abfälle« vorangestellt werden. Die zitierten Ausführungen spiegeln den Optimismus jener Jahre eindrucksvoll wider. Autor des Kapitels über die Abfallbehandlung war Dr. Hans Schweickert, Mitarbeiter der Siemens-Schuckert-Werke in Erlangen, aus denen später durch Zusammenschluß mit der AEG die Kraftwerk Union (KWU) hervorging. Über die Behandlung flüssiger radioaktiver Abfälle schrieb Schweikert:
»Radioaktive Stoffe, die in das Meer eingeleitet werden, können natürlich nie mehr zurückgenommen werden. Dagegen kann bei Ablagerung im Erdboden der Ablagerungsplatz wieder geöffnet werden. Es sollte daher, bevor man die Verteilung im Meer in Erwägung zieht, genau überlegt werden, ob für solche Stoffe in Zukunft mit Sicherheit eine nutzbare Verwendung in Frage kommt und ob gegen die Meeresablagerung von irgendeiner Seite starke Bedenken wegen der Möglichkeit einer späteren Gefährdung bestehen... Zur 'Beseitigung' flüssiger radioaktiver Abfälle kann man prinzipiell zwei Wege beschreiten. Zunächst besteht die Möglichkeit der 'Verdünnung und Verteilung'. Bei dieser Methode wird i. allg. der flüssige Zustand beibehalten, und die Ablagerung erfolgt entweder im Boden oder im Wasser (Fluß bzw. Meer). Dies gilt besonders für niederaktive Abfälle. In einzelnen Fällen wird jedoch auch bei diesen bereits die Methode der Konzentration und Überführung in den festen Zustand angewandt... Wenn wir zunächst das Behandlungsschema für die niederakti-

ven Abfälle betrachten..., so ist das einfachste und billigste Verfahren die direkte Verteilung im Boden oder im Wasser, wie es bei den Abwässern aus radiochemischen Laboratorien und dem schwach radioaktiven Kühlwasser von Reaktoren vielfach angewandt wird. In einigen Fällen muß jedoch eine weitere Verdünnung vorausgehen... Die einfachste Methode, die Strahlungsgefährdung flüssiger radioaktiver Abfälle zu vermindern, wäre die Lagerung in großen Behältern, die in den Boden eingelassen werden. Diese Methode hätte den Vorteil, daß die Abfälle wenigstens während der nächsten Jahre unter Kontrolle gehalten werden könnten. Leider ist dieses Verfahren jedoch verhältnismäßig teuer, da bei hoher Säurekonzentration mit Stahlbeton verstärkte und außen mit Asphaltpappe und einer dicken Mastixschicht abgedichtete Behälter aus rostfreiem Stahle verwendet werden müssen. Erst wenn die Abfälle alkalisch gemacht sind, kann man zu gewöhnlichem Stahl übergehen... Man hat daher nach anderen Methoden gesucht und glaubt, diese entweder durch Verdünnung und Verteilung oder durch Konzentrierung und Ablagerung in fester Form gefunden zu haben... Es ist schon sehr frühzeitig erkannt worden, daß verschiedene Böden die Eigenschaft haben, Ionen von Lösungen auszutauschen, und daß dadurch die Möglichkeit besteht, flüssige radioaktive Abfälle in den Boden zu leiten, ohne daß gefährliche Stoffe in das Grundwasser gelangen.«

Die Möglichkeiten der »Behandlung fester radioaktiver Abfälle« stellte Schweikert wie folgt dar:

»Die am meisten praktizierte Methode für die Handhabung der festen Abfälle ist die Lagerung in offenen Gräben und Löchern. Besonders geeignet sind jedoch auch aufgelassene Bergwerke. Unzweifelhaft ist das die wirtschaftlichste Methode... Wenn sich die Entstehungsorte für radioaktive Abfälle an schiffbaren Flüssen oder an der Küste befinden, ist die Ablagerung von festen Stoffen im Meer sehr attraktiv...«

Als Vorbild nahm Schweikert die Behandlung radioaktiver Abfälle in der britischen Wiederaufarbeitungsanlage Windscale/Sellafield, wo radioaktive Abwässer mittels Pipeline ins Meer geleitet werden.

Aus Schweikerts Sicht traten bei der Beseitigung radioaktiver Abfälle keine wirklichen Probleme auf. Es ist daher auch nicht

verwunderlich, daß die Frage des Verbleibs radioaktiver Abfälle zu jener Zeit in weiten Kreisen völlig aus dem Bewußtsein gedrängt war.
Eine weitere Illusion hat sich von den Anfängen der Atomwirtschaft bis heute gehalten: die Idee, daß bestimmte radioaktive Isotope, die durch Abtrennung aus dem Atommüll gewonnen werden, für medizinische und technische Anwendungen genutzt werden könnten. Wirkliche Bedeutung hat eine Abtrennung aber nie erlangt, und es ist auch nicht anzunehmen, daß es zukünftig eine solche Bedeutung geben wird. Denn auf diesem Wege ist im allgemeinen nur ein Isotopengemisch zu erhalten. Bei der Anwendung können aber andere Isotope desselben Elements sehr störend wirken. Plutonium-238, das als Energiequelle in Satelliten und vereinzelt auch noch in Herzschrittmachern verwendet wird, muß zum Beispiel durch Bestrahlung von aus Brennstoff abgetrenntem Neptunium-237 erzeugt werden. Das Plutoniumgemisch der abgebrannten Brennelemente würde durch seinen Plutonium-241-Gehalt den Träger eines Herzschrittmachers einer viel zu hohen Strahlenbelastung aussetzen.
Außerdem können die insbesondere in der medizinischen Anwendung gewünschten kurzlebigen Isotope aus den normalen wiederaufgearbeiteten Brennelementen nicht gewonnen werden. Dazu kämen nur spezielle kurz bestrahlte und nach wenigen Tagen wiederaufgearbeitete Brennelemente in Frage. Kurzlebige Isotope sind also kein Abfallprodukt des Atomkraftwerkbetriebs. Zudem sind in den aus Abfällen abgetrennten Isotopen nicht nur radioaktive Isotope desselben Elements enthalten, sondern auch immer Spuren anderer Radionuklide. Dies führt auch dazu, daß aus der Wiederaufarbeitung abgebrannter Brennelemente zurückgewonnenes Uran wenig Absatzchancen hat. Einer der Gründe hierfür ist die höhere Strahlenbelastung bei der Verarbeitung dieses Urans. Die Strahlung der Verunreinigungen belastet das Personal so stark, daß die Anlagen zur Verarbeitung im allgemeinen um- oder neugebaut werden müßten.
Während es bei der »Entsorgung« der abgebrannten Brennelemente bereits in den Anfangsjahren zu Schwierigkeiten kam, bereitete der praktizierte Umgang mit schwach- und mittelaktivem Müll bis Ende 1978 relativ wenig Probleme. Das hatte eine ganze Reihe von Gründen.

In den fünfziger und sechziger Jahren war die Versenkung schwachradioaktiver Abfälle im Meer weltweit an der Tagesordnung. Der von europäischen Ländern im Nordost-Atlantik — in einem Dreieck zwischen Irland, Spanien und den Azoren — versenkte Atommüll stammte zu 90 Prozent aus Großbritannien, aber auch aus Belgien, den Niederlanden und der Schweiz wurde über lange Zeit Atommüll im Meer versenkt. Über die Wiederaufarbeitung deutscher Brennelemente in Mol war die Bundesrepublik an der Versenkung indirekt beteiligt. Zwischen 1949 und 1982 belief sich der insgesamt von den genannten Ländern versenkte Atommüll auf etwa 140 000 Tonnen mit einer Aktivität von beinahe 6×10^{16} (60 Millionen Milliarden) Becquerel.
Direkt beteiligt war die Bundesrepublik im Jahre 1967 an einer »versuchsweisen« Versenkung von radioaktiven Abfällen (180 Tonnen). Die üblichen Kriterien wissenschaftlicher Versuche erfüllte die Aktion allerdings nicht. Dazu hätte eine weitere Beobachtung der Freisetzung und des Verhaltens der radioaktiven Stoffe gewährleistet werden müssen. Es ging offenbar lediglich darum, die auflaufenden Abfälle ein wenig abzubauen. Zuvor dürfte der bundesdeutsche schwach- und mittelaktive Atommüll noch in den Abfallagern an den Standorten der Atomkraftwerke untergekommen sein.
Erst im Jahre 1983 wurde die weitere Versenkung radioaktiver Abfälle im Meer durch ein Moratorium zunächst verhindert. Ob sie in Zukunft wiederaufgenommen werden wird, ist derzeit noch offen.
Ab 1967, kurz bevor das dritte und vierte bundesdeutsche Atomkraftwerk in Betrieb gingen, wurde der schwach- und mittelaktive Müll in das Salzbergwerk Asse II bei Wolfenbüttel gebracht und damit die von Schweikert als »besonders geeignet« bezeichnete Behandlung in die Tat umgesetzt. Auch dies lief unter dem Deckmantel des »Versuchs«. Die befristeten Genehmigungen für die Einlagerung wurden immer weiter verlängert. Die Einlagerungsmengen wuchsen von Jahr zu Jahr, und schließlich waren 125 000 Atommüllfässer »versuchsweise« in der Grube verschwunden. Da diese nicht mehr rückholbar sind, kann von einem »Versuch« nicht die Rede sein. Für die bereits eingelagerten Abfälle stellt die Asse II also das (ungeeignete) Endlager dar.
Durch eine Änderung des Atomgesetzes im Jahre 1976 hätte, als

Voraussetzung für den Weiterbetrieb, die Langzeitsicherheit der Asse II bewiesen werden müssen. Da dies nicht möglich war, konnte auch die Genehmigung nicht mehr verlängert werden. Ende 1978 wurde daher die Einlagerung in die Asse II gestoppt. Die Entsorgungssituation schwach- und mittelaktiver Abfälle änderte sich damit schlagartig.
Zunächst verfuhr man so, wie man es zu dieser Zeit vom Umgang mit abgebrannten Brennelementen bereits gewöhnt war: Die Kapazitäten zur Zwischenlagerung an den Standorten der Atomkraftwerke wurden ausgebaut.
In Fässer verpackter schwach- und mittelaktiver Müll entwickelt keine nennenswerte Wärme — im Gegensatz zu abgebrannten Brennelementen. Er läßt sich aus diesem Grund auch enger stapeln. Dies machten sich die Atomkraftwerkbetreiber zunutze, und in vielen Fällen genügte es, Kellerräume für die Stapelung von Atommüllfässern auszubauen. Die Errichtungszeiten neuer Lagermöglichkeiten waren nicht besonders lang, und auch die behördlichen Genehmigungen wurden zügig erteilt.
Reichten die existierenden Räume nicht aus, so wurden neue Lagerhallen auf oder neben dem Atomkraftwerkgelände errichtet. In Biblis wurde beispielsweise ein solches neues Lager 1980 genehmigt. Bei anderen Anlagen wurde ähnlich verfahren. Auch beim Atomkraftwerk Unterweser in Esenshamm ging im Herbst 1981 ein Lager für 7000 Fässer mit je 200 oder 400 Litern schwachaktiven Abfällen in Betrieb.
Derzeit existiert in den bundesdeutschen Atomkraftwerken eine Zwischenlagerkapazität für schwach- und mittelaktive Abfälle von insgesamt etwa 10 000 200-Liter-Fässern. Eine Kapazität von etwa 45 000 200-Liter-Fässern kommt in Form von »Transportbereitstellungshallen« hinzu. Die »Transportbereitstellungshallen« sind bei den Atomkraftwerkbetreibern so beliebt, weil sie nicht nach dem Atomgesetz, sondern nach der Strahlenschutzverordnung genehmigt werden. Dabei ist die Lagerung — trotz der irreführenden Bezeichnung — unbefristet. Eine Anhörung oder Information der Öffentlichkeit ist bei diesem Verfahren nicht erforderlich.
Erheblich ausgebaut werden mußten auch die Atommüllager der Kernforschungszentren. In Karlsruhe wurde im Oktober 1979 ein Lager für 40 000 200-Liter-Fässer mit schwachaktiven Ab-

fällen in Betrieb genommen, im Dezember 1983 kam ein Lager für weitere 90 000 Abfallfässer hinzu. Die Kernforschungsanlage Jülich mußte 1979 ein neues Lager für 2448 200-Liter-Fässer mit schwach- und mittelaktiven Abfällen in Betrieb nehmen, bereits 1981 ein weiteres für 6496 200-Liter-Fässer.

Auf längere Sicht mußte es jedoch zwangsläufig zu Schwierigkeiten kommen. Es bedarf nur wenig planerischer Weitsicht, um zu erkennen, daß ein Abfallager ohne Ausgang keine endgültige Lösung sein kann.

Zwei neue Strategien schlossen sich daher an. Die eine, der Bau großer externer Zwischenlager für schwach- und mittelaktive Abfälle, stieß in der Öffentlichkeit auf Widerstand. Die zweite Strategie dagegen, die »Volumenreduzierung« durch besondere Behandlung wie Verbrennen oder Verpressen, wurde weitgehend unbeachtet durchgezogen.

Die externen Zwischenlager für schwach- und mittelaktive Abfälle sollten in Gorleben und im bayrischen Mitterteich entstehen. Neben einem Zwischenlager für abgebrannte Brennelemente wurde also in Gorleben auch ein Zwischenlager für schwach- und mittelaktive Abfälle errichtet. Die beiden Lager waren sozusagen die oberirdischen Überbleibsel der dort zuvor geplanten »Nuklearen Entsorgungszentren«. Mit dem Bau des Lagers in Gorleben wurde 1982 begonnen, mit dem Bau des Mitterteicher Lagers 1983. Die Atommüllager sollten 35 000 beziehungsweise 40 000 Fässer sowie Abschirmbehälter aufnehmen.

Vielleicht hatte man gehofft, daß die Zwischenlager von der Bevölkerung noch als »Kompromiß« akzeptiert würden oder daß wenigstens das Zwischenlager für schwach- und mittelaktive Abfälle im Schatten des Brennelement-Zwischenlagers nicht abgelehnt werden würde. Diese Rechung ging jedoch nicht auf.

Schon bei der öffentlichen Vorführung des Einlagerungsverfahrens kam es zu einer peinlichen Panne. Ein Fahrzeug in Originalgröße, das allerdings bei dieser Show keine radioaktiven Abfälle geladen hatte, paßte nicht durch das Tor der Anlage, das zu niedrig geraten war. Schließlich wurde aber dieser Konstruktionsfehler behoben und die Genehmigung für die Einlagerung erteilt. Nun stand aber noch die Bevölkerung im Wege, die für den Fall einer Einlagerung Blockaden angekündigt hatte. Deshalb wurde die Einlagerung der ersten Abfälle immer weiter hinausgeschoben.

Im Atomkraftwerk Stade spitzte sich derweil das Müllproblem zu. Auch dort hatte man den schwach- und mittelaktiven Abfall in Gebäuden auf dem Gelände angehäuft. Er war schließlich so aufgetürmt, daß eine Krananlage, die vom TÜV inspiziert werden mußte, nicht mehr zugänglich war. Zur Freilegung der Krananlage sollten die Fässer ins Wendland transportiert werden.
Das war auch den Gegnern der Einlagerung in Gorleben bekannt. Das Atomkraftwerk Stade stand unter ständiger Beobachtung, um das Auftauchen der ersten Lkws sofort weiterzumelden. Als es schließlich soweit war, waren die Stader Beobachtungsposten zwar gerade vorübergehend festgenommen, die Kunde vom Abtransport erreichte aber rechtzeitig das Wendland.
Der erste Atommülltransport ins Zwischenlager Gorleben geriet zum großen Spektakel. Alle nur denkbaren Um- und Schleichwege wurden von den Atommüll-Transportern genommen — teilweise ohne Beachtung der auf den jeweiligen Wegen zulässigen Höchstlast —, um möglichst ungehindert das Wendland zu erreichen. Großräumig um das Zwischenlager waren die Straßen gesperrt, der Verkehr wurde umgeleitet. In den Ortschaften wurden die Menschen von den »Ordnungskräften« aufgefordert, nicht auf die Straßen zu gehen. Wer irgendwie verdächtig erschien, wurde kontrolliert, in einigen Fällen wurden Unbeteiligte mißhandelt. Vielen bis dahin noch Uninteressierten drängte sich das Bild des »Atomstaats« auf. Nur wegen des massiven Polizeiaufgebots konnte der Atommüll trotz vieler Blockaden schließlich das Zwischenlager Gorleben erreichen.
Doch dann standen die Betreiber des Zwischenlagers vor technischen Problemen. Der erste Atommüll war kaum eingelagert, da zeigten sich im Boden des Lagers Risse. Gerade das ist aber in einer Halle, deren Boden mit einem enormen Gewicht belastet werden und die radioaktive Abfälle zumindest für Jahrzehnte sicher einschließen soll, nicht tolerabel. Es stellte sich heraus, daß für den Fußboden ein völlig unbrauchbares Material verwendet worden war. Die Einlagerung wurde per Gerichtsbeschluß gestoppt, und der Fußboden mußte erneuert werden.
Später traten weitere Schwächen des »Zwischenlagerkonzepts« zum Vorschein. So wurde beispielsweise aus Stade Atommüll angeliefert, der von seiner Strahlung her, gemessen außen am Faß,

den Transport- und Einlagerungsbestimmungen nicht entsprach. Da in Gorleben keine Möglichkeit besteht, solchen Abfall in einen »zwischenlagerfähigen« Zustand zu bringen, mußte er abgewiesen und zurückgebracht werden — trotz des Wissens um die Unzulässigkeit des Transports.
Das zweite externe Zwischenlager für schwach- und mittelaktive Abfälle in Mitterteich, dem auch eine Landessammelstelle für bayrischen Atommüll, der nicht aus dem Atomkraftwerkbetrieb stammt, angegliedert ist, war von Anfang an mangelhaft geplant worden. Anders als in Gorleben trat dies allerdings erst in einem Gerichtsverfahren zutage. In einer mündlichen Verhandlung vor dem Verwaltungsgericht Regensburg wurde von Gegnern des Zwischenlagers auf einen durch die Konstrukion der Wände bedingten unzureichenden Schutz der Bevölkerung vor der Strahlung hingewiesen. Zur allgemeinen Überraschung behauptete die Betreiberseite daraufhin, daß die Konstruktion der Außenwände inzwischen geändert worden sei. Dies war auch für die Richter erstaunlich, da während des Verfahrens keine neuen Unterlagen eingereicht worden waren, aus denen sich eine solche Änderung ergeben hätte.
Es stellte sich dann heraus, daß tatsächlich während des Zwischenlagerbaus bauliche Änderungen, die auch die Fundamente betrafen, vorgenommen worden waren, ohne daß dies mitgeteilt worden wäre. Die örtliche Bürgerninitiative, von der die Klage beim Verwaltungsgericht unterstützt wurde, geriet jedoch während des Prozesses so sehr unter politischen Druck, daß die Klage nicht mehr in der zweiten Instanz weitergeführt wurde.
Die aus dem laufenden Atomkraftwerkbetrieb anfallenden schwach- und mittelaktiven Abfälle sind ihrer Art und Menge nach in einer Veröffentlichung der Vereinigung der deutschen Elektrizitätswirtschaft (VdEW) vom Januar 1988 aufgeführt. Danach umfassen sie in unbehandelter Form bei einem großen Druckwasserreaktor etwa 290 Kubikmeter und bei einem großen Siedewasserreaktor etwa 570 Kubikmeter pro Jahr. Derzeit muß also nach den Betreiberangaben davon ausgegangen werden, daß jedes Jahr 5400 Kubikmeter Betriebsabfälle aus den Atomkraftwerken zu den bereits vorhandenen hinzukommen. Umgerechnet wären das jährlich weit über 10 000 Müllfässer, in Wirklichkeit ist das Aufkommen aber erheblich geringer. Dies ist auf

die parallel zur Erweiterung der Lagerkapazität entwickelten Methoden der »Volumenreduzierung« zurückzuführen.
Der »Volumenreduzierung« geht das Sortieren der Abfälle voraus. Zu unterscheiden sind die Kategorien brennbarer Müll, verpreßbarer Müll und flüssiger Müll. Brennbarer Müll sind beispielsweise radioaktiv verunreinigte Kleidung, Handschuhe und Papiertücher; zum verpreßbaren Müll zählt sperriger Schrott; flüssiger Müll können zum Beispiel Reinigungsmittel sein.
In einem Atomkraftwerk wird der Atommüll in der Regel nicht nach diesen Kategorien getrennt gesammelt. Er muß daher später auseinandersortiert werden, um getrennt weiterbehandelt werden zu können. Häufig wird dies dort gemacht, wo er in zentralen Anlagen »volumenreduziert« wird.
Brennbarer Müll wird zur Volumenreduzierung verbrannt. Die bei der Verbrennung zurückbleibende Asche und nichtbrennbaren Bestandteile bleiben als radioaktiver Müll zurück, ebenso der Filterstaub, der bei der Reinigung der Verbrennungsabgase anfällt. In der Theorie soll dabei das Verbrennungsabgas keine Radioaktivität mehr enthalten, die flüchtigen radioaktiven Stoffe sollen auf Filtern zurückgehalten werden. In der Realität kann allerdings nur ein Teil der radioaktiven Stoffe aus dem Abgas herausgefiltert werden.
In verfestigter Form können die Verbrennungsrückstände in Fässer verpackt werden. Die Verbrennung radioaktiver Abfälle hat inzwischen ein großes Ausmaß angenommen, da die Menge an Rohabfall auf nur noch wenige Prozent des ursprünglichen Volumens reduziert wird.
Nicht nur bundesdeutsche Verbrennungsanlagen wurden genutzt, sondern auch Anlagen im Ausland. Die umfangreiche Verbrennung von Atommüll in Mol und im schwedischen Studsvik wurde bis zum Transnuklear-Skandal von der Öffentlichkeit nicht beachtet. Lediglich bei den inländischen Anlagen, deren größte von der Siemens AG (Unternehmensbereich KWU) in Karlstein am Main betrieben wird, gab es Widerstand. Weitere Verbrennungsanlagen existieren in den Kernforschungszentren in Karlsruhe und Jülich.
Die Firma Transnuklear hat zwischen 1982 und 1987 jährlich etwa 100 Lkw-Transporte mit brennbaren radioaktiven Abfällen nach Mol durchgeführt, überwiegend Betriebsabfälle aus Atom-

kraftwerken. Ebenfalls zwischen 1982 und 1987 gab es rund 100 Schiffstransporte im Jahr nach Studsvik. Die Menge des von 1983 bis 1987 nach Schweden transportierten schwachaktiven Abfalls betrug 1325 Tonnen; er stammte aus 18 bundesdeutschen Atomkraftwerken. Insgesamt 1025 Tonnen dieses Abfalls sind in Schweden verbrannt worden. Der weite Transport brennbarer radioaktiver Abfälle birgt natürlich auch besondere Gefahren bei Unfällen in sich.
Der Antrag auf Errichtung und Betrieb eines Verbrennungsofens für radioaktive Abfälle in Karlstein, der Abfallreduzierungsanlage Karlstein (ARAK), wurde im April 1981 gestellt. Die Kapazität sollte 100 Kilogramm je Stunde betragen. Für diese Verbrennungsanlage war keine Filterung von radioaktivem Jod aus dem Abgas vorgesehen.
Die erforderlichen Genehmigungen wurden im Sommer 1982 erteilt, und gleichzeitig wurde deren »sofortige Vollziehbarkeit« angeordnet. Das wurde damit begründet, daß nach dem Ende der Einlagerung in der Asse II der Atommüll nicht mehr anders zu beherrschen sei. Es wurde sogar darauf verwiesen, daß für den Fall einer Verzögerung des Betriebsbeginns mit Stillegungen von Atomkraftwerken wegen ungelöster Entsorgungsprobleme zu rechnen sei.
Trotz der vorliegenden Genehmigung wurde aber seltsamerweise über Jahre hinweg nicht mit dem Bau der Anlage begonnen. Sie ist erst seit Juli 1986 in Betrieb. Es bleibt die Frage, warum das Interesse an der ARAK in Karlstein so nachgelassen hatte, zumal der Transport zur Verbrennung ins Ausland damit begründet wurde, daß in der Bundesrepublik die Kapazität nicht ausreiche oder für bestimmte Verfahren nicht zur Verfügung stehe.
Die Verbrennung in den ausländischen Anlagen führte zu einem umfangreichen Mülltourismus, da die verbleibenden Abfälle auch wieder zurückgenommen werden mußten. Im Idealfall sollte dabei der identische Abfall mit seinen speziellen Radionukliden in reduziertem Volumen an das Atomkraftwerk zurückgegeben werden, das den brennbaren Müll geschickt hatte. Denjenigen, die diese Forderung aufstellten, war aber offenbar entgangen, daß aus technischen Gründen bei der Verbrennung vieler unterschiedlicher Abfälle aus mehreren Anlagen in einem großen Verbrennungsofen eine solche Forderung nicht eingehalten

werden kann. Eine Vermischung findet zwangsläufig statt, auch wenn sie vertragsgemäß nicht zugelassen ist. Man überging dieses Problem, indem darüber nicht gesprochen wurde.

Öffentlich bekannt wurde diese Schwierigkeit erst, als im Zuge der Ermittlungen gegen die Firma Transnuklear wegen der Zahlung von vielen Millionen Mark an Bestechungsgeldern fieberhaft nach über 300 Fässern gesucht wurde. Diese Fässer enthielten durch die gleichzeitige Verbrennung plutoniumhaltiger Abfälle in Mol ebenfalls Plutonium. Im Eifer ging die Tatsache unter, daß die Fässer von ihrem Plutoniumgehalt her ohne weiteres den für Schacht Konrad geplanten Einlagerungsbedingungen entsprachen. Der Plutoniumgehalt hätte nur deklariert werden müssen. Ein Grund für Zahlungen von Bestechungsgeldern kann daher in dem Plutoniumgehalt kaum gesehen werden. Es ist aber erstaunlich, daß Verträge geschlossen werden, die aus technischen Gründen, die den Vetragspartnern bekannt gewesen sein müssen, nicht einhaltbar sind.

Offiziell wird abgestritten, daß durch die gängige und technisch bedingte Praxis in Zusammenhang mit der Atommüllverbrennung oder durch aus anderen Gründen gezahlte Bestechungsgelder Sicherheitsbelange tangiert gewesen seien. Keine stichhaltige Erklärung konnte aber dafür geliefert werden, daß so viele für die Sicherheit zuständige Techniker der betroffenen Atomkraftwerke in die Bestechungsgeldzahlungen verwickelt waren.

Eine andere Technik der »Volumenreduzierung« radioaktiver Rohabfälle ist das sogenannte Hochdruckverpressen. Hierzu wurden sogar mobile Anlagen entwickelt, die die Verpressung direkt am Standort des Atomkraftwerks erlauben. Bei diesem Verfahren, das auch für Rückstände einer vorherigen Verbrennung anwendbar ist, wird der Inhalt eines Fasses unter hohem Druck zu einer »Tablette« (»Preßling«) gepreßt. Mehrere Preßlinge können dann in einem Faß übereinandergestapelt werden. Größere festinstallierte Hochdruckpressen wurden in den Kernforschungszentren in Karlsruhe und Jülich eingerichtet.

Bekannt wurden Fässer mit hochdruckverpreßten schwach- und mittelaktiven Abfällen auch als »Blähfässer«. Das sind Fässer, in deren Innern durch die Bildung von Wasserstoff hoher Druck entsteht, der zum Aufblähen oder Aufplatzen der Fässer führt. Die Gasbildung in den Fässern läßt dabei auf das Vorhandensein

von Feuchtigkeit in Verbindung mit Radiolyse und Metall-Wasser-Reaktionen schließen. Solche Fässer wurden 1988 zum Beispiel im Zwischenlager am Atomkraftwerk Isar-1 und im Zwischenlager Gorleben entdeckt. In Gorleben wurden darüber hinaus bereits aufgerissene Fässer gefunden.
Eine weitere Möglichkeit der »Volumenreduzierung« besteht bei flüssigen Abfällen darin, daß sie verbrannt oder durch Eindampfen aufkonzentriert werden. Für die weitere Lagerung bleibt dann noch ein Konzentrat in verfestigter Form.
Es gibt also vielfältige technische Möglichkeiten, eine endgültige »Beseitigung« des Atommülls immer weiter vor sich herzuschieben, ohne der Lösung dieses Problem näher zu kommen. Alle Maßnahmen der Volumenreduzierung führen nur dazu, daß die schließlich gelagerten »konditionierten« Abfälle nicht mehr weiter verkleinert werden können. Diese Situation ist aber offenbar ein ausgezeichneter Nährboden für die verblüffendsten Scheinlösungen. An die Öffentlichkeit gerieten beispielsweise Überlegungen, Atommüll nach China in die Wüste Gobi zur »Endlagerung« zu transportieren. Auch die Wüste Namib in Namibia war schon im Gespräch. Auch wenn ernsthafte Absichten in einer solchen Richtung bislang dementiert worden sind, besteht die Möglichkeit, daß sie in einigen Jahren dennoch konkret werden. Anlaß könnte beispielsweise das Eingeständnis sein, daß die Endlagerung im Salzstock Gorleben nicht möglich ist. Hinter den Kulissen versuchen schon jetzt einflußreiche Mitglieder des Wirtschaftsverbands Brennstoffkreislauf, die Entsorgung in der Wüste zu realisieren. Die Lagerung des gefährlichen »Wohlstandsmülls« in anderen Kontinenten stellt ebenso eine Mißachtung der Interessen der dort lebenden Menschen dar wie die Versenkung radioaktiver Abfälle im Meer. Diejenigen, die solche Vorschläge machen oder sie dulden, sind offensichtlich den Problemen nicht gewachsen.
Auch im Ausland ist die Entsorgung radioaktiver Abfälle ungelöst. In Frankreich, Großbritannien und den USA entledigt man sich schwach- und mittelaktiver Abfälle durch oberflächennahes Vergraben oder durch Zwischenlagerung. Lediglich Atommüll mit langlebigen Alphastrahlern und hochradioaktive Abfälle werden dort mangels »Endlager« grundsätzlich zwischengelagert.

In der DDR wird bei Bartensleben im Bezirk Magdeburg, nahe der Grenze zur Bundesrepublik, seit 1978 in einem Salzbergwerk schwachaktiver Müll eingelagert. Schweden hat im April 1988 ein Endlager für schwach- und mittelaktiven Müll in Granit in 50 Meter Tiefe unter der Ostsee an der Küste von Forsmark in Betrieb genommen. Ebenfalls im April 1988 war Baubeginn eines finnischen Endlagers für schwach- und mittelaktive Abfälle, das 1992 aufnahmebereit sein soll. Es soll in 70 Meter Tiefe im Felsgestein neben dem Atomkraftwerk Olkiluoto eingerichtet werden.

In anderen europäischen Ländern steckt die Erschließung von Endlagerstätten in den Kinderschuhen. Die Entsorgungssituation ist also nicht besser als in der Bundesrepublik. Für hochaktive Abfälle gibt es bislang nirgends eine Endlagerstätte.

Als Folge dieser Probleme bestehen in jedem Land mit Atomenergienutzung Bedingungen, die bereits zu Entsorgungsproblemen geführt haben oder führen werden. In dieser Situation sind internationale Umschlagplätze für Atommüll entstanden. Eine der Drehscheiben für Verfahren zur Abfallbehandlung ist Mol in Belgien, das durch die Transnuklear-Affäre bekannt wurde.

Der Skandal um die Hanauer Transportfirma Transnuklear hat die in der Bundesrepublik bestehenden Probleme deutlich gemacht. Nachdem Vertauschungen von Atommüll, die Rückgabe von plutoniumhaltigem Müll in die Bundesrepublik, aufgeplatzte Fässer im Zwischenlager Gorleben und nicht zuletzt die ebenfalls umfangreichen Verschiebungen von Millionenbeträgen aus ungeklärten Ursachen öffentlich bekannt geworden waren, bestand seitens der Atomwirtschaft und der Bundesregierung ein dringender Handlungsbedarf.

Die ersten Reaktionen der Atomwirtschaft kamen sehr bald — noch 1987 — in Form von fristlosen Kündigungen, sowohl bei Transnuklear als auch bei den Reaktorbetreibern. Anfang 1988, als die Transnuklear bereits die vollzogene Entlassung aller unzuverlässigen Mitarbeiter gemeldet hatte, setzte eine zweite Entlassungswelle ein, da der in die Zahlung von Bestechungsgeldern verstrickte Personenkreis noch mal gewachsen war. In Biblis traf es zum Beispiel den für die Sicherheit und den Strahlenschutz zuständigen Abteilungsleiter.

Die Entlassungen sind aber nicht in allen Fällen auch tatsächlich

vorgenommen worden. Viele Mitarbeiter haben ihre verantwortungsvollen Aufgaben behalten oder wurden bestenfalls in andere Bereiche versetzt. Der niedersächsische Umweltminister beispielsweise ließ im Dezember 1987 verlauten, daß im Atomkraftwerk Unterweser vier, im Atomkraftwerk Grohnde drei, im Atomkraftwerk Stade drei und in der Hauptverwaltung der PreußenElektra vier Personen in den Bestechungsskandal verwickelt waren. Gleichzeitig wies der Minister darauf hin, daß das Atomgesetz allein die Zuverlässigkeit der »die Betreibergesellschaften gesellschaftsrechtlich vertretenden Personen« und der »in den Kernkraftwerken für die Leitung und Beaufsichtigung des Betriebes der Anlage verantwortlichen Personen« fordere. Die erste Gruppe sei gar nicht tangiert, von der zweiten Gruppe neun Personen (vier in Unterweser, drei in Grohnde und zwei in Stade). Dennoch wurde nur über die Entlassung von drei Mitarbeitern der Hauptverwaltung der PreußenElektra und jeweils einem Mitarbeiter in den Atomkraftwerken Unterweser und Stade berichtet. Die Maßnahmen waren also keineswegs so drastisch, wie es bisweilen geklungen hat.
In Baden-Württemberg nahm die Landesregierung zu Mitarbeitern in den Atomkraftwerken Neckarwestheim und Philippsburg Stellung, die in den Skandal verwickelt waren. Von einem sagte sie, daß ihm die »Bereitstellung von schwachaktiven Abfällen für den Transport oblag«, vom anderen, er sei »Sachbearbeiter für die Entsorgung von radioaktiven Abfällen«. Die Landesregierung kam zu dem Schluß: »In beiden Fällen handelt es sich nicht um verantwortliche Personen im Sinne von § 7 Abs. 2 Nr. 1 Atomgesetz.« Die Personen, die konkret mit den radioaktiven Abfällen, ihrer Sortierung, Deklarierung, Behandlung und ihrem Transport zu tun haben, sind also nach Meinung der Landesregierung nicht in so verantwortlicher Position, daß ihre Zuverlässigkeit im Sinne des Atomgesetzes gefordert werden müßte.
Seither lautet die offizielle Sprachregelung, es habe düstere Machenschaften einzelner Mitarbeiter gegeben, diese seien entlassen worden, das schlechte Bild könne nicht auf die ganze Branche übertragen werden, und insofern sei nun alles in Ordnung.
Neben den Entlassungen einzelner Mitarbeiter kamen von seiten der Atomwirtschaft und Energieversorgungsunternehmen auch

neue Konzepte auf den Tisch, wie man in Zukunft die Zahl der Transporte zu reduzieren gedenke. Im Vordergrund stand dabei die verstärkte Abfallbehandlung vor Ort. Außerdem boten die Energieversorgungsunternehmen an, den Transport in die eigenen Hände zu nehmen. An den zwei entscheidenden Firmen, Transnuklear und Gesellschaft für Nuklear-Service (GNS), sind allerdings die Energieversorgungsunternehmen schon immer beteiligt gewesen.
Es blieb nicht bei den von der Atomwirtschaft gezogenen »Konsequenzen«. Bundesumweltminister Töpfer meldete sich ebenfalls zu Wort — mit dem Entschluß, ein neues Bundesamt für Strahlenschutz zu schaffen. Dessen Aufgabe soll es sein, bisher auf viele Institutionen verteilte Aufgaben zusammenzufassen, überschaubar und kontrollierbar zu halten.
Eine Aufgabe des Bundesamts für Strahlenschutz soll darin bestehen, Radioaktivitätsmeßproben zu erheben, auszuwerten und zu bewerten — die Monopolisierung der unmittelbar nach dem Reaktorunfall in Tschernobyl noch von den Bundesländern vorgenommenen Tätigkeit also. Andere zukünftige Aufgabenbereiche des Bundesamts sollen die Endlagererkundung sowie die wissenschaftliche und administrative Unterstützung des Bundesumweltministers sein.
In Wirklichkeit verbirgt sich hinter diesem Konzept eine Zusammenlegung von Personal, beispielsweise von Mitarbeitern der Gesellschaft für Strahlen- und Umweltforschung (GSF) in Neuherberg oder der Physikalisch-Technischen Bundesanstalt (PTB) in Braunschweig. Wo eine neue und ausreichende Kontrollkapazität herkommen soll, ist nicht ersichtlich. Der wesentliche Vorteil scheint also eine weitere Zentralisierung zu sein. Vielleicht nützt ja die neue Struktur in der Hinsicht, daß gelegentlichen kritischen Äußerungen einzelner in Zukunft besser begegnet werden kann.
Ein weiterer Vorschlag Töpfers bestand darin, das Gewirr der unternehmerischen Beziehungen in der Atomwirtschaft zu entflechten. Dadurch solle eine klare Trennung der Kompetenzen und der Verantwortung sowie eine effektivere Überwachung möglich werden. Bereits die Entflechtung bereitet aber Schwierigkeiten. Peter Schmidt, Betriebsratsvorsitzender von Transnuklear, meinte nach Bekanntwerden der Pläne Töpfers im Juni

1988 gegenüber der »Frankfurter Rundschau«: »Der alte Filz ist weg, aber der neue ist genauso unübersichtlich.«
Anlaß für diese Äußerung war, daß angeblich alle Transportaufgaben auf dem Nuklearsektor der Nuclear Cargo und Service GmbH (NCS) übertragen werden sollten, einer Tochter der Firma Schenker, die wiederum zu 100 Prozent der Deutschen Bundesbahn gehört. Die Beteiligung der Transnuklear an der Firma Nukleare Transportleistungen (NTL), die bislang europaweit die abgebrannten Brennelemente in die französische und britische Wiederaufarbeitungsanlage verfrachtete, wurde zwar abgetreten, aber nicht an ein staatliches Unternehmen, sondern an die RWE-Tochter Reederei Spedition Braunkohle, die zuvor ihre Transportaktivitäten auf dem Nuklearsektor an die NCS abgetreten hatte. Der Transnuklear-Betriebsratsvorsitzende vermutete, daß sich das RWE seinen Einfluß auf den Transport abgebrannter Brennelemente nicht aus der Hand nehmen lassen wolle.
Die Gewerkschaft der Eisenbahner Deutschlands wurde durch die Pläne Töpfers aufgeschreckt. Sie befürchtete, daß die Mitarbeiter einer erhöhten Strahlenbelastung ausgesetzt sein könnten. Denn einerseits gibt es in der Strahlenschutzverordnung für die normale Bevölkerung einen Grenzwert von 30 Millirem (0,3 Millisievert) im Jahr, andererseits sind an der Oberfläche von Behältern mit radioaktiven Abfällen Dosisleistungen von 1000 Millirem (10 Millisievert) pro Stunde zugelassen. Für das Rangierpersonal könnten daher sehr schnell unzulässige Belastungen erreicht werden. Generell wird erkennbar, welche Probleme mit einer Zunahme der Tranporte verbunden sind. Von der technischen Seite her bestehen diese Probleme im übrigen auch bei Straßen- und Lufttransporten.
Töpfer hatte über die administrativen Maßnahmen hinaus auch Vorschläge parat, die das Atommüllproblem von der technischen Seite angehen: eine lückenlose Überprüfung des Atommülls, um die Vertauschung oder die unzulässige Lagerung und Behandlung von Atommüll in Zukunft zu verhindern.
Die Probleme einer solchen technischen Lösung sind vielfältig. Es ist zu fragen, ob eine wirklich lückenlose Kontrolle überhaupt möglich ist.
Nehmen wir einmal an, es soll die vorgeschriebene Abfallbe-

handlung (»Konditionierung«) für eine spätere »Endlagerung« überprüft werden. Gleichzeitig soll kontrolliert werden, ob transportierter Atommüll mit den Begleitpapieren in Einklang steht. Der erste Aspekt ist in Zusammenhang mit Töpfers Forderung zu sehen, daß sichergestellt werden müsse, »daß nur solche Abfälle in das geplante Endlager Konrad gelangen, die den Endlagerungsbedingungen zweifelsfrei entsprechen«. Der zweite Aspekt ist von Bedeutung, da die Atomkraftwerkbetreiber, die in der Vergangenheit Atommüll zur Behandlung nach Mol gegeben haben, nach Vertrag und Begleitpapieren davon ausgehen mußten, daß sie genau ihren Atommüll — volumenreduziert und endlagergerecht »konditioniert« — zurückerhielten.
Spielen wir die »lückenlose Kontrolle« einmal durch. Zunächst falle als Beispiel ein brennbarer Abfall in einem Atomkraftwerk an. Der soll in einer zentralen Verbrennungsanlage verbrannt und »konditioniert« zurückgegeben werden. Er wird in ein Faß gepackt, und es wird geprüft, ob das Faß den Transportbestimmungen entspricht, ob also außen die Strahlung gewisse Grenzwerte nicht überschreitet. Nehmen wir in diesem Beispiel an, daß der zulässige Grenzwert eingehalten ist. Dann wird das Faß verladen, ein Unternehmen übernimmt den Transport. Ihm liegt ein Faß und ein Stück Papier vor, das Herkunft und Inhalt des Fasses angeben soll. Das Transportunternehmen hat nun zu überprüfen, ob zwischen diesen beiden Dingen ein Zusammenhang besteht.
Das ist schon vor dem Transport wichtig, da ja bei einem Unfall mit einem ausbrechenden Brand auch die Abfälle Feuer fangen können, was zu einer Freisetzung radioaktiver Stoffe führen würde. Im Hinblick auf erforderliche Lösch- und Rettungsarbeiten sollte dann sofort bekannt sein, ob die Radioaktivität so hoch ist, daß ein Atemschutz oder andere Strahlenschutzkleidung erforderlich ist. Bei einem Brand können auch Alphastrahler wie Plutonium, die aufgrund ihrer Strahlungseigenschaften außen an einem Faß praktisch nicht gemessen werden können, freigesetzt werden. Eingeatmet sind sie aber äußerst gefährlich.
Bei nur ganz schwach gammastrahlenden und nicht»konditionierten« Abfällen, wie sie im normalen Atomkraftwerkbetrieb allerdings nicht anfallen, könnte von außen durch die Gammastrahlung noch ein Gramm Plutonium in einem 200-Liter-Faß

entdeckt werden. Eine Neutronenmessung von außen könnte noch etwa 0,01 Gramm Plutonium nachweisen — allerdings nur, wenn die Isotopenzusammensetzung des Plutoniums, das Vorhandensein von anderen Neutronenstrahlern oder von Alphastrahlern, die aus leichten Elementen durch ihre Strahlung Neutronen freisetzen, die räumliche Verteilung des Plutoniums im Faß und die Art des verseuchten Materials bekannt sind. In unserem Beispiel scheidet diese Methode also aus.

Ähnliche Probleme stellen sich bei einer Bestrahlung des Fasses mit Neutronen, um die Neutronen von dadurch gespaltenem Plutonium zu messen. Günstigstenfalls könnten mit dieser Methode noch bis zu 0,1 Gramm Plutonium festgestellt werden. Selbst diese Menge entspräche aber noch mehr als 100 Millionen Becquerel Plutonium. Da durch das Einatmen eines einzigen Becquerels bereits der jährlich zulässige Grenzwert nach der Strahlenschutzverordnung für die Bevölkerung erreicht werden kann, ist diese Menge viel zu groß, als daß sie unbemerkt bleiben dürfte.

Das heißt aber, daß das Faß zur Überprüfung seines Inhalts auch geöffnet werden muß. Eine repräsentative Probe wäre zu entnehmen. Dies setzt aber wiederum voraus, daß es sich um einen homogenen Abfall handelt. Besteht der Abfall zum Beispiel aus lauter Wischtüchern, so ist jedes Tuch einzeln zu untersuchen, da ja an jedem eine anders zusammengesetzte Radioaktivität haften kann.

Die Proben sind nun auf ihre Aktivität hin zu untersuchen. Gammastrahler dürften sich innerhalb von einigen Minuten je Probe identifizieren lassen, Alphastrahler sind ebenfalls als solche schnell meßbar. Schwierig wird es, wenn eine Messung von Alphastrahlung positiv ausfällt. Entweder ist die Alphaaktivität so gering, daß auch eine Plutoniumaktivität in dieser Höhe akzeptiert wird, oder die Probe wäre auf Plutonium hin zu untersuchen. Sie könnte dann zum Beispiel nach Karlsruhe ins Kernforschungszentrum eingeschickt werden. Fallen nur wenige Proben täglich in der Bundesrepublik an, so könnte man schon nach wenigen Tagen mit einem Ergebnis rechnen, ansonsten wird man sich länger gedulden müssen. Ist auch diese Hürde genommen, kann der Müll transportiert werden.

Setzen wir voraus, es sei möglich, nur diesen speziellen Abfall als

eine Charge zu verbrennen und anschließend genau die zurückbleibende Asche und den entsprechenden Filterstaub separat zu halten. Dann wird abgewartet, bis ein ganzes Faß mit Asche und Filterstaub aus dem speziellen Atomkraftwerk angefallen ist. Dieses Faß kann nunmehr »konditioniert« werden. Der Müll wird mit Beton verfestigt, das Faß gasdicht verschlossen. Die Dosisleistung außen wird überprüft — nehmen wir an, daß sie den zulässigen Grenzwert einhält.
Das Faß kann zurückgegeben werden. Es wird dem Transportunternehmen übergeben. Die oben beschriebene Prozedur geht von vorne los. Bei einem Unfall wird zwar die Asche kaum brennen, aber Stäube könnten freigesetzt werden, falls das Faß nicht mit Zement ausgegossen wurde. Also wird erst einmal außen am Faß die Strahlung gemessen und — falls sich diese innerhalb der zulässigen Grenzen bewegt — das Faß geöffnet.
Das Faß ist aber »konditioniert«, das heißt auch auf spezielle Weise luftdicht verschlossen. Nach der näheren Untersuchung gibt es zwei Möglichkeiten: Entweder wird das Faß in einer transporteureigenen Konditionierungsanlage wieder verschlossen, oder es wird zu diesem Zweck an die Verbrennungs- und Konditionierungsanlage zurückgegeben. Die letztgenannte Möglichkeit würde allerdings zu einer endlosen Kette von Faßuntersuchungen führen.
Das gleiche Problem mit der Überprüfung des »konditionierten« Mülls stellt sich, wenn er wieder beim Atomkraftwerk ankommt. Geht er nach einiger Zeit in ein externes Zwischenlager, so wiederholt sich die Prozedur abermals.
Mit einem einzigen Faß könnte das beschriebene Verfahren vielleicht durchführbar sein. Jährlich fallen aber schon in einem einzigen Atomkraftwerk mehr als 1000 Fässer an. Es bedarf wohl keiner näheren Erläuterung, daß bei einer solchen Zahl von Atommüllfässern eine »lückenlose Kontrolle« zwar eine schöne Forderung ist, die im übrigen auch neue Arbeitsplätze schafft, aber völlig unpraktikabel wäre.
Eine lückenlose Überwachung des Atommülls ist aber nicht nur unpraktikabel, sondern dieser Umstand ist auch jedem Fachmann klar. Ebenfalls klar ist, daß das Risiko, beim Vertauschen, beim unzulässigen Verpacken oder bei der falschen Deklaration von Atommüll ertappt zu werden, gering ist.

Der in Zukunft für die Atommüllproduzenten anstehende Druck wird den der Jahre vor 1988 noch weit übersteigen. Die volle Zahl der Atomkraftwerke ist gerade erst in Betrieb gegangen, eine Wiederaufarbeitungsanlage wird im Falle ihrer Inbetriebnahme den Atommüll vervielfachen, Abfälle aus dem Ausland müssen zurückgenommen werden, und schließlich stehen ganze Atomkraftwerke zum Abriß an. Alle anfallenden Abfälle werden zunächst gelagert werden müssen, da eine Endlagermöglichkeit nicht in Sicht ist. Selbst wenn ein Endlager in Betrieb genommen wird, muß jedoch noch die ganze Altlast allmählich abgetragen werden. Ebenso muß auch in diesem Fall weiter »konditioniert« werden. Gerade der Umstand, daß dann die konditionierten Abfälle im Endlager schnell aus dem Blickfeld geraten, bringt die Gefahr einer zu nachlässigen Konditionierung mit sich. Aufgeblähte und aufgeplatzte Fässer, wie sie sich in Zwischenlagern der Atomkraftwerke und im Zwischenlager Gorleben gefunden haben, wären bei einer baldigen Endlagerung nicht aufgefallen. Der nächste Atommüllskandal kann daher als unvermeidlich angesehen werden.

10. Die heiße Spur der »nichtstrahlenden« radioaktiven Abfälle

In diesem Kapitel werden radioaktive Abfälle betrachtet, die als solche in der Atommüllbilanz nicht erscheinen. Sie werden vielmehr als normaler Müll beseitigt oder sogar als Rohstoffe wiederverwertet. Die Atomwirtschaft war um Wortschöpfungen, die das Problem verschleiern sollen, nicht verlegen: In ihrer Sprache werden nach »Freimessung« Abfälle »freigegeben« und »schadlos beseitigt« beziehungsweise »schadlos wiederverwertet«. Die tatsächliche Konsequenz ist aber, daß beispielsweise nichtbilanzierte Mengen radioaktiver Stoffe auf Hausmülldeponien enden, ohne daß noch irgend jemand von deren Gefährlichkeit Notiz nimmt. Im Laufe einer langen Entwicklung hat der »Sachzwang« Atommüll zur heute gängigen Praxis geführt.

Gehen wir zurück in die Zeit von 1960 bis zum April 1977, in der die »Erste Strahlenschutzverordnung« in Kraft war. In dieser Verordnung wurden Radionuklide kurzer Lebensdauer — solche mit einer Halbwertszeit von weniger als 100 Tagen — und langlebige Radionuklide — Halbwertszeit größer als 100 Tage — unterschieden. Eine Behörde konnte unter bestimmten Bedingungen zulassen, daß radioaktive Abfälle wie gewöhnliche Abfälle behandelt wurden. Die Voraussetzungen waren dabei für Radionuklide kurzer und langer Lebensdauer unterschiedlich festgelegt.

Bei Radionukliden kurzer Lebensdauer war der gesamte Gehalt an einem aktiven Stoff in einer Abfallcharge begrenzt. Der Grenzwert hatte je nach Radionuklid eine unterschiedliche Höhe; für Jod-131 betrug er zum Beispiel 37 000 Bq. Innerhalb von drei Tagen dürften außerdem nicht mehr als zehn solcher Abfallmengen mit dem Hausmüll abgegeben werden.

In mit langlebigen Radionukliden verseuchten festen Abfällen war die Konzentration der radioaktiven Stoffe begrenzt. Die zu-

lässige Menge radioaktiver Stoffe im Hausmüll hing also von der Gesamtmenge des Abfalls ab. Der Grenzwert lag bei 370 000 Bq für einen Kubikmeter Abfall. Da der Grenzwert sich auf das Volumen bezog, war die zulässige Menge eines radioaktiven Stoffs pro Kilogramm je nach Art des Abfalls unterschiedlich. Für verseuchte Betonteile beispielsweise konnte der Grenzwert eine Aktivität von über 150 Bq/kg eines beliebigen radioaktiven Stoffs bedeuten. Angesichts dieser Regelungen war es nur eine Frage der geschickten Aufteilung und Mischung von Abfällen, um die bei Atommüll vorgeschriebenen Prozeduren zu umgehen.
Aus der Sicht des Strahlenschutzes war die damalige Regelung bedenklich. Die Grenzwerte der radioaktiven Stoffe in gewöhnlich beseitigten Abfällen waren nicht so gering gewählt, daß die mögliche Strahlenbelastung gegenüber sonst zugelassenen Belastungen hätte unberücksichtigt bleiben können. Bei der gewöhnlichen Beseitigung werden die Abfälle aus der Kontrolle entlassen, und damit geraten auch die möglichen Folgen außer Kontrolle. Sie können zur dauernden Belastung durch den Betrieb von Atomanlagen mehr beitragen als die offiziell immer wieder genannten niedrigen Werte. Nur der damals möglichen Einlagerung des Atommülls in die Asse II dürfte es zuzuschreiben sein, daß heute Mülldeponien in der Nähe von Atomanlagen nicht voller radioaktiver Stoffe sind.
Ein Beispiel für eine dennoch sehr belastete Mülldeponie gab es allerdings in Leopoldshafen in der Nähe des Kernforschungszentrums Karlsruhe. Auf dieser Deponie waren vom Kernforschungszentrum große Mengen radioaktiver Klärschlämme abgelagert worden, die teilweise auch höhere Belastungen aufwiesen, als nach der damaligen Regelung zugelassen waren. Der Leopoldshafener Vorfall schlug nicht nur lokal hohe Wellen, sondern spielte auch bei der Diskussion der Abfallparagraphen in der neuen und gründlich veränderten Strahlenschutzverordnung, die gerade entworfen wurde, eine Rolle.
Die neue Strahlenschutzverordnung trat dann im April 1977 in Kraft. Für radioaktive Abfälle aus Atomanlagen waren alle Ausnahmeregelungen, die zuvor eine »Entsorgung« mit dem Hausmüll zugelassen hatten, gestrichen worden.
Ausnahmen gab es nur noch in ganz bestimmten Fällen außerhalb des Bereiches der Atomanlagen: zum Beispiel dann, wenn

Müll bei der Lagerung und dem Umgang mit Spezialuhren anfällt, die radioaktive Stoffe enthalten, oder beim Umgang mit radioaktiven Arzneimitteln oder mit radioaktiven Stoffen beim Unterricht in Schulen. Gemeinsam ist diesen Tätigkeiten, daß die Menge der bei ihnen anfallenden Abfälle sehr gering ist und in keinem Verhältnis zur Menge der Abfälle aus dem Betrieb von Atomanlagen steht.
Natürlich dürfen aber auch die Abfälle aus den genannten Tätigkeiten nach der Strahlenschutzverordnung nicht grundsätzlich als Hausmüll abgegeben werden, sondern nur dann, wenn gewisse Grenzwerte unterschritten sind. Die Grenzwerte beziehen sich dabei auf die Abfallmasse und liegen, je nach Radionuklid, zwischen 370 und 370 000 Bq/kg. Ein Grenzwert von 370 Bq/kg gilt zum Beispiel für Strontium-90 und Plutonium-239, einer von 3700 Bq/kg für Kobalt-60, Jod-131, Cäsium-137; 37 000 Bq/kg sind es bei Ruthenium-103 und 370 000 Bq/kg bei (nichtangereichertem) Uran und Tritium.
Es ist einsichtig, daß so hohe Konzentrationen gefährlicher radioaktiver Stoffe gar nicht in die Umwelt gelangen sollten. Besonders problematisch ist, daß ihr weiterer Verbleib nicht kontrolliert wird. Belastungen können beispielsweise auftreten, wenn es bei einem Transportunfall zu einem Brand der Abfälle kommt und die dabei freigesetzten radioaktiven Stoffe eingeatmet werden. Ebenso können bei späterer Nutzung einer rekultivierten Deponie als Freizeitzentrum oder zum Lebensmittelanbau Belastungen auftreten, die entweder über direkte Strahlung aus dem Boden oder über die Nahrungskette erfolgen können. Die Belastung durch die Strahlung aus dem Boden kann sich auf einer abgedeckten Deponie auf einige hundert Millirem (einige Millisievert) pro Jahr belaufen.
Nun sieht es zunächst so aus, als würden wesentliche Probleme deshalb nicht zu erwarten sein, weil ja aus Atomanlagen solche Abfälle nicht abgegeben werden dürfen. Die Menge des strahlenden Hausmülls aus den anderen Bereichen wäre dann viel zu gering, als daß sie auf einer Deponie noch eine Rolle spielen könnte. Diese Sicht trifft leider nicht zu. Der Atomwirtschaft ist es gelungen, die Einschränkung der Abfallfreigabe auf bestimmte Tätigkeiten zu umgehen.
Als die neue Strahlenschutzverordnung und ihre Abfallregelun-

gen in Kraft traten, bekam die Atomwirtschaft sogleich kalte Füße. Im November 1977 wandte sich der Fachverband für Strahlenschutz mit einigen Fragen an das damals für den Strahlenschutz zuständige Bundesinnenministerium. Da die Formulierung der Strahlenschutzverordnung tatsächlich etwas unklar war, wollte man wissen, ob denn die oben genannten Grenzwerte für die einzelnen Radionuklide ganz allgemein und unabhängig von der Herkunft der Abfälle anzuwenden seien. Ein passendes Beispiel aus der Praxis war auch parat: mit Radiojod beaufschlagte Abfallfilter, wie sie in Atomkraftwerken in großen Mengen anfallen. Auch der Hinweis, daß dies aus Lagerkapazitäts- und Kostengründen aktuell sei, fehlte nicht.
Das Bundesinnenministerium gab aber den Schwarzen Peter an die Genehmigungsbehörden der Länder weiter: Aus Atomkraftwerken könne kein Abfall als Hausmüll abgegeben werden — es sei denn, es läge dazu eine Genehmigung vor. Die Genehmigungsbehörden der Länder sollten sich also mit dem Problem auseinandersetzen, welche Grenzwerte sie zulassen möchten. Damit die Genehmigungen in den einzelnen Bundesländern etwas einheitlicher ausfallen sollten, ließ ihnen das Bundesinnenministerium im September 1979 ein Rundschreiben zukommen. Bei der Erteilung von entsprechenden Genehmigungen, hieß es darin, könnten sie die Regelungen für die Kleinstabfälle ruhig sinngemäß übernehmen. Art, Menge und Häufigkeit der Abfälle sollten aber Berücksichtigung finden — wie diese Berücksichtigung aussehen sollte, blieb unerklärt.
Die Entscheidungshilfe des Bundesinnenministers wurde aber in der Praxis nicht in einer Weise angewendet, die den Gefahren der Beseitigung radioaktiver Abfälle mit dem Hausmüll gerecht würde. In vielen Bundesländern ist es seither üblich, Abfälle aus Atomanlagen genauso freizugeben wie die Kleinstmengen aus bestimmten anderen Tätigkeiten. Die niedersächsische Genehmigungsbehörde hat beispielsweise damit keine Probleme.
Den Schein einer sachgerechten Abwägung wahrend, behaupten die Genehmigungsbehörden seither auch immer wieder, Art, Menge und Häufigkeit der Abfälle seien berücksichtigt. Das Rundschreiben des Bundesinnenministers hat damit aufgrund seiner Unbestimmtheit das Problem nur verschärft. Die Atomwirtschaft konnte sich die Hände reiben, denn die neue Praxis

war in vielen Fällen für sie günstiger als die Regelung der »Ersten Strahlenschutzverordnung«.
Am Anfang war die Beseitigung schwachradioaktiver Abfälle aus Sicht der Atomkraftwerkbetreiber im wesentlichen eine Frage der Kosten. Nachdem die Einlagerung radioaktiver Abfälle in die Asse II gestoppt worden war, brachte die Beseitigung von Abfällen mit bis zu 370 000 Bq/kg als Hausmüll eine willkommene Entspannung der Entsorgungsmisere. Betroffen waren sowohl Abfälle aus den Kontrollbereichen von Atomkraftwerken — ohne Mengenbegrenzung — als auch Abfälle aus der Beseitigung von Atomanlagen. Die Betreiber des Atomkraftwerks Biblis konnten vor einigen Jahren stolz erklären, daß sie zu den wenigen gehörten, die sich solcher Praxis nicht bedienten.
Auch als um eine Genehmigung zum Abriß des Atomkraftwerks Niederaichbach nachgesucht wurde, forderten die Antragsteller 1984 die genannten Grenzwerte, um dann allen »nichtradioaktiven« Bauschutt im Straßenbau wiederverwenden zu können. Die Genehmigungsbehörde geriet in diesem Fall allerdings erstmals unter Druck der Öffentlichkeit: Sie genehmigte 1986 »nur« ein Zehntel der beantragten Grenzwerte.
Die bisherige Betrachtung bezog sich auf Abfälle. Eine weitere Schwierigkeit für Atomkraftwerkbetreiber kam aber hinzu, als in einer bislang beispiellosen Nachrüstaktion Tausende von Tonnen von Rohrleitungen aus einem ungeeigneten Material in vier Siedewasserreaktoren ausgetauscht werden mußten. Betroffen waren die Anlagen Philippsburg-1, Isar-1, Würgassen und Brunsbüttel, die zwischen 1980 und 1983 jeweils für mindestens ein Jahr zur Umrüstung stillstanden.
Die Lösung des Problems sahen die Betreiber in der Entseuchung des radioaktiven Schrotts unter die sonst für Abfälle genehmigten Grenzwerte und die anschließende Wiederverwertung als »nichtradioaktives« Material. In der Zeitschrift »Atomwirtschaft — Atomtechnik« wurde dieses Vorgehen 1984 als »weiterer Schritt der Normalisierung in der Kerntechnik« gefeiert. Der Name eines der Autoren des Artikels — Klaus Ramcke — steht auch am Beginn des Transnuklear-Skandals; er beging im April 1987 nach seiner fristlosen Entlassung Selbstmord.
Der für die konventionelle Wiederverwertung von Atomschrott zugrunde gelegte Grenzwert betrug im Falle Würgassen — be-

zogen auf das relevante Nuklid Kobalt-60 — 3700 Bq/kg. Ebenso wie beim »Hausmüll« orientiert sich der Grenzwert nicht an der Strahlenbelastung, die von einer Wiederverwertung des Schrotts zu Bratpfannen, Autos oder Baustahl herrühren kann. Diese Strahlendosis kann einige hundert Millirem (einige Millisievert) pro Jahr und unter extrem ungünstigen Bedingungen auch höhere Werte erreichen. Ein Beispiel besonders hoher Belastung wäre die Wiederverwertung zu einer Schiffskabine, in deren Innern die jährliche Strahlendosis mehrere tausend Millirem (mehrere Zentisievert) betragen würde. Beim Vergleich mit den sonstigen Grenzwerten der Strahlenschutzverordnung — zum Beispiel 30 Millirem (0,3 Millisievert) pro Jahr — drängt sich die Frage auf, wieso solcher Schrott eigentlich »nichtradioaktiv« genannt werden kann.

Da das Problem der Schrottverwertung aus Atomanlagen von verschiedenen Wissenschaftlern in den USA und Europa bereits vor einigen Jahren erkannt wurde, haben auch viele Autoren schon Strahlenbelastungen unter besonders ungünstigen Bedingungen errechnet. Im allgemeinen ergeben sich dabei erschreckende Zahlen. Die »Kunst« der Rechtfertigung einer Schrottwiederverwertung besteht deshalb im Herunterrechnen der Belastung durch die Wahl der zugrunde gelegten Annahmen, zum Beispiel von Aufenthaltszeiten und Nutzungsarten.

Atomschrott aus den Nachrüstungen der Siedewasserreaktoren sorgte lokal auch in Norddeutschland für Zündstoff. Die Würzburger Firma Noell hatte in Geesthacht bei Hamburg verseuchte Behälter aus dem Atomkraftwerk Brunsbüttel zerlegen lassen. Die Behälter wurden unter miserablen Arbeitsbedingungen in einem provisorischen Zelt geputzt. Der Strahlenschutz der damit Beschäftigten war vollkommen unzureichend, was dann auch in der Presse entsprechend gewürdigt wurde. Weitgehend unbemerkt verschwand dagegen der Schrott zur Weiterverarbeitung im Rohstoffkreislauf.

Radioaktiver Schrott ist aber nicht nur in den vier oben genannten Siedewasserreaktoren in großen Mengen angefallen. Mit ein wenig Mühe läßt er sich vielerorts aufspüren: Da ist zum Beispiel das seit einem Störfall im Jahre 1977 stillgelegte Atomkraftwerk Gundremmingen A, wo seit Jahren Komponenten wie Rohrleitungen und Armaturen abgebaut werden. Über 2000 Tonnen wurden bis 1988 als normaler Schrott wiederverwertet. Bis nach Großbritannien läßt sich der Weg des Schrotts aus Gundremmingen verfolgen. Ähnlich sah und sieht es bei dem schrittweisen Ausbau von Atomschrott aus den stillgelegten Reaktoren in Lingen, in Kahl und beim Karlsruher Mehrzweckforschungsreaktor aus.

Atomschrott aus dem Umbau des unrentablen Atomfrachters »Otto Hahn« in ein normales Containerschiff wurde ebenfalls wiederverwertet. Der größte Brocken, der Druckbehälter mit Einbauten, muß wegen seines hohen Gehaltes an radioaktiven Stoffen auf dem Gelände des GKSS-Forschungszentrums unterirdisch gelagert werden.

Neben der Wiederverwertung von Atomschrott ohne Einschränkung der Produktpalette gibt es aber auch noch die »Rückführung in die Kerntechnik«. Diese Art der Wiederverwertung kommt dann in Frage, wenn eine ausreichende »Dekontamination« unter die Grenzwerte für »nichtradioaktiven« Schrott nicht möglich ist.

In der Bundesrepublik wurde dieses Verfahren von der Krefelder Firma Siempelkamp eingeführt, die eine ganze Reihe von Gußprodukten herstellt. Abnehmer findet sie in den Branchen Werkzeugmaschinenbau, Motoren- und Getriebebau, Automobilfertigung und Wärmetechnik. Sie stellt aber auch viele Produkte für die Kerntechnik her, zum Beispiel Transportbehälter für radioaktive Abfälle und abgebrannte Brennelemente, vom einfachen Abschirmbehälter bis zum sogenannten Castor.

Am Anfang der Schrottverwertung bei Siempelkamp standen wieder einmal »Versuche«. An Rohrbündeln eines Zwischenüberhitzers, die 1982 im Atomkraftwerk Obrigheim ausgetauscht worden waren, wurde in einem Elektroschmelzofen untersucht, wie sich radioaktive Stoffe in Schrott bei dessen Einschmelzen verhalten — nicht der erste »Versuch« dieser Art. Dennoch förderten Bundesforschungsministerium und Europäische Gemeinschaft das Vorhaben. Nachdem — wieder einmal — festgestellt worden war, daß das gefürchtete Kobalt-60 beim Einschmelzen nicht abgetrennt werden kann, das weniger relevante Cäsium-137 dagegen in die Schlacke übergeht, wurde aus dem »Versuch« ein Dauerbetrieb. Seit Ende 1986 darf die Firma monatlich 500 Tonnen Atomschrott einschmelzen. Bislang hat

sie sich darauf beschränkt, ihren Ofen montags für Atomschrott und den Rest der Woche für normalen Schrott zu nutzen. Eingeschmolzen werden darf alles, was weniger als 74 000 Bq/kg hat, hergestellt werden zum Beispiel Abschirmbehälter für radioaktive Abfälle. Zulieferer der Firma Siempelkamp sind der Siemens-Unternehmensbereich KWU in Karlstein am Main und die Gesellschaft für Nuklear-Service in Duisburg-Wanheim, die dort den Schrott putzen und vorsortieren.
Auch im Kernforschungszentrum Karlsruhe wird Atomschrott für die weitere Nutzung in der Kerntechnik, aber auch für die Freigabe wiederverwertet. Zu diesem Zweck wurde dort die Einschmelzanlage für radioaktive Materialien (EIRAM) gebaut. In ihr dürfen alle einschmelzbaren Materialien — unabhängig von ihrem Radioaktivitätsgehalt — geschmolzen werden. Lediglich die Aktivitätskonzentration nach dem Einschmelzen entscheidet über den weiteren Verbleib des Materials. Bei mehr als 74 000 Bq/kg muß es als radioaktiver Abfall angesehen werden, bei weniger als 74 000 Bq/kg kann es im kerntechnischen Bereich wiederverwendet werden, und bei weniger als 500 Bq/kg gelangt es ohne Einschränkung in den Handel.
Die Firma Siempelkamp hätte sogar beinahe noch Konkurrenz bekommen: Auch bei Hoesch in Düren-Lendersdorf sollte ab 1986 im Auftrag der Firma Noell Atomschrott eingeschmolzen und wiederverwertet werden, die Transnuklear wollte 1987 bei Buderus in Wetzlar ihren Atomschrott loswerden. In Düren wurde der Antrag erst kurz vor dem öffentlichen Erörterungstermin zurückgezogen; offenbar bestand kein Interesse, mit der Öffentlichkeit über die »Schadlosigkeit« von radioaktiven Bratpfannen zu diskutieren. Bei Buderus trug die ablehnende Haltung der IG Metall dazu bei, daß die Firma einen Rückzieher machte.
Da es bei dem zur allgemeinen Verwendung freigegebenen Schrott keine Kontrolle des Verbleibs der späteren Produkte gibt, ist es dem Zufall überlassen, ob strahlende Gegenstände aufgespürt werden. Im Dezember 1984 wurden strahlende Baustahlträger in einer Klinik in Münster gefunden. Die Träger befanden sich in einem Raum mit Lüftungsanlagen, die Strahlung wurde zufällig bei Abnahmearbeiten durch den TÜV entdeckt. An der Oberfläche der Träger soll der Strahlenpegel etwa 1000 Millirem (10 Millisievert) pro Jahr betragen haben. Der Baustahl

enthielt Kobalt-60, dessen Konzentration bei etwa 4000 Bq/kg gelegen haben soll. Es wurde zwar von offizieller Seite bestritten, daß der Baustahl durch Atomschrott verseucht worden sei, nachdenklich stimmt der Vorfall dennoch: Die Verseuchung mit Kobalt-60 liegt genau in der Größenordnung, die in vielen Fällen aus bundesdeutschen Atomkraftwerken in den normalen Rohstoffkreislauf gegeben werden durfte. Offensichtlich ist die Verwertung nicht so »schadlos«, wie gerne behauptet wird.

Es zeigt sich also, daß die Strahlenbelastungen durch die Atomschrottverwertung wie durch die Beseitigung radioaktiver Abfälle mit dem Hausmüll beträchtlich sein können. Damit dies möglichst nicht auffällt, wird dieser Bereich des Atommülls aus der offiziellen Betrachtung völlig ausgeklammert. Sobald es sich juristisch und per Definition um keine radioaktiven Abfälle mehr handelt, wird so getan, als könnten diese Stoffe auch zu keiner Strahlenbelastung führen. Das vielgerühmte »30-Millirem-Konzept« der Strahlenschutzverordnung wird so zur Makulatur.

Das Motto lautet: Wo nicht mehr gemessen wird, strahlt's auch nicht. Der Bundesumweltminister kann dann in seinen Berichten behaupten, daß sich bei vielen Atomkraftwerken die jährliche Belastung ungünstigstenfalls auf 0,01 Millirem (0,1 Mikrosievert) belaufe.

Die Strahlenschutzkommission hat Ende 1987 zur Atomschrottverwertung Stellung genommen. Sie hielt — für die unkontrollierte Verwertung — einen Grenzwert von 100 Bq/kg für angemessen. Wer annimmt, daß sich die Zustände damit bessern werden, irrt jedoch. Auch nach Veröffentlichung der Empfehlung behielten Genehmigungsbehörden ihre zuvor geübte Praxis bei. Im Jahre 1988 kann niemand sagen, wann die Empfehlung in eine Richtlinie umgesetzt werden wird und wann alte anderslautende Genehmigungen widerrufen werden.

Im Gegenteil: Wenn im Jahre 1989 eine wieder umfangreich geänderte Strahlenschutzverordnung in Kraft treten wird, dann sind die Regelungen über »Hausmüll« oder Atomschrott nach dem vorgelegten Entwurf von systematischen Änderungen nicht betroffen. Geändert werden sollen aber die entsprechenden Grenzwerte. Im »Hausmüll« der »Kleinstanwender« sollen dann beispielsweise zulässig sein: 500 000 Bq/kg Tritium (bisher 370 000), 50 000 Bq/kg Mangan-54 (bisher 3700), 5000 Bq/kg

Kobalt-60 (bisher 3700), 500 000 Bq/kg Nickel-59 (bisher 37 000), 5000 Bq/kg Strontium-90 (bisher 370), 500 000 Bq/kg Jod-129 (bisher 3700), 50 000 Bq/kg Cäsium-137 (bisher 3700), 500 Bq/kg Plutonium-239 (bisher 370). Die Atomkraftwerkbetreiber werden sich schon darauf freuen, ihren Atommüll wieder »unter Berücksichtigung von Art, Menge und Häufigkeit« an diesen Grenzwerten messen zu dürfen.

Durch die Beseitigung von radioaktiven Abfällen als Hausmüll und durch die Wiederverwertung von Atomschrott wird den Atomkraftwerkbetreibern eine Entlastung zuteil, ohne die deren Atommüllprobleme noch drückender wären.

11. Der Ist-Zustand der Entsorgung

In den vorangegangenen Kapiteln haben wir versucht, anhand von Einzelbereichen das Ausmaß der Entsorgungsprobleme im Detail aufzuzeigen. Nun sollen die Mengen an radioaktiven Abfällen aufgelistet werden, die bisher angefallen sind und derzeit anfallen. Außerdem soll dargestellt werden, wie diese Abfälle behandelt wurden und werden, wo sie lagern und welche Mengen aus dem Ausland noch zurückgenommen werden müssen. Es soll beschrieben werden, welche Abfallmengen und welche Probleme wir uns durch die Nutzung der Kernenergie bis zum heutigen Zeitpunkt bereits eingehandelt haben.
Um einen systematischen Überblick geben zu können, müssen wir die spezifischen Probleme verschiedener Arten von Atommüll ordnen. Die erste Kategorie sind dabei die abgebrannten Brennelemente. Ein zweiter Problemkreis sind die schwach- und mittelaktiven Abfälle, die von der Menge her überwiegen. Als dritter Punkt sind die Folgeprobleme zu untersuchen, die sich aus der Weiterbehandlung von abgebrannten Brennelementen und schwach- und mittelaktiven Abfällen ergeben. In allen Problemkreisen erleichtert es den systematischen Durchgang, wenn wir die Schwierigkeiten anhand der einzelnen Anlagen durchgehen.
Zunächst zu den abgebrannten Brennelementen. Sie stammen überwiegend aus den Standardreaktoren. Das sind die sogenannten Leichtwasserreaktoren (LWR), bei denen wiederum zwischen Druckwasserreaktoren (DWR) und Siedewasserreaktoren (SWR) unterschieden wird.
Der Einfachheit halber haben wir die in Betrieb befindlichen Leichtwasserreaktoren mit ihren jeweiligen jährlichen Entlademengen an abgebrannten Brennelementen in einer Tabelle zusammengestellt. Die Reaktoren sind in der Reihenfolge ihrer Inbetriebnahme aufgelistet.

Jährliche Brennelemente-Entlademengen aus den Atomkraftwerken in der Bundesrepublik

Reaktor	Inbetriebnahme	Typ	Entlademenge
Obrigheim (KWO)	1968	DWR	11 t/Jahr
Würgassen (KWW)	1971	SWR	21 t/Jahr
Stade (KKS)	1972	DWR	18 t/Jahr
Biblis A (KWB-A)	1974	DWR	33 t/Jahr
Biblis B (KWB-B)	1976	DWR	32 t/Jahr
Brunsbüttel (KKB)	1976	SWR	21 t/Jahr
Neckarwestheim-1 (GKN-1)	1976	DWR	20 t/Jahr
Isar-1 (KKI-1)	1977	SWR	33 t/Jahr
Esenshamm/Unterweser (KKU)	1978	DWR	29 t/Jahr
Philippsburg-1 (KKP-1)	1979	SWR	27 t/Jahr
Grafenrheinfeld (KKG)	1981	DWR	31 t/Jahr
Krümmel (KKK)	1983	SWR	27 t/Jahr
Grohnde (KWG)	1984	DWR	33 t/Jahr
Gundremmingen B (KRB-B)	1984	SWR	35 t/Jahr
Gundremmingen C (KRB-A)	1984	SWR	35 t/Jahr
Philippsburg-2 (KKP-2)	1984	DWR	36 t/Jahr
Brokdorf (KBR)	1986	DWR	30 t/Jahr
Mühlheim-Kärlich (KMK)	1986	DWR	31 t/Jahr
Isar-2 (KKI-2)	1988	DWR	33 t/Jahr
Lingen (KKE)	1988	DWR	33 t/Jahr
Neckarwestheim-2 (GKN-2)	gepl.f.1988	DWR	33 t/Jahr
Summe:			602 t/Jahr

Derzeit lagern die abgebrannten Brennelemente dieser Leichtwasserreaktoren in den Kompaktlagern der Reaktoren, soweit sie nicht zu den Wiederaufarbeitungsanlagen in La Hague, Karlsruhe und Windscale/Sellafield abtransportiert wurden. Nach dem Entsorgungsbericht der Bundesregierung vom Januar 1988 war Ende 1986 in den Leichtwasserrektoren eine Lagerkapazität von etwa 6500 Tonnen abgebrannter Brennelemente genehmigt und eine weitere Kapazität von etwa 360 Tonnen beantragt. Generell muß aus Sicherheitsgründen immer Platz für eine Auslagerung des gesamten Reaktorkerns (drei bis vier Jahresentlademengen) gehalten werden, so daß sich die noch freie Lagerkapazität auf etwa 2500 Tonnen belief.

Der Ende 1986 in den Lagern vorhandene Bestand belief sich auf 711 Tonnen, wobei die Auslastung bei den einzelnen Anlagen sehr unterschiedlich war. In der Vergangenheit waren die Brennelementlager auch schon höher ausgelastet; der Abtransport insbesondere nach La Hague geht zeitweise zügiger und zeitweise weniger zügig vor sich.

Bis Ende 1988 waren in der Bundesrepublik insgesamt etwas mehr als 3500 Tonnen abgebrannter Brennelemente angefallen. Ein beträchtlicher Teil davon wurde zur Wiederaufarbeitung ins Ausland transportiert. Bis Ende 1986 sind insgesamt 1627 Tonnen nach La Hague und 818 Tonnen nach Windscale/Sellafield abgegeben worden. Nur ein geringer Teil dieser Brennelemente wurde aber bislang aufgearbeitet; überwiegend lagern die Brennelemente in den französischen und britischen Lagerbecken.

Von den nach Windscale/Sellafield transportierten Brennelementen sind bislang lediglich zehnTonnen in den Jahren zwischen 1969 und 1973 wiederaufgearbeitet worden. 1973 mußte dort die Aufarbeitung von Brennelementen aus Leichtwasserreaktoren nach einem schweren Unfall eingestellt werden.

Die derzeit in Windscale/Sellafield betriebene Wiederaufarbeitungsanlage, die immer wieder durch Unfälle oder radioaktive Emissionen in die Schlagzeilen geriet, ist zur Verarbeitung von Brennelementen aus Leichtwasserreaktoren nicht geeignet, sondern kann lediglich Magnox-Brennelemente aus den britischen Gas-Graphit-Reaktoren wiederaufarbeiten. Der Bau einer Nachfolgeanlage (THORP genannt), die auch wieder Brennelemente aus Leichtwasserreaktoren verarbeiten soll, macht nur geringe Fortschritte. Ihre Fertigstellung ist derzeit nicht absehbar. Aus diesem Grund werden die Brennelemente, die nach Windscale/Sellafield transportiert wurden, praktisch alle noch in großen Lagerbecken gelagert.

Die radioaktiven Abfälle aus der Wiederaufarbeitung werden

entsprechend den von den Atomkraftwerkbetreibern geschlossenen Verträgen zurückgeliefert werden. Dies gilt sowohl für die hochradioaktiven flüssigen Abfälle nach ihrer Verglasung wie auch für schwach- und mittelradioaktive Abfälle. Damit ist die Wiederaufarbeitung im Ausland lediglich eine zeitliche Verschiebung des Entsorgungsproblems in die Zukunft.

Die Eurochemic in Mol war eine gemeinsame Anlage von zwölf europäischen Mitgliedsländern der OEEC. Insgesamt wurden in Mol bis zur Stillegung im Jahre 1974 knapp 180 Tonnen Brennelemente aufgearbeitet, davon 14 Tonnen aus der Bundesrepublik.

Die schwach- und mittelradioaktiven Abfälle aus dem Betrieb der Anlage wurden — teilweise erst Jahre nach der Schließung — vor Ort verfestigt und gelagert. Die hochradioaktiven flüssigen Abfälle wurden ebenfalls über viele Jahre mangels Verfestigungsmöglichkeit in Behältern gelagert. Erst ab 1985 wurde von der DWK eine mit Mitteln des Bundesministeriums für Forschung und Technologie geförderte Verglasungsanlage, die sogenannte PAMELA-Anlage (Pilotanlage Mol zur Erzeugung lagerfähiger Abfälle), in Betrieb genommen. In ihr werden die hochradioaktiven Spaltproduktlösungen verglast. Wahrscheinlich müssen die entstehenden Abfallgebinde anteilig in die Bundesrepublik zurückgenommen werden.

Der weitaus größte Teil der bereits aus bundesdeutschen Atomkraftwerken abtransportierten Brennelemente wurde nach La Hague gebracht. Dort ist seit 1976 eine Wiederaufarbeitungsanlage (UP-2) in Betrieb, die auch Brennelemente aus Leichtwasserreaktoren aufarbeiten kann. Eine weitere Anlage (UP-3) befindet sich in Bau.

Von den bis Ende 1986 rund 1600 Tonnen nach La Hague gebrachten Brennelemente wurde seit 1976 etwa die Hälfte wiederaufgearbeitet und das daraus abgetrennte Plutonium als Plutoniumoxidpulver wieder an die Alkem in Hanau zurückgeliefert. Die restlichen Brennelemente lagern noch unaufgearbeitet in den großen Lagerbecken.

Die bei der Wiederaufarbeitung angefallenen radioaktiven Abfälle lagern alle noch in La Hague. Schwach- und mittelaktive Abfälle wurden mit Zement verfestigt, die hochradioaktiven flüssigen Abfälle lagern, wie bei anderen Wiederaufarbeitungs-

anlagen auch, »vorläufig« in Behältern, die wegen der hohen Wärmefreisetzung der Spaltprodukte ständig gekühlt werden müssen.
Die in La Hague angefallenen und noch anfallenden hochradioaktiven flüssigen Abfälle (nach ihrer Verglasung) und schwach- und mittelradioaktive Abfälle werden entsprechend den geschlossenen Verträgen zurückgeliefert werden.
Eine kleine Menge abgebrannter Brennelemente wurde in der Wiederaufarbeitungsanlage Karlsruhe (WAK) aufgearbeitet. Diese Anlage hat bisher — zwischen 1966 und 1987 — etwa 200 Tonnen abgebrannter Brennelemente durchgesetzt, viele davon stammten aus Forschungsreaktoren. Brennelemente von Reaktoren für die Stromproduktion kamen überwiegend aus dem Atomkraftwerk Obrigheim, eine kleine Menge auch aus anderen, älteren Reaktoren.
Das bei der Wiederaufarbeitung abgetrennte Plutonium wurde zur Weiterverarbeitung zu Brennelementen in flüssiger Form als Plutoniumnitrat nach Hanau zur Firma Alkem gebracht. Transporte in flüssiger Form und in der hier üblichen Menge und Konzentration sind übrigens in den USA wegen der damit verbundenen Gefahren verboten.
Das Eingangslager der Karlsruher Wiederaufarbeitungsanlage ist mit abgebrannten Brennelementen gefüllt. Die Abfälle aus der Wiederaufarbeitung lagern noch bei der Anlage.
Eine Altlast aus den siebziger Jahren sind bestimmte Mischoxid-Brennelemente. Es handelt sich dabei um die ersten Brennelemente dieser Art, die noch nach einem Verfahren hergestellt wurden, das eine Wiederaufarbeitung nicht gestattet. Die angefallenen 24 Tonnen werden nach Schweden transportiert. Im Gegenzug gibt Schweden 57 Tonnen wiederaufarbeitbare Brennelemente ab, die in La Hague derzeit auf ihre Wiederaufarbeitung warten.
Nach Inbetriebnahme der letzten drei großen Leichtwasserreaktoren (Isar-2, Lingen und Neckarwestheim-2) im Jahre 1988 kommen nun jährlich etwa 600 Tonnen abgebrannter Brennelemente zum Bestand hinzu; etwa 300 Tonnen davon durch Reaktoren, die ab 1984 in Betrieb genommen wurden. Die Menge der zu lagernden abgebrannten Brennelemente wächst also wesentlich schneller als in der Vergangenheit.

Externe Zwischenlager für abgebrannte Brennelemente sind Ende 1988 nicht in Betrieb. Es könnte aber sein, daß im Zwischenlager Gorleben in naher Zukunft mit der Einlagerung begonnen wird.
In der Bundesrepublik gibt es neben den Leichtwasserreaktoren noch zwei Hochtemperaturreaktoren (HTR). Seit 1967 läuft eine kleine Versuchsanlage (AVR) mit einer Leistung von 15 Megawatt in der Kernforschungsanlage Jülich, und seit 1986 ist der Thorium-Hochtemperaturreaktor (THTR) in Hamm-Uentrop in Betrieb. Diese beiden Reaktoren verwenden kugelförmige Brennelemente und werden daher auch »Kugelhaufenreaktoren« genannt. Die vielen abgebrannten Brennelemente lagern bisher auf dem Gelände der Anlagen. Aus dem AVR, der demnächst stillgelegt werden wird, sind bisher etwa 300 000 Brennelemente, entsprechend 60 Tonnen, entladen worden. Beim THTR fallen jährlich etwa 150 000 abgebrannte Brennelementkugeln an.
Viele der Brennelemente des THTR sind während des Betriebs beschädigt und vorzeitig entnommen worden (»Kugelbruch«). Über den Lagerort des Kugelbruchs sind keine Informationen verfügbar. Gerade aus den beschädigten Brennelementen können radioaktive Stoffe relativ leicht freigesetzt werden. Auch die HTR-Brennelemente müssen bei ihrer Lagerung wegen der Wärmeproduktion der radioaktiven Spaltprodukte gekühlt werden.
Neben den Reaktoren zur Stromerzeugung werden auch noch Forschungsreaktoren betrieben, insbesondere in den Kernforschungszentren, deren abgebrannte Brennelemente in der offiziellen Bilanz nicht auftauchen. Die Brennelemente dieser Reaktoren enthielten bislang als Brennstoff im allgemeinen hochangereichertes Uran, das aus den USA geliefert wird. Da es sich dabei um waffenfähiges Material handelt, bestehen die USA auf der Rückgabe der abgebrannten Brennelemente. Diese werden dann in den USA in der militärischen Anlage Savannah River Plant aufgearbeitet. Der verbliebene Spaltstoff wird für den Betrieb militärischer Plutonium-Produktions-Reaktoren, die ebenfalls in Savannah River stehen, verwendet.
Der Karlsruher Forschungsreaktor KNK II für die Entwicklung von Brutreaktoren taucht ebenfalls nicht in der offiziellen Bilanz

auf. Seine abgebrannten Brennelemente werden in die französische militärische Wiederaufarbeitungsanlage Marcoule transportiert, in der auch das Plutonium für die Force de frappe durch Aufarbeitung der Brennelemente aus dem militärischen Brüter Phénix gewonnen wird.
Die abgebrannten Brennelemente oder die aus deren Wiederaufarbeitung angefallenen hochradioaktiven Abfälle sind bisher in keinem Fall einer »Endlagerung« zugeführt worden. Die meisten Brennelemente lagern noch — an den Reaktoren, im Eingangslager der Karlsruher Wiederaufarbeitungsanlage oder in den Lagerbecken der Wiederaufarbeitungsanlagen in La Hague und Windscale/Sellafield. Durch die Wiederaufarbeitung vergrößert sich das Volumen des Atommülls beträchtlich.
Betrachtet man lediglich die Abfallmenge, so stellen die abgebrannten Brennelemenete nicht das herausragende Problem der Zwischenlagerung dar. Die Lagerkapazität für schwach- und mittelaktiven Müll ist inzwischen knapper. Derzeit muß nach den Betreiberangaben mit jährlich etwa 5400 Kubikmetern an Betriebsabfällen aus den Atomkraftwerken gerechnet werden; dabei handelt es sich um noch nicht konditionierte Abfälle. Für die Menge der bislang angefallenen Abfälle gibt es unterschiedliche Schätzungen. Nach Angaben der Physikalisch-Technischen Bundesanstalt (PTB) belief sich die Ende 1987 vorhandene Menge konditionierter schwach- und mittelaktiver Abfälle aus Atomkraftwerken auf etwa 13300 Kubikmeter.
Diese Zahl erscheint zu niedrig, wenn man sie mit den Vorausschätzungen der Atomkraftwerkbetreiber vergleicht, die aufgrund ihrer internen Informationen die Mengen gut einschätzen können sollten. Ein Vergleich der in den vergangenen Jahren offiziell gemeldeten »Produktionsmengen« mit den Voraussschätzungen ergibt fast durchgängig dasselbe Bild: Die gemeldeten Mengen sind deutlich niedriger als die Vorausschätzungen. In der nachfolgenden Tabelle haben wir dazu einige Daten zusammengestellt. Die Schätzungen »niedrig« und »hoch« stammen aus dem Hause PreußenElektra AG; sie beziehen sich auf unterschiedliche Volumenverringerungen bei der Konditionierung. Die dritte Schätzung ist die von der PTB erhobene Vorausschätzung der Betreiber für das folgende Jahr.

Vergleich der Schätzungen für Betriebsabfälle aus Atomkraftwerken mit dem der PTB gemeldeten Abfallmengen (in m^3)

	1984	1985	1986	1987
Schätzung niedrig Basis DWR: 147 m^3/Jahr SWR: 231 m^3/Jahr	1620	2140	2140	2290
Schätzung hoch Basis DWR: 479 m^3/Jahr SWR: 1279 m^3/Jahr	7370	9610	9610	10 090
Vorausschätzung Betreiber	k.A.	4049	3170	3010
Erhebung PTB	2105	2583	1161	1295

Die niedrige Schätzung der Tabelle entspricht der niedrigsten uns bekannten Schätzung, die von einer sehr effektiven Volumenverringerung durch die Konditionierung der Abfälle ausgeht. Sie unterschreitet zwar die 1984 und 1985 gemeldeten Mengen, liegt aber in den Jahren 1986 und 1987 noch sehr deutlich (um etwa 80 Prozent) über dem tatsächlich gemeldeten Anfall.
Es gibt nur zwei mögliche Erklärungen für das Auseinanderklaffen von Betreiberschätzungen und gemeldeten Abfällen: Entweder sind Abfälle auf nichtlegalen »Entsorgungswegen« verschwunden beziehungsweise ins Ausland gelangt, oder es wurden der Physikalisch-Technischen Bundesanstalt von den Betreibern bewußt zu geringe Zahlen gemeldet. Letzteres wäre auch dann der Fall, wenn die zur Konditionierung ins Ausland gebrachten Abfälle (zum Beispiel nach Mol und Studsvik) schlicht nicht mitgezählt wurden. Diese Abfälle werden aber in der Regel irgendwann zurückgeliefert und belasten dann die Bilanz.
Weitere schwach- und mittelaktive Abfälle kommen aus Forschungsreaktoren und kleinen stromerzeugenden Reaktoren auf dem Gelände von Kernforschungszentren (AVR in Jülich und KNK-2 in Karlsruhe) hinzu. In diesen Reaktoren fallen natürlich auch wesentliche Mengen an Abfällen an. In der offiziellen Statistik tauchen sie allerdings als Abfall aus der »Forschung« auf.
An Kernforschungszentren gibt es nicht nur die beiden bekannten Zentren in Karlsruhe und Jülich, sondern auch die Anlagen

der Gesellschaft für Strahlen- und Umweltforschung (GSF) in Neuherberg bei München mit Außenstellen, die Gesellschaft für Kernenergienutzung in Schiffbau und Schiffahrt (GKSS) in Geesthacht bei Hamburg und das Hahn-Meitner-Institut (HMI) in Berlin.
In Karlsruhe und Jülich werden Forschungs- und Versuchsreaktoren sowie Anlagen zur Handhabung gefährlicher radioaktiver Stoffe (sogenannte Heiße Zellen) betrieben; in Karlsruhe gibt es außerdem noch eine miniaturisierte Forschungs-Wiederaufarbeitungsanlage, die MILLI-Anlage. In den anderen Zentren gibt es ebenfalls Heiße Zellen, Forschungsreaktoren und andere radioaktive Labors. Damit sind die Zentren große Quellen von Atommüll, der allerdings nicht in Zusammenhang mit der Grundlagenforschung steht, sondern in Zusammenhang mit Forschung und Entwicklung für Reaktoren, Wiederaufarbeitungsanlagen usw. anfällt. Der größte Teil der Abfälle muß deshalb der Atomenergienutzung zugerechnet werden.
Der Bestand an bereits konditionierten Abfällen aus der »Forschung« betrug nach der Erhebung der Physikalisch-Technischen Bundesanstalt Ende 1987 etwa 15 000 Kubikmeter. Pro Jahr fallen derzeit weitere 2000 Kubikmeter an.
Der dritte große Abfallproduzent neben Atomkraftwerken und Kernforschungszentren ist die kleine Versuchswiederaufarbeitungsanlage in Karlsruhe (WAK). Durch den Wiederaufarbeitungsbetrieb sind seit 1978 7550 Kubikmeter bereits verfestigter schwach- und mittelradioaktiver Abfälle entstanden (bis 1978 wurden diese Abfälle in die Asse II gebracht). Hinzu kommen noch etwa 70 Kubikmeter hochradioaktiver Spaltproduktlösung. Der Bestand wächst — abhängig vom erreichten Durchsatz — derzeit um jährlich etwa 900 Kubikmeter schwach- und mittelradioaktive Abfälle und etwa fünf bis zehn Kubikmeter Spaltproduktlösung.
Weitere Atommüllproduzenten sind die Anlagen zur Uranverarbeitung und Brennelementherstellung. Im Verhältnis zu den Abfällen aus dem Betrieb der Atomkraftwerke sind die radioaktiven Abfälle dieser Anlagen nicht allzu umfangreich, aber nicht unproblematisch. Die Anlagen zur Verarbeitung von Uran und zur Herstellung von Brennelementen sind in der Bundesrepublik die Nuklearbetriebe Nukem (zur Zeit noch), Alkem, RBU-1 und

Hobeg in Hanau, RBU-2 in Karlstein, die Firma Advanced Nuclear Fuels (ANF, früher Exxon Nuclear) in Lingen und die Uran-Anreicherungsanlage in Gronau.
Ende 1987 betrug die gesamte vorhandene Atommüllmenge aus der »Nuklearindustrie« — unter dieser Kategorie der offiziellen Statistik verbergen sich im wesentlichen die Hanauer Nuklearbetriebe — 1450 Kubikmeter. Allerdings ist die jährliche Menge in den letzten Jahren jeweils um 20 bis 40 Prozent angestiegen. Zuletzt — im Jahre 1987 — betrug der Anfall 322 Kubikmeter. Dies hängt einerseits mit dem zunehmenden Durchsatz dieser Anlagen und andererseits mit der in den meisten Fällen schon recht langen Lebensdauer der Anlagen zusammen, die zu häufigen Reparaturen führt.
Die Urananlage Ellweiler kommt in dieser Bilanz nicht vor, weil ihre Abfälle nicht als radioaktive Abfälle gezählt werden. Dennoch sind bei der Aufarbeitung von vergleichsweise wenig Uranerz bereits große Halden mit mehr als 10 000 Kubikmeter Volumen angefallen. Aus den Halden wird radioaktives Radon in die Umgebung freigesetzt, radioaktives Radium ins Grundwasser abgegeben, Stäube verteilen sich, und es wird auch Material in den an den Halden vorbeifließenden Bach geschwemmt. Man kann sich leicht vorstellen, um wieviel größere Halden in Ländern wie Kanada, Australien und Namibia aufgehäuft wurden, in denen der weit überwiegende Anteil des in der Bundesrepublik verbrauchten Urans gewonnen wird, und um wieviel größer die dortigen Probleme noch sein werden.
Die genannten Anlagen — Atomkraftwerke, Reaktoren in den Kernforschungszentren, Wiederaufarbeitungsanlagen und Anlagen zur Verarbeitung von Uran und zur Herstellung von Brennelementen — sind bisher die Hauptquellen für schwach- und mittelaktiven Müll gewesen und werden dies auch weiterhin sein. Es ist also unbestreitbar, daß der Beitrag zum Atommüll aus Medizin, aus der technischen Anwendung von Radionukliden und derjenigen Forschung, die von der Atomenergienutzung unabhängig ist, verschwindend gering ist.
Alle die schwach- und mittelaktiven Abfälle, die bis 1978 entstanden sind, liegen heute im Salzbergwerk Asse II. Die oben dargestellten Zahlen von angehäuften Abfällen beziehen sich daher nur auf den Müll, der von 1978 bis 1987 angefallen ist. Die

Abfälle werden oberirdisch gelagert, sei es bei den Atomkraftwerken, sei es bei den Kernforschungszentren oder an sonstigen Standorten.
Für Atommüll aus Medizin und Anwendung von Radionukliden in der Technik und Forschung werden in den einzelnen Bundesländern sogenannte Landessammelstellen betrieben. Die größten dieser Atommüllager sind dabei diejenigen, die einem Kernforschungszentrum angegeliedert sind. Die Landessammelstellen befinden sich für Schleswig-Holstein, Hamburg und Bremen in Geesthacht beim GKSS-Forschungszentrum, für Niedersachsen in Steyerberg, für West-Berlin im Hahn-Meitner-Institut, für Nordrhein-Westfalen in der Kernforschungsanlage Jülich, für Hessen in Roßberg, für Rheinland-Pfalz in Ellweiler, für das Saarland in Saarbrücken und für Baden-Württemberg im Kernforschungszentrum Karlsruhe. In Bayern gibt es zwei Landessammelstellen: in Neuherberg bei der Gesellschaft für Strahlen- und Umweltforschung und in Mitterteich neben dem Lager für Abfälle aus Atomkraftwerken. Die Ende 1987 insgesamt in den Landessammelstellen vorhandene Menge an radioaktiven Abfällen umfaßte etwa 2000 Kubikmeter. Auch diese Abfälle müssen gelagert werden, bis ein funktionsfähiges Endlager für sie bereitsteht.
Neben dem Betrieb von Atomkraftwerken prodziert auch deren Abriß radioaktive Abfälle. Endgültig abgeschaltet sind derzeit die Atomkraftwerke Niederaichbach, Gundremmingen A, Lingen und Kahl, der Heißdampfreaktor in Großwelzheim sowie der Mehrzweckforschungsreaktor (MZFR) und der Forschungsreaktor 2 (FR-2) in Karlsruhe.
Als erstes Atomkraftwerk soll in der Bundesrepublik die Anlage Niederaichbach (KKN) abgerissen werden. Dieser Reaktor wurde 1974 nach 18,3 Tagen Vollastbetrieb stillgelegt und in den darauffolgenden Jahren in den »gesicherten Einschluß« überführt. Dieser Zustand bedeutet den Abbau unnötiger und nichtradioaktiver Teile sowie die Aufbewahrung aller radioaktiven Teile in einem bestimmten Bereich, meist im Reaktorgebäude. Mit dem Abbau der ersten radioaktiven Teile wird frühestens 1989 begonnen werden.
Das Atomkraftwerk Gundremmingen A ist 1977 nach einem schweren Störfall stillgelegt worden. Seine elektrische Leistung

betrug 237 Megawatt, die Betriebszeit elf Jahre. Die Arbeiten zur Herbeiführung des »gesicherten Einschlusses« sind seit einigen Jahren im Gange. Bis 1988 sind dabei etwa 50 Tonnen schwachradioaktiver Abfälle angefallen. Insgesamt wurden aber 2800 Tonnen Stahl- und Betonteile abgebaut. Das meiste davon wurde gerade so weit unter festgelegte Grenzwerte gereinigt (»dekontaminiert«), daß eine Weitergabe ohne Überwachung erlaubt wurde. Die letzten Brennelemente wurden erst ein Jahrzehnt nach der Stillegung des Reaktors abtransportiert.
Da für einen Weiterbetrieb erhebliche Umbauten erforderlich gewesen wären, ist das Atomkraftwerk Lingen (KWL) mit einer elektrischen Leistung von 256 Megawatt im Jahre 1977, nach nicht ganz neun Jahren der Stromproduktion, außer Betrieb genommen worden. Erst 1983 sind die letzten Brennelemente abtransportiert worden, und seit 1986 wird auch in Lingen am »gesicherten Einschluß« gearbeitet. Die Bundesregierung erwartete 1987, daß dabei noch etwa 100 Tonnen radioaktiven Metallschrotts anfallen werden, von denen 50 Tonnen wohl als radioaktiver Abfall übrigbleiben.
Derzeit ist geplant, in der Anlage mit Cäsium verseuchtes Molkepulver nach dem Ionentauschverfahren zu reinigen. Das aufkonzentrierte Cäsium soll dann als Atommüll gelagert werden.
Der Heißdampfreaktor in Großwelzheim (HDR) ist niemals dem kommerziellen Betrieb übergeben worden, da er grundlegende konstruktive Schwächen aufwies. Zwischen 1974 und 1976 wurden Abbau- und Umbaumaßnahmen durchgeführt. Der Atommüll wurde damals noch in der Asse II eingelagert oder im Kernforschungszentrum Karlsruhe zwischengelagert.
Auch in den Reaktoren in Kahl und im Kernforschungszentrum Karlsruhe (Forschungsreaktor 2 und MZFR), die in den letzten Jahren stillgelegt wurden, werden Arbeiten zur Herbeiführung des »gesicherten Einschlusses« vorgenommen, also auch Materialien unter Grenzwerte der Radioaktivität dekontaminiert, um sie anschließend extern wiederzuverwerten. Im übrigen lagerten in Kahl zweieinhalb Jahre nach Stillegung des Reaktors immer noch 48 abgebrannte Brennelemente. In einem ausgeräumten Gebäude der stillgelegten Karlsruher Forschungsreaktor-2-Anlage ist die Einschmelzanlage für radioaktive Materialen (EIRAM) zur Schrottwiederverwertung installiert worden.

Stillgelegt und abgewrackt ist inzwischen auch der einzige transportable Reaktor der Bundesrepublik, der 38-MW-Antriebsreaktor des Atomfrachters »Otto Hahn«. Die »Otto Hahn« wurde nach etwa zehnjährigem nuklearem Betrieb wegen ihrer Unrentabilität zu einem konventionell angetriebenen Frachter umgebaut. Die Arbeiten wurden von der Noell GmbH durchgeführt und im Jahre 1982 abgeschlossen. Die radioaktiven Reste bestehen aus 20 Containern zu je acht Kubikmetern Atommüll, 330 400-Liter-Fässern mit Atommüll und 480 Kubikmetern radioaktiver Flüssigabfälle. Außerdem blieb das Reaktordruckgefäß übrig, das mit Einbauten und Abschirmtanks 480 Tonnen wiegt und auf dem Gelände der Gesellschaft für Kernenergienutzung in Schiffbau und Schiffahrt (GKSS) in Geesthacht — offiziell zum Zweck von Forschungsarbeiten — in eine unterirdisch angelegte Kaverne eingelagert wurde. Nur: Für Forschung ist kein Bedarf ersichtlich; die Entwicklung und der Bau von Schiffsreaktoren haben in der Bundesrepublik nach den schlechten Erfahrungen mit der »Otto Hahn« keine Zukunft mehr.
Ähnlich wie beim Herbeiführen eines »gesicherten Einschlusses« sind auch bei Umrüstungen von Atomkraftwerken große Mengen an Schrott angefallen, die entweder noch auf den Geländen lagern oder durch Dekontamination unter Grenzwerte der Radioaktivität wiederverwertet wurden. Die Abfälle wurden weiterbehandelt oder gelagert, wenn sie schon nicht endgelagert werden konnten. Es gab einige verzweifelte Aktionen, um die ärgsten Probleme zumindest vorübergehend abzuwenden.
Ein typischer Fall ist die Lagerung der bei der Wiederaufarbeitung in der kleinen Versuchswiederaufarbeitungsanlage in Karlsruhe zwangsläufig anfallenden hochradioaktiven Flüssigkeiten, der salpetersauren wärmeentwickelnden Lösung. Bei Betriebsbeginn waren zwei Tanks mit je 65 Kubikmeter Fassungsvermögen als »Hochaktiv-Waste-Lager« (HAW-Lager) gebaut worden. Nur einer dieser Tanks sollte benutzt werden, der andere sollte die Sicherheitsreserve bei Störungen bilden. Im Jahre 1972 ging man davon aus, daß diese Tanks ausreichen würden, denn eine Verglasungsanlage sollte die radioaktive Flüssigkeit weiterverarbeiten. Nur: Diese Verglasungsanlage wurde aus verschiedenen Gründen nie gebaut.
Es war bald absehbar, daß zusätzliche Tanks notwendig werden

würden, um die Wiederaufarbeitungsanlage weiterbetreiben zu können, denn je nach Durchsatz fallen jährlich fünf bis zehn Kubikmeter Spaltproduktlösung an. Also wurde eine zusätzliche Einrichtung zur Lagerung — die »LAVA« — mit zwei weiteren Tanks von je 75 Kubikmetern Fassungsvermögen geplant. Die alten Tanks sollten nur noch als Reserve dienen.
Im September 1986 war das alte Tanklager voll. Zum Weiterbetrieb der Wiederaufarbeitungsanlage hätte das neue Lager betriebsbereit sein müssen. Nun war aber zu diesem Zeitpunkt die Begutachtung der Sicherheit des neuen Lagers durch den TÜV Baden noch nicht abgeschlossen. Einer der Gründe war die unerwartete Entdeckung von Feststoffausfällungen in den alten Behältern. Die Sicherheit der neuen Behälter gegen Kritikalitätsstörfälle war damit fragwürdig geworden. Die Betriebsleitung aber übte in einem Beschwerdebrief vom 15.8.1986 an den TÜV Baden Druck aus: »Ein Gutachten in dieser überaus terminkritischen Sache verzögerte sich bisher mit Begründungen, die uns schwer verständlich sind.« So war das notwendige Gutachten schon am 22.8. plötzlich fertig, und die neue Tankanlage konnte in Betrieb gehen. Das »Schnellgutachten« mußte aber bereits einen Monat später in den Punkten der Kritikalitätssicherheit wesentlich überarbeitet werden.
Ende 1986 waren in der Karlsruher Wiederaufarbeitungsanlage 62,9 Kubikmeter hochaktiver Spaltproduktlösung vorhanden. Eine reale Weiterverarbeitungsmöglichkeit für das gefährliche Inventar besteht nach wie vor nicht. Weitere Tanks werden in einigen Jahren wohl wieder erforderlich sein.
Das Problem, fortlaufend neue Abfallager schaffen zu müssen, gibt es auch bei den anderen Atomanlagen. So hat inzwischen jedes Kernforschungszentrum große Lagerhallen in Betrieb. Viele Atomkraftwerke betreiben, neben dem ursprünglich vorgesehenen Lagerplatz, zusätzliche Lager für schwach- und mittelaktive Abfälle, in denen die konditionierten Betriebsabfälle zwischengelagert werden. Solche separaten Lager besitzen der Reaktor AVR in Jülich und die Atomkraftwerke Würgassen, Stade, Biblis, Brunsbütttel, Isar, Esenshamm und Philippsburg. Insgesamt waren Ende 1987 in diesen Lagern etwa 27 000 Fässer, etwa 800 Gußbehälter, etwa 1100 Betonbehälter und acht Container mit radioaktiven Abfällen gelagert.

Diese Lager reichen allerdings zum Teil heute schon nicht mehr aus. Deswegen gibt es weitere Lager für Betriebsabfälle aus Atomkraftwerken und aus anderen Quellen. Dies sind die Faßlager in Gorleben und Mitterteich, deren Kapazität sich auf 35 000 beziehungsweise 40 000 Abfallbehälter beläuft.
Im Gorlebener Lager wurden Fässer entdeckt, die durch Gasentwicklung aufgewölbt wurden, sogenannte Blähfässer. Bei mindestens zwei von ihnen führte der Überdruck sogar zum Aufreißen. Solche Blähfässer wurden 1987 ebenfalls im Zwischenlager des Atomkraftwerks Isar-1 bemerkt. Während Behörden und die Öffentlichkeit erst 1987 Kenntnis von diesen Fässern erlangten, muß das Problem einigen Firmen zuvor bekannt gewesen sein. Es wurde aber weder gehandelt, noch wurde das Problem weitergemeldet. Am Beispiel der Blähfässer ist ersichtlich, daß mit der »Konditionierung« die Abfallbehandlung noch nicht abgeschlossen sein kann.
Bekanntlich würden existierende Zwischenlager überhaupt nicht ausreichen, wenn der radioaktive Rohabfall nicht in seinem Volumen reduziert würde. Folglich hat sich eine regelrechte »Abfallreduzierungsindustrie« gebildet. Im Ausland haben sich Mol und Studsvik zu großen Zentren der »Volumenreduzierung« entwickelt, die nach Aussagen der Verantwortlichen auch in Zukunft für die Weiterbehandlung der radioaktiven Abfälle herangezogen werden sollen. Betriebsfähige Verbrennungsöfen gibt es auch im Kernforschungszentrum Karlsruhe, der Kernforschungsanlage Jülich und beim Siemens-Unternehmensbereich KWU in Karlstein am Main.
Mit der Methode der Hochdruck-Verpressung können sperrige Abfälle wie Rohrleitungsstücke, Armaturen oder Werkzeug platzsparend zusammengedrückt werden. Derartige Anlagen laufen im Kernforschungszentrum Karlsruhe und in der Kernforschungsanlage Jülich kommerziell für die Betreiber der Atomkraftwerke.
Gerade die zentralen Abfallbehandlungsanlagen im In- und Ausland tragen wesentlich zum Transportaufkommen an radioaktiven Abfällen bei. Außerdem haben sie die Handhabung des Atommülls äußerst undurchsichtig gemacht.
Für bestimmte Arten der Konditionierung bietet die Entsorgungsindustrie auch mobile Anlagen an. Die Essener Gesell-

schaft für Nuklear-Service (GNS) hat so poetisch klingende Verfahren im Angebot wie FAKIR (Fahrbare Anlage für die Verpressung schwachradioaktiver Abfälle), FAMA (Fahrbare Anlage für mittelaktive Abfälle) und FAVORIT (Fahrbare Anlage zur volumenreduzierenden Trocknung). Auch FAFNIR ist nicht der Drache aus der Nibelungensage, sondern eine »Fahrbare Anlage für niedrigradioaktive Abfälle«.

Neben der Weiterbehandlung und »Konditionierung« radioaktiver Abfälle kommt auch der »Dekontamination« eine wachsende Bedeutung zu. Mit ihr wird oberflächlich anhaftende Radioaktivität zu einem gewissen Teil beseitigt.

Die angewandten Verfahren sind vielfältig. Sie umfassen beispielsweise Hochdruck-Sandstrahlen, Hochdruck-Wasserstrahlen, Schleifen, Durchspülen von Rohrleitungen mit bestimmten Chemikalien, Auftragen von Gels, die nachher als Film mit der Radioaktivität abgezogen werden, Elektropolieren und vieles mehr. Das Ziel der Dekontamination kann zum Beispiel die Wiedernutzbarmachung von verseuchten Meßgeräten sein. Oder es wird dekontaminiert, um radioaktive Abfälle als normalen Müll abgeben beziehungsweise um radioaktiven Schrott im normalen Rohstoffkreislauf wiederverwerten zu können. Besonders interessant sind die Techniken zur Dekontamination in Zusammenhang mit dem Abriß und der teilweisen Nachrüstung von Atomkraftwerken.

Bei allen Dekontaminationsverfahren fällt Sekundärabfall an, der seinerseits wieder beseitigt werden muß. Die Anlagen zur Dekontamination sind so vielfältig wie die Verfahren. Bestimmte Verfahren müssen vor Ort ausgeführt werden (zum Beispiel Rohrleitungsreinigung mittels Durchpumpen von Chemikalien). Andere Verfahren, wie zum Beispiel Sandstrahlen, können als mobile »Anlagen« eingesetzt werden. Fest eingerichtete Anlagen zur Dekontamination befinden sich zum Beispiel im Kernforschungszentrum Karlsruhe, in der Kernforschungsanlage Jülich, in Karlstein am Main, in Duisburg-Wanheim und in Ladenburg.

Da immer mehr Atommüll produziert wird und ein Ende des Anhäufens immer neuer Abfälle ohne eine Endlagermöglichkeit nicht in Sicht ist, versuchen die Betreiber von Atomanlagen, ihre anlageninterne Lagerkapazität möglichst lange ungenutzt zu lassen. Jede Möglichkeit des Ausweichens, die es gestattet, den

Atommüll in irgendeiner Weise — unter Umständen auch nur vorübergehend — loszuwerden, wird beinahe zwangsläufig ergriffen. Um in Zukunft weitere Atommüllskandale zu vermeiden, hat Umweltminister Töpfer eine lückenlose Überwachung der radioaktiven Abfälle, eine Entflechtung des »Atomfilzes« und die Gründung eines Bundesamts für Strahlenschutz angekündigt.

Eine wirklich lückenlose Überwachung ist aber überhaupt nicht durchführbar. Das wird durch einen Blick auf die Probleme einer konkreten Überwachung im Detail rasch klar, wie wir bereits aufgezeigt haben. In Zukunft wird wegen weiter zunehmender Mengen die Situation eher undurchschaubarer und komplexer werden.

Auch die Entflechtung wird es nur erleichtern, Verantwortliche zu benennen. Die dann Verantwortlichen haben aber — selbst besten Willen und Unbestechlichkeit vorausgesetzt — keine Chance, das Atommüllproblem in den Griff zu bekommen. Sie sind dazu gut, ihren Kopf für diejenigen hinzuhalten, die tatsächlich Abfälle behandeln, transportieren und deklarieren und dabei auf eigene Faust »Unregelmäßigkeiten« begehen. Erfahrungsgemäß wissen die Verantwortlichen aber häufig über solche Praktiken Bescheid und decken sie.

An den Möglichkeiten zu kriminellen Handlungen wird sich also in Zukunft wenig ändern. Da sich die Probleme mit der Beseitigung radioaktiver Abfälle in absehbarer Zeit nicht entschärfen werden, sondern der Druck nur steigen wird, wird auch der nächste Skandal nicht ewig auf sich warten lassen. Es ist davon auszugehen, daß die Grundlagen für den nächsten Atommüllskandal bereits gelegt sind.

12. Die Problemlage im Jahr 2000

Die meisten bundesdeutschen Atomkraftwerke sind erst seit wenigen Jahren in Betrieb, drei erst seit 1988. Wenige der Anlagen sind älter als 15 Jahre. Schon aus diesem Grund wird der zukünftige Anfall von Atommüll aus dem Reaktorbetrieb weit größer als in den früheren Jahren.

Hinzu kommt, daß die betriebenen Anlagen altern. Bereits bei einigen älteren noch laufenden Reaktoren — den Atomkraftwerken Philippsburg I, Isar I, Würgassen, Brunsbüttel, Obrigheim und Stade — sind im Laufe der Betriebszeit erhebliche Umbauten erforderlich geworden, weil ungeeignete Materialien verarbeitet worden waren oder die Anforderungen an die Sicherheit erhöht wurden. Bei einer Anlagenbetriebszeit von 30 oder 40 Jahren, wie sie den Reaktorbetreibern vorschwebt, würden die Probleme sicherlich noch sehr viel größer. Kein einziger bundesdeutscher Reaktor hat bisher eine solche Betriebszeit erreicht.

Außerdem täuscht ein weiterer Umstand über die Menge der zukünftig anfallenden Abfälle: Bis Ende 1978 wurden die produzierten schwach- und mittelaktiven Abfälle in der Asse II eingelagert; sie gehen daher in die heutige Bilanz des Bestands nicht mehr ein. Die mittlerweile angehäuften schwach- und mittelaktiven Abfälle sind dem Betrieb von Atomanlagen aus den vergangenen zehn Jahren zuzuschreiben. Deshalb kann auch der Umstand, daß bis zum Jahr 2000 wohl keine neuen großen Leichtwasserreaktoren mehr in Betrieb gehen werden, die Situation nicht entschärfen.

Bei den abgebrannten Brennelementen aus den Leichtwasserreaktoren wird die jährliche Entlademenge von zur Zeit etwa 600 Tonnen wohl noch bis nach dem Jahr 2000 konstant bleiben, wenn vom derzeitigen Atomprogramm keine Abstriche gemacht werden. Allenfalls könnte diese Menge durch die Stillegung einzelner Anlagen etwas geringer werden.

Die Menge von etwa 600 Tonnen jährlich soll mit den insgesamt in der Bundesrepublik bisher angefallenen abgebrannten Brennelementen verglichen werden. Deren Summe betrug Ende 1986 nach dem neuesten Entsorgungsbericht der Bundesregierung 2568 Tonnen. Wenn in Zukunft jährlich 600 Tonnen hinzukommen, bedeutet dies, daß dann etwa alle vier Jahre genauso viele abgebrannte Brennelemente anfallen wie in den rund 25 Jahren, in denen in der Bundesrepublik Reaktoren betrieben werden.
Bis zum Jahr 2000 werden sich dann über 10 000 Tonnen abgebrannter Brennelemente aus den Leichtwasserreaktoren angehäuft haben. Der größte Teil dieser Menge dürfte auch noch im Jahr 2000 in den externen Zwischenlagern und den Eingangslagern der Wiederaufarbeitungsanlagen in La Hague, Windscale/Sellafield und Wackersdorf lagern. Jeweils nach knapp drei Jahren würde ein Zwischenlager in der Größe der Lager von Ahaus und Gorleben oder des Eingangslagers bei Wackersdorf gefüllt sein. Eine spürbare Entlastung durch die Wackersdorfer Wiederaufarbeitungsanlage — sofern diese überhaupt in Betrieb genommen wird — ist bis zum Jahr 2000 nicht zu erwarten. Mit der Inbetriebnahme der Wackersdorfer Anlage wurde nämlich 1988 selbst seitens der DWK nicht vor 1997 gerechnet.
Zu den abgebrannten Brennelementen kommen die abgebrannten Brennelementkugeln aus den Hochtemperaturreaktoren hinzu. Aus dem Thorium-Hochtemperaturreaktor in Hamm-Uentrop werden bei der geplanten Auslastung pro Jahr etwa 150 000 Brennstoffkugeln entladen. Sie werden in sogenannte Kannen gefüllt und zunächst am Standort selbst gelagert. Sind die Lagerkapazitäten am Reaktor erschöpft, so ist geplant, die Kannen in das in Bau befindliche Zwischenlager in Ahaus zu bringen. Ein kleiner Teil der Brennelementkugeln soll eventuell in der in Gorleben beantragten »Pilotkonditionierungsanlage« für eine direkte Endlagerung in Fässer eingegossen werden.
Für die schwach- und mittelaktiven Abfälle aus dem Betrieb der Leichtwasserreaktoren ist die Vorhersage der zukünftig anfallenden Mengen schwieriger. Einerseits könnten beispielsweise Umbauten notwendig werden, andererseits hängt die Menge des konditionierten Abfalls von den Behandlungsmethoden ab. Bei einer mittleren Schätzung der entstehenden Abfallmenge pro Reaktor kommen bis zum Jahr 2000 etwa 95 000 Kubikmeter

schwach- und mittelaktiver Abfälle durch den normalen, umbau- und störfallfreien Betrieb der Atomkraftwerke zusammen. Hierbei wurde bereits eine deutliche Verringerung der Ausgangsmengen durch nachträgliche Behandlungsmaßnahmen wie Verbrennen, Hochdruckverpressen usw. angenommen.
Trotz der Volumenreduzierung ist die Menge von 95 000 Kubikmetern etwa das Zweieinhalbfache der schwach- und mittelaktiven Abfälle, die Ende 1987 in der Bundesrepublik gelagert wurden, und zwar aus sämtlichen Quellen. Unter anderen Annahmen hinsichtlich der bei den Konditionierungs- und Volumenreduzierungsmaßnahmen erreichbaren Verringerung der Abfallmenge könnte auch das Doppelte oder weniger als die geschätzte Menge anfallen.
Weiterhin wird auch durch den Abriß von Atomkraftwerken und anderen Atomanlagen eine riesige Menge schwach- und mittelaktiver Abfälle zu beseitigen sein. Ein Teil der heute noch betriebenen Atomkraftwerke wird in den nächsten zehn oder 20 Jahren aus Alters- oder sonstigen Gründen stillgelegt werden. Damit wird sich die Zahl der Anlagen erhöhen, die nur noch eine große Ansammlung strahlenden Abfalls darstellen. Der Abriß von Atomkraftwerken ist eines der großen Probleme, die auf uns zukommen; sie sollen daher an dieser Stelle ausführlicher behandelt werden.
Bereits seit Ende der siebziger Jahre wird der Abriß des Atomkraftwerks Niederaichbach geplant. Die atomrechtliche Genehmigung zum Abriß ist im Juni 1986 erteilt worden, wobei der tatsächliche Beginn der Abbrucharbeiten bisher durch ein Verwaltungsgerichtsverfahren schon um ein Jahr verzögert wurde. Obwohl das Atomkraftwerk Niederaichbach nur einen winzigen Bruchteil des radioaktiven Inventars anderer Reaktoren enthält, wurden seine Abrißkosten bereits 1984 mit 80 Millionen Mark angegeben. Die Summe hat sich zwischenzeitlich auf 150 bis 180 Millionen Mark (Stand: Sommer 1988) erhöht, ausschließlich der 32 Millionen Mark, die schon der »gesicherte Einschluß« der Anlage gekostet hat. Möglicherweise werden die Beseitigungskosten die Errichtungskosten von 230 Millionen Mark übersteigen. Heutige Schätzkosten für den Abriß großer Anlagen, mit dem keine Erfahrungen vorliegen, sind daher mit Vorsicht zu genießen. Neben der Abfallproblematik ist beim Abriß von Atom-

kraftwerken auch noch mit großen finanziellen Aufwendungen zu rechnen.
Ein Atomkraftwerk vom Typ Biblis A besteht aus einer Masse von ungefähr 300 000 Tonnen. Schon die Gesamtmasse des »Kontrollbereichs«, dem Bereich, in dem der überwiegende Teil der radioaktiven Stoffe zu finden sein wird, beträgt beim Druckwasserreaktor Biblis A etwa 144 000 Tonnen, bei anderen Reaktoren sogar noch mehr. Metallschrott fällt beim Abriß je nach Reaktortyp pro Anlage in einer Menge von 10 000 bis 25 000 Tonnen an.
Gerade bei Abrißabfällen wird man daher versuchen, möglichst viele der künstlich radioaktiven Materialien auf Hausmülldeponien abzulagern oder in den Rohstoffkreislauf zurückzuführen. Bei dem zum Abriß anstehenden Atomkraftwerk Niederaichbach soll dieser Weg jedenfalls beschritten werden.
Die Menge an Abfällen und deren Radioaktivität ist aber bei der Anlage Niederaichbach viel geringer als bei lange betriebenen großen Reaktoren. Die Probleme der Beseitigung wachsen mit jedem Betriebsjahr einer Anlage. Der Gehalt an radioaktiven Stoffen wird bei den in Zukunft abzureißenden Anlagen selbst nach einem störfallfreien Betrieb etwa tausendmal höher sein.
Um Abrißabfälle in Fässern verpacken zu können, müssen die sperrigen Teile mühsam zerlegt werden. Daher wird auch seitens der Atomwirtschaft immer wieder gefordert, daß diese Abfälle in großern Containern verpackt werden müßten. Außerdem füllen sie sehr schnell ein mögliches Endlager. Daher schlägt die Atomwirtschaft häufig vor, daß wegen des angeblich geringen Gefährdungspotentials der meisten Abrißabfälle eine relativ oberflächennahe Lagerung in einem stillgelegten Bergwerk zu bevorzugen sei. Selbst die »Endlagerung« direkt am Kraftwerkstandort wird bisweilen erwogen.
Die Nukem hat — als Forschungsauftrag des Bundesforschungsministeriums — bereits die Möglichkeit einer »Versenkung« stillgelegter Atomkraftwerke an ihrem Standort untersucht. Die Ergebnisse sollten 1987 auf einer VDI-Tagung vorgestellt werden. Aufgrund des großen Interesses auch der Medien an dieser Veranstaltung wurde der Vortrag aber kurzfristig abgesagt. Man möchte über diese Problematik öffentlich nicht reden.
Neben eigentlichen Abrißabfällen ist mit erheblichen Mengen an

»Sekundärabfällen« zu rechnen. Hierzu zählen verstrahlte Abrißmanipulatoren, Werkzeuge, Arbeitskleidung und sanitäre Abwässer, aber auch flüssige Abfälle aus der Dekontamination von Gebäudestrukturen und Komponenten. In einem Vortrag auf der Reaktortagung des Jahres 1978 stellte ein Mitarbeiter der Firma Transnuklear die Menge der beim Abriß eines 1300-Megawatt-Druckwasserreaktors zu transportierenden Abfallbehälter dar. Deren Zahl sollte sich auf 104 300 200-Liter-Fässer belaufen, 80 000 Fässer davon für konditionierten flüssigen Sekundärabfall.

Das zweite große Zukunftsproblem in der Entsorgung entsteht dann, wenn — wie 1988 geplant — im Jahre 1997 die Wiederaufarbeitungsanlage bei Wackersdorf ihren Betrieb aufnimmt. Damit würde sich das Abfallaufkommen für die drei Jahrzehnte danach wesentlich erhöhen. Durch die Wiederaufarbeitung wird die Gefährlichkeit der Abfälle gegenüber den abgebrannten Brennelementen nicht verringert, und die produzierten Abfälle wären sogar für die Endlagerung noch weniger geeignet. Das Verlangen nach Plutonium muß mit erheblichen Müllproblemen bezahlt werden.

Die derzeitigen Planungen sehen für die Wackersdorfer Anlage einen Durchsatz von jährlich 500 Tonnen abgebrannter Brennelemente vor. Die Abfälle lassen sich grob in drei Kategorien einteilen: die hochaktive Spaltproduktlösung, deutlich wärmeentwickelnde Abfälle, wie zum Beispiel Brennelementhülsen und Klärschlämme aus der Auflösung, und die große Menge der schwach wärmeentwickelnden Abfälle, die üblicherweise unter schwach- und mittelaktiven Abfällen zusammengefaßt werden. Hinzu kommen noch »Sonderabfälle«, zum Beispiel verbrauchte Filter und Tritiumwässer.

Ein Produkt der Wiederaufarbeitung ist die hochradioaktive Spaltproduktlösung, in der nach ihrer Aufkonzentrierung etwa 10^{13} (10 000 Milliarden) Becquerel pro Liter an radioaktiven Stoffen enthalten sind. Sie ist daher stark wärmeproduzierend und heizt sich ohne Kühlung bis zum Verdampfen auf. Pro Tonne verarbeitetem Brennstoff wird mit einer Menge von etwa 1000 Litern dieser Spaltproduktlösung gerechnet. Für eine Endlagerung soll diese Lösung durch Einschmelzen in Glaskokillen behandelt werden. Da die Glaskokillen zunächst so heiß sind, daß

sie nicht endgelagert werden können, sollen sie — unabhängig davon, ob ein Endlager für sie besteht oder nicht — über 30 Jahre bei Wackersdorf oberirdisch gelagert werden.
Ein anderer Abfallstrom der Wiederaufarbeitung sind Reste der im Reaktor radioaktiv gewordenen Brennstabhüllrohre und Strukturteile, die bei der Auflösung der zerschnittenen Brennelemente als feste Stoffe übrigbleiben. Weiterhin gehören Klärschlämme und Klärschlammfilter aus dem Auflöserbereich, Reaktorkernbauteile, die in der Wiederaufarbeitungsanlage verarbeitet werden, und als Sekundärabfälle Glas- und Metallschrott aus der Verglasung der hochaktiven Abfälle in diese Kategorie. Infolge der anhaftenden oder enthaltenen Spaltprodukte erhitzen sich sowohl Hülsen und Strukturmaterialien als auch die Schlämme, sofern sie nicht unter Wasser gekühlt gelagert werden. Sowohl für die Hülsen als auch für die Schlämme ist derzeit die Verfestigung in Zement vorgesehen. Schätzungen gehen davon aus, daß bei der Verglasung für je fünf Glaskokillen etwa ein 400-Liter-Faß an derartigen wärmeproduzierenden Sekundärabfällen anfällt. Die fünf Glaskokillen haben dabei ein Volumen von zusammen 750 Litern. Bei den bislang durchgeführten Probeverglasungen in der PAMELA-Anlage in Mol wurden allerdings größere Mengen sekundärer Abfälle erzeugt, so daß die offzielle Schätzung mit Vorsicht zu genießen ist.
In die Kategorie der schwach wärmeproduzierenden Abfälle fällt eine Vielzahl von festen oder flüssigen, brennbaren oder nichtbrennbaren Abfällen, die aus den verschiedenen Verarbeitungsstufen der Wiederaufarbeitungsanlage stammen. Die festen Abfälle kommen zu einem wesentlichen Anteil aus den Reinigungs- und Weiterverarbeitungsschritten für Uran und Plutonium sowie aus der Herstellung von Mischoxid-Brennelementen. Die hierbei entstehenden Rohabfälle — zum Beispiel Pulver- und Kugelharze aus Ionenaustauschern, Filterpatronen, kontaminierter Handschuhkastenschrott — können beträchtliche Mengen an Plutonium enthalten (Erfahrungswerte belaufen sich auf bis zu einigen Prozent vom Durchsatz; das wären mehrere Kilogramm pro Jahr). Aus anderen Bereichen der Anlage stammende Pulver- und Kugelharze sowie Filterkerzen und -patronen enthalten praktisch kein Plutonium oder andere Alphastrahler.
Feste schwach wärmeproduzierende Abfälle entstehen außer-

halb der Reinigung und Verarbeitung von Uran und Plutonium durch kontaminierte Tücher, Apparate und Bekleidungsstücke, sofern eine Dekontamination oder Behandlung in der »heißen Wäscherei«, in der stärker kontaminiertes Material gewaschen werden kann, nicht mehr möglich ist. Der brennbare Anteil dieser Abfälle soll durch Verbrennung in seinem Volumen reduziert werden, der Rest soll durch Verpressung »volumenreduziert« werden.
Die Menge der schwach wärmeproduzierenden Abfälle mit deutlichem Gehalt an Alphastrahlern kann als Rohabfall vor der Volumenreduzierung auf etwa zwei Kubikmeter pro Tonne aufgearbeiteter Brennelemente geschätzt werden. In diesen Abfällen wären etwa 50 Gramm Plutonium pro Kubikmeter enthalten. Die nicht — genaugenommen, kaum — alphastrahlerhaltigen festen Abfälle werden von der Betreiberseite auf etwa 600 Liter (0,6 Kubikmeter) pro Tonne durchgesetzter Brennelemente geschätzt. Diese Zahl bezieht sich allerdings auf das Volumen nach der »Volumenreduzierung«.
Flüssige Abfälle entstehen an vielen Stellen des Wiederaufarbeitungsprozesses. Hierbei handelt es sich um eingesetzte Prozeßlösungen, die mit radioaktivem Material in Verbindung gekommen sind und deren Recyclierung nicht mehr möglich ist, zum Beispiel Wäscherlösungen aus der Abgasreinigung. Die Lösungen werden zur Volumenreduktion eingedampft, und die verbleibende konzentrierte Abfallösung wird verfestigt.
Das beim Zerschneiden der Brennstäbe freiwerdende gasförmige Krypton-85 wird ebenfalls, sofern es nicht in die Luft abgelassen wird, zu einem Sonderabfallstrom führen. Je nach der eingesetzten Rückhaltemethode soll Krypton entweder in Gasflaschen gelagert oder in die Struktur von Metallen oder Zeolithe eingeschlossen werden.
Schließlich entstehen bei der Wiederaufarbeitung noch stark tritiumhaltige Abwässer. In älteren Anlagen wird ein beträchtlicher Anteil des Tritiums über den Abgaskamin in die Umgebung abgegeben. In der bei Wackersdorf geplanten Anlage soll die Prozeßführung so gestaltet werden, daß das Tritium im Eingangsteil der Extraktion möglichst zusammengehalten wird. Dies hat das Entstehen von jährlich etwa 1000 Kubikmetern tritiumhaltiger Abwässer zur Folge, etwa zwei Kubikmeter pro Ton-

ne durchgesetzten Brennstoffs. Diese werden zunächst in der Anlage gelagert und sollen als Wässer in tiefe geologische Schichten gepreßt werden. Ist dieses Verfahren nicht möglich, so ist die Zementierung der Abwässer vorgesehen — verbunden mit einer Erhöhung des Abfallvolumens auf das Fünffache.
Der insgesamt bei der Wiederaufarbeitung in Wackersdorf entstehende Abfallberg beläuft sich in verfestigter Form nach den neuesten Unterlagen der DWK jährlich auf etwa 80 Kubikmeter an verglasten Abfällen, etwa 2700 Kubikmeter an wärmeproduzierenden Abfällen, etwa 7700 Kubikmeter an nichtwärmeproduzierenden Abfällen und auf etwa 1000 Kubikmeter an Tritiumwässern. Bezogen auf eine Tonne Brennstoff, deren Volumen weniger als ein Zehntel Kubikmeter beträgt, sind dies mehr als etwa 20 Kubikmeter an Abfällen. Nach der bisherigen Erfahrung in der Karlsruher Versuchswiederaufarbeitungsanalge sind diese 20 Kubikmeter aber noch zu niedrig gegriffen; die Menge würde eher bei etwa 40 Kubikmetern liegen.
Obwohl die DWK bei der Vorlage ihrer neuen Unterlagen Ende 1987 vom Einsatz neuer »abfallreduzierender Techniken« spricht, ist die Abfallmenge in ihrer Planung weiter angewachsen. Bei Zementierung der tritiumhaltigen Wässer würden in Wackersdorf jährlich etwa 15 000 Kubikmeter radioaktiver Abfälle produziert. Knapp alle drei Jahre fiele damit in Wackersdorf die Menge radioaktiver Abfälle an, die bislang in den zehn Jahren seit Schließung der Asse II als Endlager angehäuft wurden.
Aus der Wiederaufarbeitung sind bei einem Betrieb der kleinen Karlsruher Anlage bis 1995 und einer Inbetriebnahme der bei Wackersdorf geplanten Anlage im Jahre 1997 bis zum Jahr 2000 insgesamt etwa 60 000 Kubikmeter Atommüll einschließlich verglaster Abfälle zu erwarten.
Hinzu kommen noch die Rücklieferungen aus Wiederaufarbeitung im Ausland, die nach Angabe des Entsorgungsberichts der Bundesregierung von 1988 insgesamt 42 000 Kubikmeter umfassen. Im einzelnen sollen dies etwa 3000 wärmeentwickelnde Glasblöcke zu je 150 Liter Nettovolumen, entsprechend insgesamt 540 Kubikmetern Bruttovolumen, etwa 3200 Kubikmeter konditionierter Hülsen und Strukturteile sowie etwa 38 300 Kubikmeter sonstiger konditionierter radioaktiver Abfälle mit ver-

nachlässigbarer Wärmeentwicklung sein. Auch diese Menge entspricht noch einmal der, die im Jahre 1987 in der Bundesrepublik lagerte.
Insgesamt fallen damit durch die Wiederaufarbeitung bis zum Jahr 2000 etwa 100 000 bis 120 000 Kubikmeter radioaktiver Abfälle an, je nachdem, ob die Wackersdorfer Tritiumwässer »tiefenverpreßt« oder konditioniert werden. Die Rücknahmen aus dem Ausland sind hierbei eingerechnet.
Ein funktionierendes Endlager für all diese Abfälle wird es bis zum Jahr 2000 mit Sicherheit nicht geben. Dies gilt eingeschränkt auch für Schacht Konrad, denn es ist derzeit offen, ob es gelingt, diese Erzgrube als geeignet zu rechnen.
Ein Ende des immer weiteren Anhäufens von Atommüll ist nicht in Sicht. Wenn ein Ausstieg aus der Atomenergie in den nächsten Jahren nicht gelingen sollte und die Pläne einer Wiederaufarbeitung in Wackersdorf verwirklicht werden, werden noch sehr viel mehr externe Zwischenlager für diese Abfälle gebraucht werden, als derzeit existieren.
Hinsichtlich der Abfälle aus der Wiederaufarbeitung hat die DWK in Wackersdorf vorgesorgt: Die eingezäunte Fläche ist größtenteils für verschiedene Abfallager vorgesehen. Nach Planungsstand von 1988 soll die Kapazität der »Pufferlager« für radioaktive Abfälle Raum für einen mehrjährigen Betrieb bereitstellen, auch wenn Schacht Konrad für die Einlagerung nicht zur Verfügung steht. Für die hochaktiven und wärmeentwickelnden Abfälle soll die Kapazität einem Betrieb mit vollem Durchsatz über elf Jahre angepaßt sein, eine Erweiterung durch Zubau von Lagern auf eine Kapazität von 22 Jahren ist schon vorgesehen. Für die wärmeentwickelnden Abfälle sind entsprechende Lagerkapazitäten aber grundsätzlich nötig, da sie sowieso nicht gleich in ein Endlager gebracht werden dürfen, sondern noch viele Jahre gekühlt werden müssen.
Für die Pufferlager schwach- und mittelaktiver Abfälle sind Kapazitäten von 1½ beziehungsweise 2½ geplant. Die vorgesehene Erweiterung beträgt gleich das Vierfache dieser Kapazität, nämlich sechs und zehn Jahre. Hinzu kommt die Lagerkapazität für die tritiumhaltigen Wässer: Bei Tiefenverpressung der Wässer soll sie ein halbes Betriebsjahr betragen, bei Konditionierung der Wässer 2½ Jahre mit einer Option auf 7½ Jahre.

Die DWK hat also bereits eingesehen, daß auf die zügige Abwicklung der Endlagerung auch im Jahr 2000 kein Verlaß sein wird, denn eine zehnjährige Lagerung bedeutet bei einem Betriebsbeginn im Jahre 1997 eine Lagerung der ersten Abfälle bis ins Jahr 2007.

Insgesamt wird die Menge der abgebrannten Brennelemente bis zum Jahr 2000 auf über 10 000 Tonnen steigen, Ende 1988 lag sie noch bei etwa 3500 Tonnen. In zwölf Jahren werden also dreimal soviel abgebrannte Brennelemente angefallen sein wie bis zum heutigen Zeitpunkt. Die schwach- und mittelaktiven Abfälle aus dem Betrieb der Atomkraftwerke werden sich auf knapp 100 000 Kubikmeter aufsummiert haben, Abfälle aus der Wiederaufarbeitung ebenfalls auf über 100 000 Kubikmeter. Mehr als die Hälfte der Abfälle aus der Wiederaufarbeitung wird bis zu diesem Zeitpunkt auch ohne Inbetriebnahme der Wackersdorfer Anlage angefallen sein. Durch die »Forschung« und die »Industrie« — hinter diesen Verursachern verbirgt sich bekanntlich ebenfalls überwiegend die Nutzung der Atomenergie — kommen bis zum Jahr 2000 weitere 60 000 Kubikmeter Atommüll hinzu. Im Jahr 2000 muß damit ein Bestand an radioaktiven Abfällen erwartet werden, der den von Ende 1987 um mehr als das Sechsfache übertrifft. Abfälle aus dem Abriß von Atomanlagen sind in dieser Abschätzung noch gar nicht enthalten. Da in der auf das Jahr 2000 folgenden Zeit durch die Wiederaufarbeitung, den Abriß von Atomanlagen und durch zusätzliche Rücknahmen von Abfällen aus dem Ausland weitere Abfallverursacher hinzukommen, kann zum Beipiel bis zum Jahre 2010 nicht von einem gleichmäßigen Anwachsen der Abfallmengen ausgegangen werden. Die Probleme werden vielmehr überproportional zunehmen.

Neben den bereits absehbaren zukünftigen Problemen, die sich einfach aus der Hochrechnung des anfallenden Atommülls und der Berücksichtigung in Planung befindlicher Anlagen ergeben, sind auch unerwartete Probleme möglich. Wer hat beispielsweise 1980 damit gerechnet, daß 1987 zwischenlagernde »endlagergerecht konditionierte« Abfallbehälter sich aufblähen und platzen? Niemand kann daher heute sagen, ob die derzeit als »endlagergerecht« angesehenen Abfälle auch noch in zehn oder 20 Jahren als solche gelten, ob die Behälter sich nicht vielleicht durch

Korrosion als ungeeignet erweisen. Niemand weiß, wie viele Austauschaktionen von Komponenten in den laufenden Anlagen für die nächsten Jahre und Jahrzehnte anstehen. Schließlich weiß auch niemand, zu welchen schwerwiegenden Unfällen es in Zukunft kommen wird. Nach schweren Unfällen ist auch außerhalb der betroffenen Anlagen mit radioaktiven Abfällen zu rechnen, in Form von abgetragener Erde, Lebensmitteln, Klärschlämmen, Filterstäuben, Molkepulver und vielem mehr. Ein Unfall mit den Folgen wie in Tschernobyl würde eine völlig neue Dimension — quantitativ wie qualitativ — in die Abfallproblematik bringen.
Gewiß ist aber, daß die sogenannten Sachzwänge, der Zwang beispielweise, nach neuen Zwischenlagerstätten und Endlagern zu suchen, erheblich zunehmen werden. Wesentliche und unvorhersehbare Schwierigkeiten können daraus erwachsen, daß die Einlagerungsbedingungen der angestrebten Endlager bereits festgelegt wurden und die Abfälle diesen angepaßt werden. Bevor aber zum Beispiel der Gorlebener Salzstock noch nicht einmal abschließend erkundet ist, ist auch die Festlegung der Eigenschaften dort einlagerbarer Abfälle problematisch.
Ein Beispiel: Die Konzeptplanung der Endlagerung im Salzstock Gorleben sieht vor, 217 Glasblöcke mit Wiederaufarbeitungsabfällen übereinanderzustapeln. Demnach müßten also alle Glasblöcke den immensen mechanischen Belastungen standhalten, die aus einer solchen Stapelhöhe resultieren. Die Spezifikation der aus La Hague zurückgelieferten Abfälle und der in Zukunft möglicherweise in Wackersorf verglasten Abfälle geht aber davon aus, daß zehn Glasblöcke übereinandergestapelt werden. Im Rahmen des Gorlebener Konzepts wäre also deren Einlagerung gar nicht möglich.
In Gorleben ist derzeit der Bau einer »Pilotkonditionierungsanlage« geplant. In dieser Anlage sollen alle möglichen Formen von flüssigen und festen, verglasten, bituminierten und zementierten Abfällen umgepackt und konditioniert werden. Dies betrifft sowohl die verglasten hochradioaktiven Abfälle aus der Wiederaufarbeitung im Ausland als auch alle möglichen anderen Arten von Abfällen aus Wiederaufarbeitung und anderen Quellen. Die Pilotkonditionierungsanlage soll sozusagen das bislang fehlende »Mädchen für alles« am dreckigen Ende der Atomin-

dustrie werden, das die Lückenbüßerfunktion für all das übernimmt, was man in den vorhandenen Anlagen nicht verarbeiten kann oder was sonstwie Sorgen bereitet. Die DWK plant sogar schon eine Nachfolgeanlage mit einem Durchsatz von 350 Tonnen im Jahr. Möglicherweise wird dieser Anlage dann die Aufgabe zuteil, die fehlerhaft konditionierten Abfälle der vorangegangenen zwei bis drei Jahrzehnte dem neuesten Stand anzupassen. Vorhersagbar ist heute nur die zukünftige Abfallmenge, ausgehend von verschiedenen Szenarien. Viele Probleme mit dem Atommüll, die über das reine Mengenproblem hinausgehen, sind dagegen noch offen. Die Erfahrung aus der Vergangenheit deutet allerdings darauf hin, daß es noch ungeahnte Schwierigkeiten geben wird. Es ist also nicht damit getan, nur die Mengenzuwächse fortzuschreiben. Auch qualitativ wird der Problemdruck immer größer werden. Die Zeitspannen, innerhalb derer »Lösungen« gefunden werden müssen, werden immer kürzer, gleichzeitig nimmt die Abfallmenge zu und die Lagerkapazität ab. Die Handlungsspielräume werden damit immer mehr eingeengt, auch durch die irreversiblen Schritte in der Abfallbehandlung.

Bis zum Jahr 2000 wird sich voraussichtlich der Atommüll mehr als versechsfachen, und auch mit Problemen neuer Qualität ist zu rechnen. Angesichts der Probleme, die heute schon erkennbar sind, ist es unverantwortlich, die Atomenergie weiter zu nutzen.

»Bäume und Vögel gibt es auch nicht mehr«
Kinder schreiben über ihre Zukunft
Herausgegeben von Margitta Meinerzhagen
Rasch und Röhring

Winfried Wolf
Eisenbahn und Autowahn
Personen- und Gütertransport auf Schiene und Straße
Geschichte, Bilanz, Perspektiven